MONOGRAPHIEN AUS DEM GESAMTGEBIET DER PHYSIOLOGIE DER PFLANZEN UND DER TIERE

HERAUSGEGEBEN VON

M. GILDEMEISTER - LEIPZIG · R. GOLDSCHMIDT - BERLIN
C. NEUBERG - BERLIN · J. PARNAS - LEMBERG · W. RUHLAND - LEIPZIG

DREIZEHNTER BAND

DIE ATMUNGSFUNKTION DES BLUTES

VON

JOSEPH BARCROFT

ERSTER TEIL
ERFAHRUNGEN IN GROSSEN HÖHEN

Springer-Verlag Berlin Heidelberg GmbH

1927

DIE ATMUNGSFUNKTION DES BLUTES

VON

JOSEPH BARCROFT
FELLOW OF KINGS COLLEGE · CAMBRIDGE

INS DEUTSCHE ÜBERTRAGEN

VON

DR. WILHELM FELDBERG
VOL. ASSIST. AM PHYSIOLOGISCHEN INSTITUT
DER UNIVERSITÄT BERLIN
Z. Z. NATIONAL INSTITUTE FOR MEDICAL RESEARCH
LONDON

ERSTER TEIL
ERFAHRUNGEN IN GROSSEN HÖHEN

MIT 47 ABBILDUNGEN

Springer-Verlag Berlin Heidelberg GmbH

1927

ALLE RECHTE VORBEHALTEN.

Softcover reprint of the hardcover 1st edition 1927

ISBN 978-3-662-34363-0 ISBN 978-3-662-34634-1 (eBook)
DOI 10.1007/978-3-662-34634-1

MEINEN GEFÄHRTEN IN SÜDAMERIKA

C. A. BINGER · A. V. BOCK · J. H. DOGGART
H. S. FORBES · G. A. HARROP · J. C. MEAKINS
A. C. REDFIELD

GEWIDMET

Vorwort zur ersten englischen Ausgabe der „Atmungsfunktion des Blutes".

Das wenige, was ich von Forschung verstehe, ich meine nicht das Technische oder Physiologische, sondern die Eigenschaften, die derjenige braucht, der sich jenseits des sichtbaren Horizontes wagen will, lernte ich zu einer Zeit, die mir jetzt weit zurückzuliegen scheint. Damals verbrachte ich meine freie Zeit hauptsächlich auf dem Meere.

Auf den folgenden Seiten wird man die Geschichte meiner physiologischen „Wagnisse" finden. Manchmal fuhr ich allein hinaus, manchmal war ich einer der Mannschaft, und manchmal habe ich das Schiffsboot ohne mich auf Expeditionen geschickt. Wenn meine Erzählung einigen Wert hat, so liegt es daran, daß sie in gewissem Sinne aus erster Hand ist. Ich habe es vermieden über Gegenstände zu sprechen, mit denen ich nicht direkt in Berührung gekommen bin, die aber in einer neueren Abhandlung über das Blut als Sauerstoffträger wohl hätten erwähnt werden dürfen. Hierzu gehört die Beziehung der Narkose zum Sauerstoffmangel und die Eigenschaften der oxydierenden interzellulären Fermente. Das Fehlen dieser und anderer wichtiger Dinge hat die Wahl des Titels ziemlich erschwert. Ich hätte das Buch gerne ein Schiffstagebuch genannt, was es ja auch wirklich ist, wenn dieser Titel nicht den Anschein des Flüchtigen erweckte, der bei der Beschreibung der ernsthaften Lebensarbeit eines Mannes ganz und gar nicht am Platze ist. Ich habe darum einen weniger exakten, wenn auch umfassenderen Titel gewählt.

Die erfreulichsten Erinnerungen einer Seefahrt sind schließlich doch die an die Fahrtgenossen. Was ich meinen Kollegen, mögen sie nun älter oder jünger sein als ich, verdanke, wird jedem Leser dieses Buches klar werden. Ich bleibe beinahe bankerott zurück, ein Zustand, der den meisten Seeleuten wohl bekannt ist. Großen Dank schulde ich weiter meinen Lehrern Kimmins[1]) und be-

---

[1]) Früher wissenschaftlicher Leiter an der Leys Schule, jetzt Hauptinspektor des Erziehungsdepartements des Londoner County Council.

VIII   Englisches Vorwort zu „Erfahrungen in großen Höhen".

sonders Dr. Anderson[1]) die mich in die Geheimnisse der Physiologie einweihten. Später lernte ich viel von Dr. Gaskell, Professor Langley und Dr. Haldane. Es gibt für jeden Seemann Fälle, wo er einen Lotsen an Bord nehmen muß. A. V. Hill hat mich in jene Häfen gebracht, die am besten auf den mir unbekannten Wegen der Mathematik erreicht werden.

Cambridge, Dezember 1913.　　　　Joseph Barcroft.

Vorwort zur englischen Ausgabe des Teiles „Erfahrungen in großen Höhen"

Der schnelle Fortschritt der Wissenschaft machte den Versuch, Die Atmungsfunktion des Blutes für eine zweite Auflage zu revidieren, unmöglich. Das Buch bestand aus drei Teilen und einem Anhang über Methodik. Heute ist soviel bekannt, daß ein besonderer Band über jeden Teil gerechtfertigt ist. Ich habe mich darum entschlossen, das Buch in eine Reihe einzelner handlicher Bände aufzuteilen, die den ursprünglichen „Teilen" des Originals mehr oder weniger entsprechen sollen. Der erste Band dieser Reihe wird hiermit vorgelegt.

Ich danke der Royal Society für die Erlaubnis zur Reproduktion der Abb. 5—9, 11, 12, 19, 20, 23, 24, 31, 35, 36, 38—40, 42 und 44; der Physiological Revue, Abb. 25—28; dem Journal of Physiology, Abb. 17 und 18; R.A.M.C. Journal, Abb. 16, 33 und 34; dem Quarterly Journal of Medicine, Abb. 14 und 32; dem Medical Research Council Abb. 29 und 30; Nature Abb. 10; meinem Freunde Dr. Douglas für die Platten von Abb. 1, 4 und Professor Durig für die von Abb. 3.

Cambridge, September 1925.

Joseph Barcroft.

---

[1]) Früher Supervisor in Physiologie am King's College, jetzt Master von Gonville und Caius College.

Vorwort zur deutschen Ausgabe der „Atmungsfunktion des Blutes".

Es ist mir eine große Freude, daß unter den Deutsch sprechenden Wissenschaftlern die Nachfrage nach der Atmungsfunktion des Blutes so groß ist, daß eine deutsche Ausgabe dieser aus einer Serie kleiner Bände bestehenden Arbeit gerechtfertigt erscheint. Es ist mir weiter eine Freude, daß mein Freund und Kollege, Dr. Feldberg, die Übersetzung übernommen hat. Ich bin sicher, daß sie in seiner Hand allen etwaigen Verdiensten der englischen Ausgabe vollauf gerecht werden wird.

Außer den „Erfahrungen in großen Höhen" sind weitere Bände über das Hämoglobin, die roten Blutkörperchen, die Milz, die Theorie der Atmung und über die Blutgastechnik geplant. Diese Gegenstände werden alle in ihrer Beziehung zur Atmungsfunktion des Blutes betrachtet werden. Die Reihenfolge der Veröffentlichung wird, fürchte ich, mehr zufällig als folgerichtig sein.

Cambridge, 5. Februar 1927.
Physiologisches Institut

Joseph Barcroft

Vorwort des Übersetzers.

Für viele wertvolle Hinweise beim Lesen der Korrektur danke ich Herrn Professor M. Gildemeister und Herrn Privatdozenten Dr. E. Schilf.

London, März 1927.

W. Feldberg.

Inhaltsverzeichnis.

	Seite
I. Die Bergkrankheit und ihre Ursache	1
II. Einige Plätze, wo die Bergkrankheit studiert worden ist	22
III. Die Bewohner großer Höhen	34
IV. Die Gesichtsfarbe und ihre Bedeutung	46
V. Die Diffusion von Sauerstoff durch das Lungenepithel	61
VI. Muskelarbeit	74
VII. Die Wasserstoffionenkonzentration des Blutes	88
VIII. Der Puls	103
IX. Die Strömungsgeschwindigkeit des Blutes	116
X. Die Beanspruchung des Herzens	131
XI. Zahl und Eigenschaften der roten Blutkörperchen	139
XII. Die geistigen Fähigkeiten	157
XIII. Akklimatisation	171
Anhang I: Die physiologischen Schwierigkeiten bei der Besteigung des Mount Everest. Von Major R. W. G. Hingston	184
Anhang II	198
Anhang III	201
Anhang IV	205
Namenverzeichnis	206
Sachverzeichnis	209

I. Die Bergkrankheit und ihre Ursache.

Wer jetzt im mittleren Alter steht, ist Zeuge eines erstaunlichen Wechsels in unseren Kenntnissen über die Krankheitsursachen gewesen. Es ist tatsächlich nicht übertrieben, wenn man sagt, daß am Anfang der siebziger Jahre des vorigen Jahrhunderts nichts über sie bekannt war. Seit diesem Zeitpunkt ist die ganze Wissenschaft der Bakteriologie entstanden, und die Mikroorganismen, die für unzählige Beschwerden verantwortlich sind, sind isoliert worden. Aus Analogie schließen wir, daß gewisse andere Krankheiten in ähnlicher Weise übertragen werden, und durch einige der bemerkenswertesten Forschungen unserer Zeit sind Insekten, durch welche einige dieser Mikroorganismen verbreitet werden, aufgefunden worden. Heute liegt die Ätiologie von Epidemien, von denen kein einziger Bestandteil denen enthüllt war, die um die Zeit meiner Geburt starben, wie ein vollständiges Panorama vor uns. Ich erinnere mich gut, wie ich getadelt wurde, weil ich bei offenem Fenster schlief, nicht mit der Begründung, daß ich hierdurch die Moskitos hereinließe, sondern aus Gründen wie ,,die Nachtluft sei schädlich" oder, ,,durch Schlafen im Zug würde ich mir sicher eine Erkältung holen, die zur Lungenentzündung oder gar zur Schwindsucht führen könne."

Daher war in jenen Tagen dem medizinischen Forscher eine Krankheit mit einer definierten Ursache besonders anziehend. Eine solche war die Bergkrankheit. Die meisten Menschen spürten, wenn sie sich in den Alpen der Schneegrenze näherten, eine Brechneigung. Manchmal wurden sie von ihr überwältigt. In anderen Fällen traten heftige Kopfschmerzen auf, und so weiter; die Ursache aber schien klar, es war der Anstieg in die dünneren Schichten der Atmosphäre.

Longstaff[1]) meinte, daß diese wissenschaftlichen Forscher sogar die Väter des Bergsteigens waren. ,,Am Ende des acht-

---

[1]) Longstaffs Arbeit wurde 1906 veröffentlicht, als noch weitaus weniger über *Anoxaemie* bekannt war als gegenwärtig. Da er Arzt ist, hat sich seine Ansicht wahrscheinlich geändert; sie ist jedoch die vieler Bergsteiger, die nicht Mediziner sind.

zehnten und im Beginn des neunzehnten Jahrhunderts, jener großen Epoche, in der das Interesse und die Forschung in der physikalischen Wissenschaft erwachte, wurden Bergbesteigungen nur durch Wissenschaftler ermutigt und ausgeführt. Diese Männer, die geübte Beobachter waren, erwarteten von dem, was wir als nur geringe Verminderungen im atmosphärischen Druck ansehen, stark beeinflußt zu werden, und schenkten ihre Aufmerksamkeit selbst den unbedeutendsten abnormen Symptomen, die sie an sich selbst beobachteten ... Dem gegenüber ist das Bergsteigen in den letzten fünfzig Jahren zu einem Sport geworden und wird von einer weitaus größeren und ganz verschiedenen Klasse von Menschen ausgeübt; obwohl es richtig ist, daß auch viele Männer von wissenschaftlicher Bildung sich in den Reihen der modernen Bergsteiger finden."

Ob nun, wie Longstaff annimmt, diese Gelehrten geneigt waren die Symptome zu übertreiben, jedenfalls werden ihre modernen Nachkommen der Ansicht beistimmen, daß der verminderte partielle Sauerstoffdruck in den Lungen die Ursache ihrer Beschwerden war. Diese Ansicht, die durch die Forschungen von Paul Bert fest begründet zu sein schien, wurde von zwei Seiten ernsthaft angefochten, einmal von Longstaff selber und zum andern von dem italienischen Physiologen Mosso. Longstaff[1]) nahm an, daß die Bergkrankheit auf einem Zusammentreffen von körperlicher Anstrengung, Ungewohntheit und Nahrungsmangel beruhe. Aus dem folgenden Zitat läßt sich der wesentliche Gesichtspunkt seiner Begründung ersehen: „Zur Unterstützung dieser Ansicht möchte ich die Besteigung des Pik von Teneriffa (12 200 Fuß = 3719 m) und des Fujiyama (12 425 Fuß = 3787 m) anführen. Beides sind leichte Touren. Auf Grund ihrer geographischen Lage werden sie häufig am Ende einer Seereise von Touristen, die keine Erfahrung im Bergsteigen haben, erstiegen. Die Aufstiege erfordern vom Meeresspiegel aus zwei Tage, und da sie zu Fuß gemacht werden müssen, findet keine schnelle Änderung im Druck statt. Dennoch sind von beiden Bergen Berichte über Bergkrankheit, oft in schwerer Form, ein sehr häufiges Vorkommnis. Ich behaupte, daß kein genügender Grund vorliegt, diese Fälle hauptsächlich auf Sauerstoffmangel

---

[1]) Im Jahre 1906.

zurückzuführen. Würden diese Menschen in eine pneumatische
Kammer gesetzt und der Druck in gleichem Ausmaße reduziert,
so ist es nahezu sicher, daß sie durch eine so geringe Verminderung
in der O_2-Versorgung unberührt bleiben würden. Aber diese Menschen haben eine enorme physische Arbeit geleistet, eine Arbeit,
wie sie sie wahrscheinlich vorher niemals ausgeführt haben, und
auf die sie nicht genügend vorbereitet waren. Es wäre überraschend,
wenn unter Bedingungen, die einen äußersten Grad von Ermüdung hervorbringen müssen, keine physiologischen Störungen entstehen sollten."

Viel Verwirrung scheint dadurch entstanden zu sein, daß die
Begründungen sich auf individuelle Fälle stützten. Wenn ich
darum Feststellungen, die von einer so großen Autorität im Bergsteigen wie Dr. Longstaff gemacht wurden, auf Grund meiner
eigenen Erfahrungen kritisiere, so tue ich das nur mit einem guten
Teil Mißtrauen gegen mich selber. Ich bin Zeuge und in einem
Falle Opfer in Experimenten gewesen, die eindeutige „Kontrollen"
für Longstaffs Feststellungen darstellen.

Zum ersten habe ich gesehen, wie der Gipfel von Teneriffa von Personen
erklettert wurde, die nur 450 m unterhalb desselben aufbrachen und
sich in vollkommen frischem und gutem Zustande befanden, und zweitens
habe ich in „Kammern" bei vermindertem partiellen Sauerstoffdruck
gelebt.

Über den *Fujiyama* kann ich nichts aussagen, aber vom Pik von Teneriffa kann ich bezeugen, daß unsere Gesellschaft die Ursachen vermieden
hatte, denen Longstaff die Bergkrankheit zuschreibt. Sie hatten vierzehn Tage lang in einer Höhe von 2100 m gelebt, waren ein gut Teil
herumgewandert und ausgezeichnet ernährt worden, so daß sie nun
nur noch 1500 m zu steigen hatten. Diese erstiegen sie außer den letzten
450 m auf Mauleseln, und zwei schliefen sogar die Nacht in der
3300 m hoch gelegenen Hütte, bevor der Krater erstiegen wurde.
Professor Zuntz' Expedition hatte vor ihrem Aufstieg nichts Ermüdendes unternommen. Der eigentliche Anstieg der letzten 150 m kann
nur als „ein leichter Spaziergang" bezeichnet werden in dem Sinne
(und das meint Longstaff ohne Zweifel), daß er ohne jegliche bergsteigerische Schwierigkeiten ist.

Betrachtet man den Anstieg jedoch von seiten des Energiebetrages,
der für jeden Meter aufgewendet werden muß, so ist er alles andere
als ein leichter. Die Bodenoberfläche am Gipfel des Pik besteht aus
Sand, welcher im kritischen Winkel liegt; bemüht sich der Tourist höher
zu steigen, so sinkt augenblicklich der Grund unter ihm, wenn sein
Gewicht ihn belastet. Für jeden Meter, den er höher kommt, rutscht er
$3/4$ m wieder herunter. Die Expedition zu der Douglas und ich ge-

hörten, kam in der Alta Vista-Hütte vollkommen frisch und in guter Verfassung an; die 450 m aber, welche noch zu ersteigen waren, erforderten eine größere Energieausgabe, als für einen so harmlosen Anstieg gewöhnlich erforderlich ist. Von den sieben Mitgliedern der Expedition war einer so bergkrank, daß er umkehrte; die übrigen erreichten alle den Gipfel. Ich glaube, alle fühlten einen gewissen Grad von Atemlosigkeit und wenigstens zwei eine Nausea, welche sie bei einem Anstieg von 450 m vom Meeresspiegel aus wohl kaum erlitten hätten.

Abb. 1. Der Gipfel des Pik von Teneriffa, von den Cañadas aus gesehen. Der weiße Fleck gerade unterm Gipfel ist Bimsstein, über welchem Sand liegt.

Über die zweite „Kontrolle" habe ich noch nähere Kenntnis, da ich in einer Kammer gelebt habe, in welcher der partielle Sauerstoffdruck allmählich verringert wurde, bis ich am Morgen des sechsten Tages mit drei typischen Symptomen der Bergkrankheit erwachte, Erbrechen, heftigen Kopfschmerzen und Sehstörungen. Ich erinnere mich, daß ich als Kind heftige akute Kopfschmerzen hatte, die von Erbrechen begleitet waren, aber ich kann an keinen solchen Anfall, wie er in der Kammer auftrat, während meines reiferen Alters oder selbst während meiner Knabenzeit zurückdenken; es scheint also kein Anlaß vorzuliegen ihn als einen Migräneanfall anzusehen, der „zufällig" gerade an jenem Tage auftrat. In der Kammer hatte ich ein bequemes, wenn auch normales Leben geführt, ich hatte gelesen, geschrieben, Beobachtungen angestellt, Gasanalysen gemacht, die Kammer geheizt, nach den Luftreinigern gesehen, Übungen auf dem Radergometer gemacht usw. Außerdem war

Die Bergkrankheit und ihre Ursache. 5

ich durchaus gut ernährt worden — ein ziemlich leichtes Frühstück, Tee, Eier, Brot und Butter, von dem Diener gekocht, und Mittag- und Abendbrot, welches von den Collegeküchen geschickt wurde. Meine Krankheit konnte auf keine andere Ursache als auf Sauerstoffmangel zurückgeführt werden. Es ist natürlich richtig, daß der Sauerstoffdruck ungefähr 5500 m entsprach, also einer viel größeren Höhe als der des Pik von Teneriffa, andererseits hatte ich jedoch den Ausbruch nicht durch eine Anstrengung wie die Besteigung des 450 m hohen Sandhügels beschleunigt.

Abb. 2. Glasrespirationskammer des physiologischen Laboratoriums in Cambridge, England.

Alles spricht dafür, daß mein Freund, der in Teneriffa krank wurde, auch krank geworden wäre, hätte er eine gleichwertige Arbeit in einer Kammer geleistet, deren Sauerstoffdruck dem entspräche, dem er auf dem Pik unterworfen war, und daß er es unter ähnlichen Umständen in atmosphärischer Luft nicht geworden wäre. Und dies bringt mich zu dem unzweifelhaft wahren Kern, der in Longstaffs — wie mir scheint falschen Beweisführung vorhanden ist. Müdigkeit ist natürlich ein Moment der Bergkrankheit, denn die Bergkrankheit wird durch Sauerstoffmangel veranlaßt, und Sauerstoffmangel beruht auf dem Mißverhältnis zwischen Sauerstoffversorgung und Sauerstoffbedarf. Sie hängt von dem Gleichgewicht beider ab. Der

Symptomenkomplex der Bergkrankheit kann in beinahe jeder Höhenlage auftreten, sofern der Sauerstoffbedarf des Körpers in ausreichendem Grade und für eine genügend lange Zeit die Zufuhr übertrifft. Der Fehler in Longstaffs Beweisführung liegt darin, daß er zwei Faktoren, die sich in Wirklichkeit ergänzen, als gegensätzlich darstellt. Daß die Bergkrankheit nicht auf Ermüdung beruht, wird durch die Reisenden, die täglich Höhen von ungefähr 4500 m mit der Eisenbahn erreichen, in überzeugender Weise bewiesen. Haldane und seine Kollegen haben von dem Zustand der Touristen, die, während des Aufenthaltes der Expedition dort, auf den Pike's Peak befördert wurden eine lebendige Schilderung gegeben. Noch überzeugender, wenn möglich, ist das Schauspiel, das sich täglich in Ticlio, dem höchsten Punkte der Zentral-Eisenbahn von Peru, abspielt. Es möchte scheinen, als ob hier die Wirkung der dünnen Atmosphäre noch unmittelbarer ist als auf Pike's Peak. Hierfür mag es mehrere Gründe geben. Erstens ist die Lage, da sie im höchsten Punkte nahe an 4900 m ist (4895 um ganz genau zu sein), etwas höher, zweitens befördert der Zug nicht nur Touristen, deren Ziel es ist den Berg zu besteigen, sondern alle und jeden — Männer, Frauen und Kinder, die ihrer Geschäfte wegen über die Anden gehen, und drittens erklettert der Zug auf seinem Weg ostwärts die ganze Strecke vom Meeresspiegel in weniger als zwölf Stunden. Anders als bei Besteigungen in den Alpen, kann bei den Passagieren, die Ticlio erreichen, das Kälteelement als mögliche Krankheitsursache ausgeschaltet werden, da die Temperatur in den Zügen eine angenehm warme ist. Ich muß gestehen, daß ich, als ich das erste Mal über diese Höhe fuhr, zu tun hatte, mich vollkommen ruhig zu verhalten, um nicht selber krank zu werden — eine Anstrengung, die sich als nutzlos erwies, denn wenn ich auch im Zuge nicht richtig krank wurde, so kam die Krisis doch zwei oder drei Stunden später, als ich in 3670 m Höhe ausstieg. Bei meinem zweiten Übergang war ich besser imstande, meine Mitreisenden zu beobachten. Als ich in Ticlio aus dem Zuge sah, bot sich mir der erstaunlichste Anblick; längs des ganzen Zuges waren die Abteilfenster besetzt von οἱ πολλοί, und eine Reihe von Köpfen hing aus den Fenstern heraus, als äußeres und sichtbares Zeichen eines einzigen Zweckes, nämlich des Erbrechens.

Die Bergkrankheit und ihre Ursache. 7

Bei der Bergkrankheit spielen natürlich noch subtilere Faktoren als der verminderte Sauerstoffdruck in den Lungen und der Grad der körperlichen Anstrengung mit. Ein Beispiel ist der Anblick von Nahrung. Ich erinnere mich einer unangenehmen Viertelstunde in der Campanna Margherita, auf dem am leichtesten zu ersteigenden Gipfel des Monte Rosa. Ich hatte dort vierundzwanzig Stunden ohne die geringsten Anzeichen der Bergkrankheit zugebracht und hatte ganz anständig geschlafen; aber das Frühstück war beinahe zu viel. Ich hielt durch, ohne daß die Übelkeit eine schlimmere Wendung nahm, aber ich aß wenig und nippte nur eben an einem Glase Wein. Letzten Endes beruhen die Symptome der Bergkrankheit weniger auf ungenügender Sauerstoffversorgung des Gesamtkörpers, als auf mangelnder Sauerstoffversorgung des Hirns; wenn daher die das Hirn erreichende Sauerstoffmenge in jedem Augenblick nur gerade ausreicht, so kann eine Blutentziehung vom Hirn nach anderen Regionen die Bergkrankheit plötzlich zum Ausbruch bringen, mag der Grund ein physischer oder ein psychologischer sein.

Ein anderer Punkt, den Longstaff hervorgehoben hat, nämlich der Einfluß der Kälte, hat vielleicht zu wenig Beachtung gefunden. Er führt die Arbeiten von Zuntz, Schumburg und Loewy an, die auf dem Monte Rosa eine 40 proz. Zunahme des Sauerstoffverbrauches für den ruhenden menschlichen Körper fanden. In Cerro de Pasco in Peru, in einer Höhe von 4330 m, machten wir diese Beobachtung nicht. Die Änderung im Sauerstoffverbrauch war in fünf untersuchten Fällen folgendermaßen:

Meakins: Sauerstoffaufnahme in der Ruhe stieg um 25 vH
Harrop   ,,   ,, ,, ,,   ,, ,, 15 ,,
Binger   ,,   ,, ,, ,,   ,, ,, 4 ,,
Redfield   ,,   ,, ,, ,, fiel ,, 2 ,,
Barcroft   ,,   ,, ,, ,,   ,, ,, 15 ,,
Bock   ,,   ,, ,, ,,   ,, ,, 12 ,,

Wenn ich mich frage, was die Ursache für die Verschiedenheit in Zuntz' und unseren Resultaten sein mag, so denke ich an die Nacht zurück, die ich frierend auf dem Monte Rosa verbrachte und an den Gegensatz in den Bedingungen dort und denen in dem hübschen kleinen Häuschen, in dem wir in Cerro untergebracht waren, wo es einen großen Kamin gab und ein Bad, so heiß wie man nur wünschte. Der einfache Aufenthalt in einer Höhe von 4270 m steigert meinen Sauerstoffverbrauch nicht. Wenn ich aber in Cambridge von meinem Laboratorium zu dem der Forschungsabteilung für Kältespeicherung gehe und dort bei 0° sitze, bis ich friere, kann ich ihn um ein Sechstel steigern; und ich habe gesehen, wie der meines Kollegen E. K. Marshall durch dieselbe Maßnahme von 269 auf 410 ccm in der Minute (66 vH) stieg. Kälte ist also der Arbeit insofern gleichwertig, als sie den Sauerstoffverbrauch erhöht; sie bewirkt dies durch Zunahme der Muskelkontraktion. In dieser Hinsicht ist sie eine prädisponierende Ursache für Sauerstoffmangel.

Die zweite Theorie der Bergkrankheit, die ziemlich beliebt gewesen ist, stammt von Mosso, dem es auffiel, daß in der in großen Höhen ausgeatmeten Luft weniger Kohlensäure enthalten war als gewöhnlich.

Wir werden auf diese Theorie in dem Kapitel über die Wasserstoffionen-Konzentration des Blutes noch einmal zurückkommen. Hier genügt es zu sagen, daß die Theorie, soweit mir bekannt, tot ist. Für mich erledigte sie sich, als ich zum erstenmal auf dem Pik von Teneriffa in der Alta-Vista-Hütte (4575 m), ohne direkt zu erbrechen, durch die Höhe stark mitgenommen wurde, während Douglas, der mit mir war, ganz unbeeinflußt blieb. Dennoch war die Kohlensäure in meiner Alveolarluft praktisch normal, in seiner aber vermindert.

	CO_2-Druck in der Alveolarluft	
	in England	Alta Vista
Barcroft	40 mm	38 mm
Douglas . .	39—42 „	31,9 „

Douglas fühlte sich wohl, obgleich er akapnisch war, ich war nicht akapnisch, doch war mir übel. Angenommen die CO_2-Abgabe war auf der Alta-Vista-Hütte dieselbe wie gewöhnlich, so folgt, daß die CO_2-Abnahme bei Douglas auf einer vermehrten Gesamtventilation beruhte, welche bei mir unglücklicherweise nicht stattgefunden hatte. Man kann schließen, daß, weil meine Alveolar-CO_2 um 6 mm höher war als die von Douglas, mein Alveolarsauerstoff um 7—8 mm tiefer war, und daß dies ohne Zweifel meine Beschwerden verursacht hatte.

Wenn auch zweifellos Sauerstoffmangel die Hauptursache der Bergkrankheit ist, so bleiben doch noch einige recht interessante Punkte, die nie ganz aufgeklärt worden sind. Einer von

Die Bergkrankheit und ihre Ursache.

diesen ist die immer wiederkehrende Feststellung, daß die Bergkrankheit bei in gleichen Höhen liegenden Orten an einigen dieser Orte häufiger auftritt als an anderen. Im allgemeinen sollen z. B. in den Anden die Menschen in geringeren Höhen von ihr befallen werden als im Himalaya. Man kann natürlich nicht im voraus schließen, daß in Tibet und in Peru der Barometerdruck in gleichen Höhen der gleiche sei, ebensowenig, wie das Meeresniveau im Atlantik und im Pazifik dasselbe ist. Tatsächlich ist das Meeresniveau an einem Ende des Panamakanals merklich von dem am anderen verschieden. Ich befragte Sir Napier Shaw, der mir freundlichst die Statistiken, die es hierüber gibt, zur Verfügung stellte. Aus ihnen ließ sich ersehen, daß z. B. in 4500 m Höhe zwischen den Anden und dem Himalaya ein geringer Unterschied im mittleren Barometerstand besteht. Da aber das Barometer in den Anden im ganzen höher steht, macht der geringfügige Unterschied im atmosphärischen Druck die behauptete Neigung zur Bergkrankheit in den Kordilleren von Peru nur um so bemerkenswerter.

In einem unveröffentlichten Manuskript, aus dem der Sekretär des Alpenvereins mir freundlichst erlaubte zu zitieren, macht der verstorbene Dr. Kellas über diesen Gegenstand folgende Anmerkungen: „Auch Zuntz hat darauf hingewiesen, daß die Bergkrankheit stark mit örtlichen Zufälligkeiten zusammenzuhängen scheint. Er beobachtete, daß sie in den Alpen und im Kaukasus in 3000 m, in den Anden in 4000 m und im Himalaya in 5000 m Höhe auftritt.

„Diese Feststellung wäre, wenn richtig, sehr schwer zu erklären, da die Zusammensetzung der Atmosphäre, mit Ausnahme der relativen Feuchtigkeit, praktisch gleichförmig ist; man kann die Feststellung aber nur als eine unbestimmte Verallgemeinerung ansehen, welche die Möglichkeiten der Akklimatisation ausdrückt. Wenn, worauf wir später hinweisen, untrainierte Menschen schnell ihre Höhe verändern, so kann die Bergkrankheit auftreten; geht die Veränderung aber langsam vor sich, so verhindert die Akklimatisation das Auftreten. Z. B. berichtet Hooker, daß sie niemals unter ihr zu leiden hatten, wenn sie im Himalaya bis auf die Höhe von 5500 m ritten (der Reisende, der der Straße folgt, braucht mindestens eine Woche, um 4600 m zu erreichen), wohl aber, wenn sie diese Höhe zu Fuß erkletterten.

„Wichtiger, weil schwieriger zu erklären, ist die Feststellung, daß die Bergkrankheit innerhalb gewisser kleiner Bezirke wechselt. In diesem Zusammenhang sind zwei allgemeine Feststellungen gemacht worden.

„1. Es ist wiederholt von Reisenden und Eingeborenen des Himalaya und der Anden behauptet worden, daß Pässe von ungefähr gleicher Höhe in demselben Gebiet große Verschiedenheiten im Auftreten der Bergkrankheit zeigen. V. Tschudi berichtet z. B., daß sie in einigen Bezirken von Peru in sehr schwerer Form auftritt, während sie in anderen in größeren Höhen kaum wahrnehmbar ist.

„2. Es ist allgemein angenommen worden, daß man beim Klettern in Schluchten und auf Schnee leichter befallen wird als auf offenem Grat und Felsen.

„Für diese letzte Annahme lassen sich viele Zitate anführen. In seiner Beschreibung der früheren erfolglosen Mont-Blanc-Besteigungen sagt de Saussure, daß 1783 zwei Gemsjäger auf einer Reihe von Felsgraten bis 760 m unter den Gipfel kletterten und daß „die Luft an jenen Abhängen so leicht und frei war, daß jene Art der Erstickung nicht zu befürchten war, welche in dem Schneetal, das sich in einer niedrigeren Anhöhe vom Berge La Coté aus ausdehnte, gefühlt wurde und einen anderen Versuch in demselben Jahre vereitelt hatte".

„Im Zusammenhang mit seinem Versuch, den Chimborazo zu besteigen, schreibt Boussingault im Jahre 1831: „A hauteur égale, je crois avoir remarqué, que l'on respire plus difficilement sur la neige, que lorsque l'on se trouve sur un rocher." Im Zusammenhang mit der Besteigung des Pioneer Pik bemerkt Conway, daß sie sich auf dem Schnee viel schlechter als am offenen Grat fühlten; es fiel ihnen in der Tat schwer, sich von den Schneeabhängen fernzuhalten[1]).

„Im Gegensatz hierzu fand Thomas das Klettern auf Felsen schwieriger als auf Schnee und nahm an, daß die erhitzten Felsen eine Luftverdünnung verursachten; hierin stimmt er mit Zurbiggen, einem ganz außergewöhnlich fähigen und erfahrenen Führer überein, der Professor Mosso erzählte, daß er auf nacktem Felsen mehr litte als auf Schnee und Eis.

„Wahrscheinlich lassen sich alle diese ungewissen Feststellungen auf einfache Weise erklären. Es scheint unnötig, auf Grund der Radioaktivität der in gewissen Berggegenden vorhandenen Mineralien eine Ionisation der Luft anzunehmen, eine Theorie, die von Zuntz herrührt. Intensive elektrische Störungen, die eine Ionisation verursachen würden, scheinen für das Auftreten der Bergkrankheit von geringer Bedeutung zu sein, obgleich Mosso Beispiele eines augenscheinlichen Einflusses anführt, der vielleicht aber psychischen Ursprunges ist.

„Die richtige Erklärung der oben angeführten, sich widersprechenden Feststellungen hinsichtlich des Auftretens der Bergkrankheit ist wahrscheinlich viel einfacher, mag aber von mehreren Faktoren abhängen, die in jedem einzelnen Falle alle in Betracht gezogen werden müßten:

„a) Eigenart des Bodens, z. B. ob Schnee oder Felsen, und ob leicht oder schwierig.

„b) Windig oder nicht windig.

---

[1]) Major R. W. G. Hingston, I.M.S., Arzt der Everest-Expedition 1924, weist auf diesen Punkt unter der Überschrift Gletschermüdigkeit besonders hin. Das Unbehagen, welches auf Schnee und Gletschern, besonders in eingeschlossenen Plätzen, gefühlt wird, wird einem hohen Sättigungsgrad der Atmosphäre mit Wasserdampf zugeschrieben. (Proc. of the Royal Geographical Society, 10. Nov. 1924.)

Die Bergkrankheit und ihre Ursache. 11

„c) Nahrungsmangel oder Abweichungen von der üblichen Nahrung.
„d) Wetter."

Wenn man die Erklärung dafür sucht, warum die Bergkrankheit von einer bestimmten Höhe an an manchen Plätzen häufiger vorkommt als an anderen, so muß man zu dem grundlegenden Punkt zurückgehen und sich zweier Tatsachen erinnern: erstens, daß die Bergkrankheit auf Sauerstoffmangel beruht, und zweitens, daß der Sauerstoffmangel die Medulla oblongata betrifft. Daher müssen wir in jedem besonderen Fall in Betracht ziehen:

1. Sind die Umstände so, daß sie den Sauerstoffmangel des Organismus im allgemeinen vergrößern?
2. Wenn ja, ist es wahrscheinlich, daß ein derartiger allgemeiner Sauerstoffmangel die Medulla befällt?
3. Gibt es irgendwelche besondere Gründe, warum er gerade die Medulla befallen sollte?

Was die erste Frage angeht, so wird, wenn die Sauerstoffspannung in den Lungen so niedrig ist, daß das arterielle Blut unter 90 vH gesättigt ist, jede unvermeidbare Anstrengung darauf abzielen, seine Sauerstoffspannung noch weiter zu verringern. Daher wird, wenn nicht irgendein Ausgleich in Form einer Blutzufuhr zum Hirn stattfindet, die Sauerstoffversorgung der Medulla abnehmen. Das ist die Antwort auf die zweite Frage. Wenn es daher anstrengender ist, die Beine im tiefen Schnee zu heben als auf Felsen zu gehen, so darf man eine entsprechend größere Neigung zur Bergkrankheit erwarten. Ebenso würde die Medulla entsprechend betroffen werden, wenn irgendwelche Bedingungen darauf hinzielten, Blut vom Hirn nach anderen Körperteilen zu leiten.

Zur Zeit ist unsere Kenntnis von der Blutversorgung des Hirns noch außerordentlich beschränkt, wir werden bei Besprechung der Akklimatisation darauf zurückkommen. Inzwischen können wir die Angelegenheit mit der Feststellung verlassen, daß es zahlreiche Möglichkeiten zu geben scheint, durch die sich die Blutversorgung zum Hirn in den kritischen Höhenlagen unter verschiedenen Umständen ändert, und durch die die Wirkungen des Sauerstoffmangels zum Ausbruch kommen oder abgewehrt werden.

Verschiedene Menschen werden in sehr verschiedenen Höhen bergkrank. Lassen wir den „subjektiven Faktor", dieses Geheimnis, welches alle Versuche am Menschen so schwierig macht, und die Versuche in den biologischen Wissenschaften so anders als die der Chemie und Physik gestaltet, außer Betracht. In der Chemie sind alle Faktoren bekannt, und man kann die Bedingungen jedesmal ganz konstant halten, wenn man die Faktoren, mit denen man arbeitet, gemeistert hat. Dies ist beim Menschen nicht der Fall. „Was des einen Mannes Brot, ist des andern Mannes Tod." Die Dosis, welche bei einem Menschen schwere Symptome hervorruft, läßt seinen Nächsten so gut wie unberührt. Wenn ich hiervon als von einem Geheimnis spreche, so meine ich nur, daß unsere Unwissenheit groß ist. Im Falle der Bergkrankheit können wir jedoch einen spezifischen Unterschied oder einen möglichen Unterschied zwischen verschiedenen Menschen in Erwägung ziehen, nämlich den der Permeabilität der Lungen für Sauerstoff. Ich will im Augenblick die allgemeine Permeabilität der Lungen beiseite lassen und nur den Fall betrachten, daß gewisse Teile der Lunge nur geringfügig tätig sind. Was wäre z. B. die Folge, wenn ein gewisser Teil der Lunge weniger elastisch als die übrige ist (was die Folge alter entzündlicher oder anderer Leiden sein kann)? Bei jedem Einatmen würde die Luft in dem unelastischen Teil weniger vollkommen ausgetauscht als in der übrigen Lunge. Unter gewöhnlichen Umständen braucht dieser Mangel in der Ventilation nichts auszumachen, denn obgleich die Sauerstoffspannung in diesem Teil der Lunge geringer ist als sonstwo, so kann sie dennoch ausreichen, um das Blut, welches ihre Wände passiert, mit Luft zu versorgen. Wäre z. B. die allgemeine Sauerstoffspannung in den Lungen 110 mm und die in den unzureichend ventilierten Teilen 85 mm, so würde das Blut, welches die beiden Abschnitte verließe, nur einen unbedeutenden Unterschied zeigen, und das vermischte Blut wäre in seiner Zusammensetzung praktisch unverändert. Wäre jedoch die Sauerstoffspannung in dem gut ventilierten Abschnitt 50 mm und die in dem schlecht ventilierten 25 mm, so würde der Unterschied in den Sättigungen des Blutes aus den beiden Teilen sehr groß sein. Würde nun der schlecht ventilierte Teil einen nennenswerten Bruchteil der ganzen Lunge ausmachen, so würde das gesamte arterielle Blut einen merklich größeren Mangel an Sauerstoff aufweisen als das eines normalen Menschen. Ein Mensch mit einer solchen Lunge würde deshalb unter sonst

Die Bergkrankheit und ihre Ursache. 13

gleichen Voraussetzungen schon in viel geringeren Höhen unter der Bergkrankheit leiden. In den letzten Jahren hat besonders Haldane großen Wert auf die unregelmäßige Ventilation der verschiedenen Lungenabschnitte gelegt. Ob das Phänomen einen beachtenswerten Faktor in der Atmung normaler Lungen darstellt, beabsichtige ich hier nicht zu erörtern; ich möchte aber betonen, daß selbst in einer Lunge, deren Ventilation in normaler Höhe für den praktischen Zweck ausreichend gleichförmig ist, die Unvollkommenheit der Ventilation, die durch einige alte fibröse Herde verursacht ist, in hohen Lagen verhängnisvoll werden kann.

Wir wollen zur Betrachtung der Symptome der Bergkrankheit übergehen, zur Feststellung dessen, was die Bezeichnung eigentlich umfaßt, und zu ihrem Anspruch als eine „klinische Einheit" zu gelten, obgleich die Krankheit sich in so verschiedenen Formen offenbart. Dr. A. C. Redfield hat in einem Manuskript, das er mir freundlichst zusandte, diese Fragen so bewundernswert behandelt, daß ich nichts besseres tun kann, als seine Beschreibung wiederzugeben.

„Die schlechte Verfassung, in der sich die Menschen befinden, wenn sie in die verdünnte Luft kommen, wird in den Anden als ‚Seroche' bezeichnet. So bestimmt ist ihre Symptomatologie und so allgemein ihr Auftreten in diesen nicht unbevölkerten Gegenden, daß sie mit gewissem Recht verdient als klinische Einheit angesehen zu werden. Ihre Heftigkeit reicht aus, um ihr in Beziehung zur Bergwerksindustrie eine gewisse ökonomische Wichtigkeit zu geben. Während einige Menschen angetroffen werden, die nie, und viele, die nur wenig unter ihr gelitten haben, werden die meisten so stark mitgenommen, daß sie für einige Tage vollkommen unbrauchbar sind. In zum mindesten einem authentischen Falle hat die ‚Seroche' bei einem normalen gesunden Menschen zum Tode geführt.

„Jeder Fall ist eine individuelle Geschichte, und niemand kann voraussagen, wer befallen werden wird und wer nicht. Die Hauptzüge der Krankheit werden durch die Beschreibung zweier verschieden schwerer Formen gut illustriert.

„Jemand, der den Aufstieg mit der Eisenbahn macht und nur leicht von ihr ergriffen wird, bemerkt die ersten Symptome in einer Höhe von 10000 Fuß (3050 m) oder höher. Subjektiv fühlt er sich abgespannt und bekommt gewöhnlich frontale Kopfschmerzen, die allmählich stärker werden. Meistens wird einem übel. Man friert, besonders an den Extremitäten, der Puls wird schneller, die Atmung tiefer und beschleunigter, das Gesicht ist blaß, Lippen und Nägel sind cyanotisch. Wenn man vom Gipfel nach Oroya auf 12000 Fuß (3660 m) heruntersteigt, findet man trotz der deutlichen Besserung, daß man auf einen hilflosen Schwächezustand herunter gekommen ist, in welchem die geringste körperliche Anstrengung Beschwerden macht und Kurzatmigkeit, Schwindel und Herzklopfen hervorruft. Der Nachtschlaf ist unruhig, und beim Erwachen fühlt man sich wie jemand, der sich nach dem Überstehen einer ernsten Infektionskrankheit zum erstenmal wieder auf die Füße wagt. Nach zwei oder drei Tagen kommen die Kräfte zurück, man bekommt mehr Farbe, und bis auf große Anstrengungen kann man alles ohne Mühe unternehmen. Die meisten sind weniger glücklich. Während des Aufstieges sind die Symptome qualitativ dieselben, doch häufig schwerer, und die Übelkeit geht in Erbrechen über. Der Nachtschlaf bringt keine Erholung; schwere Kopfschmerzen, Magen-Darmstörungen und allgemeine Schwäche dauern mehrere Tage an; die Körpertemperatur kann erhöht sein (102° F. im Rektum) (38,9° C), und zuweilen spürt man Herzklopfen. Die Cyanose ist ausgesprochen. Nach drei bis vier Tagen Bettruhe tritt eine Besserung ein, und nach einer Woche kann die normale Tätigkeit wieder aufgenommen werden."

Die folgende ausführlichere Darstellung, im besonderen die Symptome unserer eigenen Expedition in Peru, sind unserem Bericht in den Philosophical Transactions of the Royal Society entnommen:

Die unangenehmen Symptome, unter denen die Mitglieder unserer Expedition in Oroya (3660 m) und Cerro de Pasco (4360 m) litten, können am besten unter zwei Gesichtspunkten betrachtet werden, erstens jene akuten Symptome, welche am ersten oder zweiten Tage nach der Ankunft auftraten, und zweitens jene Symptome, welche in vielleicht abnehmendem Grade während des ganzen Aufenthaltes in großen Höhen andauerten. Der Name „Seroche" wird allgemein auf die Symptome der ersten Gruppe angewandt. Diese sind, obgleich wechselnd in ihrem Auftreten, ausgesprochen genug, um das zu bilden, was man eine „klinische Einheit" nennt. Vier von den acht Mitgliedern unserer Expedition hatten die „Seroche" in immerhin so schwerer Form, daß sie gezwungen waren, sich ein bis vier Tage niederzulegen. Wie bei einem Patienten in den ersten Tagen einer akuten Infektionskrankheit forderte ihr Befinden gebieterisch die Bettruhe. Bei den andern vier waren die Symptome nicht so schwere, daß sie leistungsunfähig wurden. Nach dem Nachlassen der acuten „Seroche" konnten alle Mitglieder eine gute Tagesarbeit von neun bis zehn Stunden im Laboratorium verrichten. Die Tabelle auf Seite 18 u. 19 bezieht sich auf die Symptome, die von uns während der ganzen Zeit, während der wir unter niedrigem atmosphärischen Druck lebten, beobachtet wurden.

Ein paar Auszüge aus Tagebüchern von Mitgliedern der Expedition werden das Auftreten und den Verlauf der Symptome vielleicht besser dartun, als jeder Versuch einer mehr allgemeinen Beschreibung der Krankheit.

I. Beispiel eines milden Falles.

19. Dezember. Eisenbahnfahrt.
Tamborague 2995 m. Puls 64.
San Mateo 3221 m. Puls 74. Atmung ausgeprägter. Im Typus mehr thoracal. Lockerte Weste und Gürtel. Fühlte ein ausgesprochenes Bedürfnis still zu sitzen.
Rio Blanco 3484 m. Puls 78. Fühlte mich ein wenig wirr im Kopf und hatte kalte Füße.
Casapalca 4147 m. Fing an mich wirklich schlecht zu fühlen, bekam tüchtige Kopfschmerzen und ein leichtes Übelkeitsgefühl. Kalte Hände und Füße — Frösteln.
Yauli 4090 m. So gut wie keine Kopfschmerzen mehr.
Oroya 3691 m. Kam durch das Herausheben des Gepäcks aus dem Wagenfenster ziemlich außer Atem.
20. Dezember. Fühlte mich genau wie man sich fühlt, wenn man nach einer Tonsillitis oder Grippe den ersten Tag auf ist. Unsicher auf den Beinen. Machte sehr langsam einen Spaziergang von ungefähr 200 m, meine Beine taten weh, als ob ich 50 Kilometer gegangen wäre.
23. Dezember. Verbrachte den Morgen damit, den Wagen aufzuräumen und ging zu Fuß nach Hause zurück. Bestieg mit verhältnismäßig geringem Schnaufen eine 30 m hohe Anhöhe. Lief eine Strecke des Weges vom Hause zum Krankenhause ohne außer Atem zu kommen.

II. Beispiel eines schwereren Falles von kurzer Dauer.

23.—24. Dezember. Kam gegen 10 Uhr in Cerro de Pasco (4862 m) an. Fühlte mich sehr wohl, wahrscheinlich etwas euphorisch. Während der Nacht hinter den Augen und in der Occipitalgegend heftige Kopfschmerzen. Am Morgen war ich ziemlich taub, und das Sehvermögen war stark beeinträchtigt. Ich war lichtscheu und sehr reizbar. Keinen Appetit. Konnte nicht schlafen. Muskelschmerzen im Rücken und in den Oberschenkeln. Rektaltemperatur 37,8°.

26. Dezember. Der Anfall ließ nach, und ich fühlte mich wieder normal.

III.

21. Dezember. Casapalca (4147 m).

3,10 p. m. Schläfrigkeit, Kopfschmerzen, Unbehagen, geringe Cyanose.
3,20 „ Bin etwas schwerhörig und kann nicht sehr gut sehen.
4,00 „ Ticlio (4842 m). Heftige frontale und parietale Kopfschmerzen. Fühle mich scheußlich — lege mich nieder. Cyanotisch — unklares Sehvermögen — Übelkeit. — Es fällt mir schwer Fragen zu beantworten.
4,20 „ Erbrochen.
4,30 „ Wieder erbrochen — graue Cyanose.

Oroya (3691 m). Lag mit geschlossenen Augen auf dem Rücken.

5,30 p. m. War kaum fähig vom Zug zum Auto zu gehen. Sehr schwindelig, heftige Kopfschmerzen. Wurde direkt ins Krankenhaus gebracht — ins Bett gelegt.

21.—24. Dezember. Im Bett heftige, den Schlaf verhindernde Kopfschmerzen. Nach der ersten Nacht keine Übelkeit oder Erbrechen mehr. Schwäche. Fühlte mich, als sei mir ein Ziegelstein auf den Kopf gefallen.

25. Dezember. Außer Bett. Kurzatmig. Keine Kopfschmerzen.

IV.

19. Dezember. Nach Kopfschmerzen, Kurzatmigkeit und allmählich stärker werdender Mattigkeit — folgende Aufzeichnungen:

Eisenbahn Ticlio. Ich hatte nur einen Wunsch und der war, horizonzal in einem warmen Bett zu liegen.

Oroya (3691 m). Ich konnte kaum meine große Handtasche tragen. Ich war außer Atem — sehr heftige Kopfschmerzen — Zähneklappern. Bei der geringsten Bewegung tat mir der Kopf entsetzlich weh. Mein Gesicht war gerötet und die Lippen matt lila. Die Fingernägel waren an der Basis cyanotisch und an den Spitzen weiß. Kalte Hände und Füße.

Ging gegen 12 Uhr nachts zu Bett. Beim Ausziehen hatte ich ziemlich starkes Frösteln. Der Kopf schmerzte wie toll — retrobulbär und occipital. Fühlte mich abwechselnd heiß und kalt. Herzklopfen und Atemnot. Atmung 24. Puls 92. Temperatur im Rektum 39,2°. Fühlte mich wie im Prodromal-Stadium einer akuten Infektionskrankheit.

20. Dezember. Mit Ausnahme von Cyanose, Fieber und frequentem Puls fiel die körperliche Untersuchung negativ aus. Lungen frei.

21. Dezember. Temperatur normal. Allgemeine Besserung. Noch immer leise Kopfschmerzen.

22. Dezember. Außer Bett. Fühle mich schwach. Kopfschmerzen noch vorhanden. Selbst langsames Gehen verursacht Dyspnoe.

23. Dezember. Cerro de Pasco (4862 m). Keine Verschlechterung durch die größere Höhe.

24. Dezember. Erwachte mit sehr heftigen Kopfschmerzen. Blieb bis Mittag im Bett. Tanzte auf der Weihnachtsabend-Gesellschaft mit geringem Keuchen zwei Tänze. Keine weiteren akuten Symptome.

Diese Aufzeichnungen sind eine ziemlich anschauliche Beschreibung der „Seroche", wie sie bei Mitgliedern der Expedition auftrat. Einige haben schwerere Formen von längerer Dauer und mit sogar tödlichem Ausgang beschrieben — wir haben uns nur auf das beschränkt, was wir an uns selbst beobachtet haben.

Nachdem die akuten Symptome der „Seroche" nachgelassen hatten, zeigten sich die Wirkungen der großen Höhe bei den Einzelnen in verschiedener Form. Cyanose war ständig bei allen Mitgliedern der Expedition mehr oder weniger stark vorhanden. Der zufällig beobachtete Grad zeigte nicht notwendig den Grad der arteriellen Sauerstoffsättigung an. Diejenigen, die für gewöhnlich ein mehr oder weniger blühendes Aussehen hatten, schienen cyanotischer als die, deren Gesichtsfarbe blasser war. In dieser Hinsicht war der Gegensatz zwischen den Eingeborenen und den Europäern äußerst auffallend. Praktisch zeigten alle gesunden Eingeborenen eine „Pflaumenfarbe" in den Teilen der Haut, denen das arterielle Blut die Farbe verleiht. Dies war bei den Kindern besonders auffällig. Die erwachsenen Eingeborenen, bei denen dies nicht deutlich zu Tage trat, litten offensichtlich an irgendwelchen organischen Krankheiten, wie Phthisis der Bergleute, Tuberkulose usw., oder waren chronische habituelle Cocainisten.

Wir hatten die glückliche Gelegenheit, die Wirkung der Höhe an einem der angelsächsischen Ingenieure, der seit einigen Jahren in Cerro de Pasco ansässig war, beobachten zu können. Er war ein Mann von mächtigem Körperbau, dem die Höhe nichts anhatte. Er hatte eine höchst ausgesprochene Cyanose, man sah aber auch, daß seine Hautkapillaren besonders ausgeprägt waren und den Eindruck machten, als ob sie außerordentlich gut gefüllt seien. Eine Blutuntersuchung ergab 6800000 rote Blutkörperchen und 128 vH Hämoglobin. Er begleitete uns bis auf Meereshöhe, wo die Veränderung in seinem Aussehen höchst merkwürdig war. An Stelle einer tiefen „Pflaumenfarbe" zeigte sein Gesicht ein leuchtendes Rot, als ob er kürzlich starken Sonnenbrand gehabt hätte. Diese Veränderung im Aussehen fand sich auch bei Einzelnen unserer Expedition, doch bot er ein besonders lehrreiches Beispiel.

Das allgemeine Wohlbefinden der Expedition zeigte im Laufe der Zeit beträchtliche Veränderungen. Diese schienen in keiner Beziehung zu der Schwere der Anfangssymptome zu stehen. Das war von vornherein wahrscheinlich, da diejenigen, die unter der akuten „Seroche" gelitten

	Z.N.S.-Symptome	Cardiale Symptome	Periphere Kreislaufsymptome	Atmungssymptome	Gastro-intestinal-Symptome
Barcroft	Kopfschmerzen + Mattigkeit + Müdigkeit + + Schlaflosigkeit +	Schmerzen in d. Herzgegend +	Kalte Extremitäten + Cyanosis +	Kurzatmigkeit bei Anstrengungen +	Übelkeit + Erbrechen + Appetitlosigkeit +
Meakins	Ruhelosigkeit Müdigkeit + Schlechte Träume	Schmerzen in d. Herzgegend + Herzklopfen +	Kalte Extremitäten + Pulsieren d. Arterien + Cyanosis +	Kurzatmigkeit + Cheyne-Stokessche Atmung + Seufzen +	—
Doggart	Schlaflosigkeit +	—	Cyanosis +	Kurzatmigkeit + Cheyne-Stokessche Atmung + Seufzen +	—
Binger	Kopfschmerzen + + Mattigkeit + Müdigkeit + Schlaflosigkeit +	Schmerzen in d. Herzgegend + Herzklopfen +	Frösteln + Kalte Extremitäten + Cyanosis +	Kurzatmigkeit bei Anstrengungen + Seufzen +	Übelkeit +
Bock	Kopfschm. + + + Schlaflosigkeit + Beeinträchtigtes Seh- und Hörvermögen + Mattigkeit + Müdigkeit +	—	Pulsieren der Arterien Hitzegefühl + Schwitzen + Pallor + Cyanosis + +	Kurzatmigkeit + + Seufzen + +	Übelkeit + + Erbrechen + Bauchschmerzen + Appetitlosigkeit +

Die Bergkrankheit und ihre Ursache. 19

Forbes	Kopfschmerzen + Schwindel + Sehstörungen + Müdigkeit + Mattigkeit Schlaflosigkeit +	Schmerzen in d. Herzgegend + Herzklopfen +	Frösteln + Kalte Extremitäten + Cyanosis + Nasenbluten +	Kurzatmigkeit + Cheyne-Stokessche Atmung + Seufzen +	Übelkeit +
Harrop	Kopfschm. +++ Sehstörungen + Hörstörungen + Mattigkeit + Verstimmung + Müdigkeit + Schlaflosigkeit +	Sinusarythmien	Cyanosis Pulsieren d. Arterien +	Kurzatmigkeit + Unregelmäßige Atmung + Orthopnoe + Seufzen +	Appetitlosigkeit
Redfield	Kopfschmerzen + Mattigkeit + Müdigkeit ++ Ruheloser Schlaf	Herzklopfen +	Kalte Füße + Cyanosis +	Kurzatmigkeit + Cheyne-Stokessche Atmung + Seufzen	Übelkeit +

hatten, durch Schaden klug geworden waren und sich bei der gemeinsamen Arbeit und beim Sport umsichtiger verhielten als die, die ihr entgangen waren. Die Letzteren zeigten im Laufe der Zeit ein deutliches Nachlassen der Energie. Der Wille war ungeschwächt, aber die Fähigkeit hatte deutlich nachgelassen. Dies war besonders auffällig bei langandauernder körperlicher Anstrengung. Ihre Leistungsfähigkeit sank nicht unter die ihrer Kameraden herab, aber sie waren im Anstrengungen im Laufe der Zeit weniger gewachsen. Sie brauchten folglich mehr Ruhe und näherten sich dem umsichtigeren Verhalten ihrer Gefährten, die anfangs weniger glücklich gewesen waren. Bei allen Mitgliedern der Expedition stellte sich, anfangs unmerklich, schließlich jedoch ganz augenfällig, eine Wirkung auf die geistigen Fähigkeiten ein. Obgleich kurze und genau umschriebene Aufgaben keinerlei ausgesprochene Ver-

2*

änderung in der nervösen oder reflektorischen Aufnahmefähigkeit der Mitglieder der Expedition erwiesen, so zeigten sich bei langdauernder Konzentrierung doch Zeichen verminderter Leistungsfähigkeit. Während viele von uns einen Haldane-Gasapparat oder einen ähnlichen Apparat in Meereshöhe tagelang ohne ein Versehen benutzten, verging in Cerro de Pasco selten ein Tag, daß nicht der eine oder der andere infolge irgendeines dummen Versehens in der Handhabung den Apparat auseinander nehmen und reinigen mußte.

Beim Rechnen passierten ähnliche Versehen. Nicht so sehr, daß grobe Fehler gemacht wurden, sondern einfache Additionen mußten häufig wiederholt durchgesehen werden, bevor der Arbeitende von der Genauigkeit überzeugt war. Dieselben Zustände wurden beim Gebrauch des Rechenschiebers und der Logarithmen wahrgenommen.

Obgleich die Forscher viele Stunden hintereinander im Laboratorium arbeiteten — es war Sitte, daß manche Mitglieder ihren Lunch und Tee täglich dort nahmen —, so war der Betrag der an einem Tage geleisteten Arbeit manchmal enttäuschend. Dies rührte zweifellos von der sichtbaren geistigen und körperlichen Müdigkeit her, die sich im Laufe des Tages langsam einstellte, und der sich daraus ergebenden unvermeidlichen Langsamkeit und Ungeschicklichkeit. Diese Wirkung bei langandauernder, stetiger Arbeit war nicht nur auf die Mitglieder der Expedition beschränkt. Menschen, die in Cerro de Pasco jahrelang ohne irgendwelche Symptome der akuten „Seroche" gelebt hatten, teilten uns mit, daß letzten Endes die beste Arbeit durch kurze Arbeitszeiten mit langen Pausen dazwischen erhalten wird. Dies ist besonders bei denen der Fall, die eine geistige Beschäftigung haben — Buchhalter, Zeichner usw.

Es ist behauptet worden, daß das Leben in großen Höhen eine reizbare Stimmung hervorruft. Was unsere Gesellschaft anbetraf, so war dies nicht offensichtlich. Bei keiner Gelegenheit war Launenhaftigkeit oder unvernünftiges Verhalten der Mitglieder zueinander zu bemerken. Andererseits bestand aber allgemein eine Ungeduld gegen die eigenen Versehen und verursachte gewöhnlich ein beträchtliches Vergnügen unter den übrigen der Gesellschaft.

Die anderen Symptome, die sich während unseres Aufenthaltes in Cerro de Pasco einstellten, beschränkten sich auf unser körperliches Wohlbefinden. Der Appetit war häufig launisch und unregelmäßig. Zuzeiten war man beinahe gierig und zu anderen Zeiten erregte die bloße Erwähnung von Essen schon Widerwillen. Der Schlaf war fast durchgängig gestört und nicht von langer Dauer. Diejenigen, die an 8 bis 10 Stunden Schlaf gewöhnt waren, fanden es für gewöhnlich unmöglich, mehr als 6 bis 8 Stunden zu schlafen. Jedoch schliefen einige Mitglieder der Expedition, die für gewöhnlich am wenigsten schliefen, von Zeit zu Zeit 12 bis 14 Stunden hintereinander. Der Gewichtsverlust ist eins der bemerkenswertesten Zeichen des Aufenthaltes in großen Höhen. Alle Mitglieder der Expedition wurden von ihm betroffen, doch einige mehr als andere. Der größte Gewichtsverlust war eine Abnahme von 70 auf 59 kg in 27 Tagen. Dieser Verlust wird schnell wiedergewonnen, wenn der Betreffende auf

Meereshöhe zurückkehrt. Diejenigen, die mehrere Jahre in großen Höhen gelebt hatten, teilten uns mit, daß ein anfänglicher Gewichtsverlust allgemein üblich ist, daß er jedoch mit der Zeit in einem gewissen Maße wieder ausgeglichen wird. Das frühere Meereshöhengewicht wird jedoch selten wieder erreicht.

Unsere Expedition in Peru hatte das außerordentliche Glück, die Hilfe von Dr. Crane, des höchsten medizinischen Beamten der Cerro de Pasco-Kupfer-Co. zu haben. Diese mächtige amerikanische Bergwerksgesellschaft hatte den größten Einfluß in jenem Teil der Welt, in dem wir uns aufhielten. Sie war so freundlich ihre ganze Organisation zu unserer Verfügung zu stellen. Obgleich es nicht deutlich ausgesprochen wurde, fühlte ich, daß sie einen Vorbehalt machte, bevor sie uns als ihre Gäste in den größeren Höhen bewillkommnete, nämlich, daß sie sich versichern wollte, ob unsere Gesundheit kräftig genug war, um durch den Aufenthalt „on the hill" (wie man dort sagt) nicht zu leiden. Mein Eindruck war der, daß kürzlich irgendeine Unannehmlichkeit oder vielleicht irgendein Unglück vorgekommen war, dessen Wiederholung sie nicht wünschte. Wie dem auch sei, ihre Handlungsweise wurde von uns als echteste Gastfreundschaft empfunden. So wurde jeder von uns, als wir in Oroya ankamen, in freundlichster Weise, aber ganz energisch vorgenommen und in dem schön eingerichteten Krankenhause ins Bett gesteckt. Dort verblieb er unter Aufsicht von Dr. Crane, bis dieser die Gewißheit hatte, daß die „Seroche" vorüber war. Dies konnte eine Nacht, zwei Nächte oder länger dauern. Wie gut erinnere ich mich, wie ich von dem Hause Dr. Collie, des Hauptingenieurs der Gesellschaft — ein besonders liebenswürdiger Mann — auf einer Tragbahre ins angrenzende Krankenhaus getragen wurde, und über die Seltsamkeit nachdachte, daß ich hier zum erstenmal eine modernste Krankenhausbehandlung, dieses höchste Raffinement des zivilisierten Lebens, an mir selber erlebte: 6000 Meilen von der Heimat entfernt, 3700 m hoch in der Luft und in einer Gegend, wo man, abgesehen von den Häusern der Bergleute und den Bächen, welche die Quellgewässer des Amazonenstromes bilden, nur Felsen sieht.

Dr. Crane — es hat wohl niemand bessere Gelegenheit sich über die Symptome und die Natur der Bergkrankheit ein Urteil zu bilden — nahm jeden unserer Fälle einzeln durch, und wir sind ihm für viele der Einzelheiten in der obenstehenden Tabelle zu Dank verpflichtet.

Literatur.

Barcroft (1): Journ. of physiol. **42**, 63. 1911.
— (2) und Cooke, Hartridge, Parsons und Parsons: Ebenda **53**. 450. 1920.
— (3) und Binger, Bock, Doggart, Forbes, Harrop, Meakins und Redfield: Phil. Trans. Roy. Soc. B. **211**. 351. 1923.
— (4) und Marshall: Journ. of physiol. **58**, 145. 1923.
Bert, Paul: La pression barométrique. 1878.
Boussingault und Hall: Gay Lussac's Ann. de Chimie et de Physique.

Douglas, Haldane, Henderson und Schneider: Phil. Trans. Roy. Soc. B. 203, 185. 1912.
Hooker: Himalayan journals.
Longstaff: Mountain Sickness and its Probable Causes. London 1906.
Mosso: Life in the High Alps.
De Saussure: Voyages dans les Alpes.
Tschudi (Peru): Reiseskizzen 1838—42.
Zuntz und Schumburg, auch zusammen mit Loewy: Zahlreiche Arbeiten in Pflügers Arch. f. d. ges. Physiol. 1895—1902.

II. Einige Plätze, wo die Bergkrankheit studiert worden ist.

Das Studium der Bergkrankheit verdankt viel dem italienischen Physiologen Mosso. Mosso führte in diesen besonderen Zweig der Physiologie die Tradition der Ludwigschen Schule ein, deren Anhänger er war. Seiner Begeisterung und seiner Fähigkeit, diese Begeisterung wirksam zu machen, verdanken wir das Laboratorium, das auf dem Gipfel des Monte Rosa[1]) von der Königin Margherita von Italien eröffnet wurde.

Ich möchte den theoretischen Teil meiner Erörterung verlassen, um ein paar Worte über die Capanna Margherita und ihre Umgebung zu sagen. Sie liegt ungefähr 1500 m über der Schneegrenze. Der Gipfel baut sich zu einer Bergspitze auf, welche auf einer Seite jäh abfällt, während der Anstieg auf der anderen Seite, obgleich ziemlich leicht, doch für die letzten 450 m aus einer Treppe besteht, deren Stufen in das Eis geschlagen sind. Man stelle sich einen mit Eis bedeckten Kegel vor, der durch einen vertikalen Schnitt durch die Spitze halbiert ist, man nehme die eine Hälfte fort, und das was übrig bleibt, ist eine leidliche Darstellung meiner Erinnerung der Punta Gnifetti. Auf der obersten Spitze dieses Halbkegels liegt, die ganze Spitze einnehmend, die Margherita-Hütte.

Die Hütte besteht aus drei Abteilungen: dem Laboratorium mit seinen kleinen Arbeitsräumen und dem Schlafraum, zweitens der Alpenhütte, die eigens für die Bersteiger da ist, und drittens einem Teil, der, glaube ich, der italienischen Armee gehört und meteorologischen Beobachtungen dient.

Die praktische Erfahrung zeigte, daß die Bedingungen auf der Capanna Margherita sehr ungünstige sind. Obgleich die Hütte geräumig und behaglich genug ist, beschränkt die Schwierigkeit des Transportes sowohl die Möglichkeit der Forschung, als auch die der Verpflegung.

---

[1]) Der Monte Rosa hat mehrere Gipfel von ungefähr gleicher Höhe. Die Punta Gnifetti, auf welcher die Margherita-Hütte gelegen ist, ist nicht in Wirklichkeit der höchste. Ihr fehlen einige Meter an 4600 m. Der höchste Gipfel ist die viel weniger zugängliche Punta Dufour, 4650 m hoch.

Wenn man z. B. eine Tasse heißen Kaffee verlangt, muß die zum Kochen nötige Spiritusmenge in Betracht gezogen werden. Spiritus ist hier oben das einzige Brennmaterial; um Wasser heiß zu machen, braucht man viel mehr als in gewöhnlichen Höhen, und es muß alles durch Träger heraufgetragen werden. Man beachte, daß ich sage „heiß machen", nicht „kochen", das Wasser kocht schon bei 82°. Feinere oder umfang-

Abb. 3. Die Punta Gnifetti, auf deren Gipfel man die Capanna Margherita sieht.
(Durig.)

reiche Apparate kommen praktisch nicht in Frage, und selbst wenn diese praktischen Nachteile nicht beständen, so wären die tiefe Temperatur und die Abgeschlossenheit der Lage doch Faktoren, die die Wirkungen des niedrigen atmosphärischen Druckes sehr komplizieren würden.

Aus diesen Gründen wurde das Laboratorium auf dem Col d'Olen errichtet. Es liegt auf der italienischen Seite des Monte Rosa in ungefähr 3000 m Höhe. Im Sommer liegt es daher gerade unterhalb der Schneegrenze — wo ein Laboratorium zum Studium von Höhen auch liegen sollte —, aber die Schneegrenze ist nur für ungefähr zwei Monate im Jahre hoch genug, um ein wirkliches Arbeiten dort zu ermöglichen. Ich glaube, das Col d'Olen-Laboratorium ist nur ungefähr vom 10. Juli bis zum 1. September geöffnet. Während dieser Zeit ist es gut mit all den Bequemlichkeiten des Lebens versorgt, die mit Mauleseln von Alagna oder Gressoney hinauf gebracht werden können. Die Annehmlichkeit des Platzes wird durch die Geschicklichkeit und Freundlichkeit von Professor Aggazzotti noch besonders erhöht. Dort ist Wasser und Gas; die Gasflamme brennt jedoch so schwach, daß sie eine hoffnungslos geringe Wärmemenge abgibt. Aber obgleich Col d'Olen im Juli und August, in bezug auf die Schneegrenze, günstig gelegen ist, so liegt es doch in Wirklichkeit in einer zu geringen Höhe. Ich glaube nicht, daß es sich lohnt, Höhenstudien in einer Höhe viel unter 4300 m auszuführen. Dafür zeugt der Streit, der darüber entbrannte, ob die durch die Höhe verursachte Vermehrung der roten Blutkörperchen ein bona fide-Phänomen sei. Ein solcher Streit hätte in den Anden oder auf Pike's Peak meiner Meinung nach nie entstehen können.

Dieses sind also die Vorteile und Schattenseiten des besten Höhenlaboratoriums in den Alpen. Wenden wir uns dem Pik von Teneriffa zu.

Der Pik von Teneriffa hat für den englischen oder amerikanischen Forscher den großen Vorteil, daß er vom Meer aus zugänglich ist. Hier gibt es keine Eisenbahnreise, kein Umsteigen und, wenn andere dieselbe Gastfreundschaft genießen wie wir, kein Zollhaus, denn die spanische Regierung erlaubte, daß unser sämtliches Gepäck ungeöffnet passieren durfte. Aus diesen Gründen kamen unsere Apparate fast alle heil an unserem Ausgangspunkt — dem Grand-Hotel Humbert — an. Das Hotel war damals in deutschen Händen, sehr komfortabel eingerichtet, und wir wurden in jeder Weise gut bedient. Wie es jetzt sein mag, weiß ich nicht. Die Dampfer der Gebrüder Troward fahren gegenwärtig von Liverpool nach Orotava; sonst fährt der Reisende nach Santa Cruz und von dort im Wagen nach Orotava.

Teneriffa hat den Vorteil eines sehr gleichmäßigen Klimas. Es ist weder zu heiß, noch zu kalt oder zu windig. Es war unser Ziel, den Menschen in der Ruhe zu studieren. In Teneriffa ist dieses Ziel besonders leicht zu erreichen. Soweit meine Erfahrung geht, macht kein Mensch auf der Insel sich übermäßige Bewegung oder wünscht sie zu machen. In den Alpen hat niemand ein anderes Ziel als sich in einer oder der anderen Form Bewegung zu verschaffen. Die Besteigung des Pik von Teneriffa zu Fuß wäre nicht weniger seltsam als die Besteigung des Col d'Olen auf einem Maulesel.

Unsere Station in Meereshöhe war also Puerto Orotava. Der „Humbert" lag ungefähr 100 m überm Meeresspiegel; das Klima war, als wir im März dort waren, dem des englischen Sommers sehr ähnlich, es war kalt im Vergleich zu dem Klima, das wir in der Folge auf unserer italienischen Expedition in unserer Meereshöhenstation Pisa antrafen.

Die zweite Station in Teneriffa war Las Cañadas. Dieser Platz ist vom meteorologischen Gesichtspunkte aus besonders interessant. Er liegt ungefähr 2100 m überm Meeresspiegel und daher nicht viel höher als viele Bevölkerungszentren. Johannesburg zum Beispiel liegt etwas über 1830 m. Sehen wir daher von Plätzen wie den Bergwerkstädten

Einige Plätze, wo die Bergkrankheit studiert worden ist. 25

in den Anden ab, so sind die Cañadas ein schönes Beispiel für größere Höhen, in denen das Arbeitsleben des Menschen in gewöhnlichem Umfange ausgeübt wird. Die Cañadas bieten als eine Station für klimatische Studien unter anderen Vorteilen den, daß sie verhältnismäßig windgeschützt sind. Im Hinblick auf die von Lyth veröffentlichten Forschungen ist dies ein Faktor, der der Berücksichtigung wert ist.

Abb. 4. Die Cañadas mit dem Wohnhaus und Laboratorium Espigone. Im Hintergrund einer der Gipfel des alten Kraterrandes. Blick in der entgegengesetzten Richtung, als in Abb. 1, die den „neuen Krater" zeigt.

Teneriffa besteht grob gesprochen aus einem ungeheuren Krater von ungefähr 2400—2700 m Höhe. Der Durchmesser von Rand zu Rand beträgt ungefähr 13 km. An der Südseite der Insel ist der Rand unvollkommen. Die Innenseite des Randes ist ein steiler, beinahe jäh abfallender Felsen, an den man 300—600 m hinunterklettern muß; oder man steigt, wie wir, durch einen Spalt, Portillio genannt, in den Krater hinein. Wir waren dann innerhalb des alten Kraters. Hinter uns lagen die Felsen, von denen sich in Abständen bekannte Gipfel,

26   Einige Plätze, wo die Bergkrankheit studiert worden ist.

wie der Guajera und der Espigone, abheben. Vor uns lag ein sandiges Hochplateau.

Nach dieser Beschreibung könnte man annehmen, daß sich nun eine sandige Ebene vor unseren Augen ausbreitete, und daß wir in einer Entfernung von 10—11 km den gegenüberliegenden Rand des alten Kraters vor uns sahen. Dies ist aber nicht der Fall, denn dazwischen liegt der neue Krater, der sich innerhalb des alten aufgeworfen hat. Bei unserem Austritt aus den Portillio tauchte plötzlich der majestätische, 3600 m hohe Pik vor uns auf. Alles, was von dem Plateau übrig geblieben ist, ist ein sandiger Höhenring in unmittelbarer Nähe des beinahe vertikalen alten Kraterrandes. An der Außenseite des Ringes erheben sich die Felsen in ungefähr 300 m Höhe, an der Innenseite steigt der Pik allmählich an. Gerade auf diesem Sand lag unsere Station. Kein Platz in dieser Höhe hätte in natürlicherer Weise geschützt sein können. Er ist ganz anders geartet als alle Plätze, die man in Europa findet. Verglichen mit viel höheren Plätzen in den Alpen ist der Unterschied besonders auffällig. Die vollkommene Trockenheit der Luft in den Cañadas erklärt das Fehlen der schönen Vegetation, welche die Schneelinie in den Alpen so reizvoll macht. Man tritt aus dem Laboratorium auf dem Col d'Olen heraus, und alles ist feucht unter den Füßen, die Felsenspalten sind voll von Saxifragen und Enzian. Nicht so in den Cañadas. Nur in geringen Höhen ist die Vegetation in Teneriffa so schön wie in den Alpen. Um zu dem Portillio zu gelangen, muß man durch Wälder von riesiger Heide reiten, die sich $2-2^1/_2$ m hoch erhebt, und deren Blüten über den Kopf hinausragen. Die Feuchtigkeit kondensiert sich jedoch zu einer Wolkenschicht, die in 1200—1500 m Höhe über der Insel hängt, — durch diese Wolken muß man hindurch. Ist man erst einmal innerhalb des alten Kraters, so empfängt einen ein neues Klima. Zwischen uns und den Wolken liegt ein unpassierbarer Wall. Während unseres Aufenthaltes in Las Cañadas sahen wir weder über noch um uns die geringste Spur von Nebel. Das gelegentliche Erscheinen einer Wolkenspitze über dem Kraterrand erinnerte uns daran, daß es so etwas wie eine Wolke überhaupt gab. Oberhalb der Wolken ist alles unfruchtbar.

Die Unterkunft in den Cañadas war sehr bequem; sie bestand aus zwei Hütten, die aus irgendeiner Metallverbindung hergestellt waren, und von denen die eine als Wohnhaus benutzt wurde, während die andere als Laboratorium diente. Diese Hütten waren viel größer und fester gebaut als die Heeresbaracken, mit denen wir im Kriege vertraut geworden sind; sie galten als Eigentum des deutschen Kaisers. Ob mit Recht, weiß ich nicht; auf alle Fälle waren sie der Arbeitsplatz einer deutschen meteorologischen Station, der Herr Wenger vorstand. Unsere Expedition, die sich „Internationale Kommission zum Studium des Höhenklimas und der Sonnenstrahlung" nannte, hatte ihren Sitz in Berlin. Die gründliche und manchmal sehr üppige Regie lag in den Händen von Professor Pannwitz; Leiter der Expedition war der erfahrene Physiologe Professor Zuntz. Es ist wahrscheinlich, daß in Zukunft die

Einige Plätze, wo die Bergkrankheit studiert worden ist. 27

Sonnenstrahlung und andere klimatische Faktoren weit mehr als früher studiert werden. Unter diesen Umständen haben die Cañadas eine Zukunft. Wenn sie auch zu tief gelegen sind, um für das Studium großer Höhen von Wert zu sein, so haben sie doch ein wundervolles Klima und den wichtigen Vorteil, daß sich neben der Hütte eine Wasserquelle befindet. Ich kann nicht mit Bestimmtheit sagen, ob dies die höchstgelegenste Quelle auf der Insel ist; ich sah keine höhere.

Unsere Höhenstation in Teneriffa war die Alta Vista-Hütte. Sie lag 3400 m hoch und gerade oberhalb des weißen Flecken, der auf Photographien des Pik wie Schnee aussieht, in Wirklichkeit aber Bimsstein ist. Als ich im April dort war, lag kein Schnee auf dem Pik, und daher konnte man, anders als beim Gipfel des Monte Rosa, überall hinkommen; doch waren dafür die Arbeitsmöglichkeiten hier sehr unbequeme. Außer den Brettern, auf welchen man schlafen konnte, einem gebrechlichen Tisch und zwei wackligen Stühlen, erinnere ich mich nur noch eines Möbelstückes. Es war ein Ofen, der die Marke „Perfection" trug. Ich habe später gefunden, daß der „Perfection"-Ofen große Verdienste hat; der spezielle Ofen aber, den ich auf der Alta Vista-Hütte vorfand, übertraf seinen Namen um mehr als beinahe alles, was ich je gesehen habe. Ich möcht daran erinnern, daß er nicht nur zum Kochen und Heizen der Hütte diente, sondern auch für das sehr wichtige Geschäft des Eisschmelzens. Mit diesem kostbaren Material kann man sich nur aus einer Höhle versorgen, die etwa 10 Minuten von der Alta Vista entfernt liegt, und aus deren Innern das Eis herausgehauen werden muß.

Nachdem ich nun vier Bergbesteigungsexpeditionen mitgemacht habe, bin ich dazu gekommen, Laboratoriumsbequemlichkeiten unter einem ziemlich seltsamen Gesichtspunkt zu betrachten. Die Plätze, in denen ich gearbeitet habe, teilen sich in drei Kategorien ein. Erstens in solche, in denen man kaltes und heißes Wasser bekommen kann — das sind Hotelbaderäume. Zweitens in solche, in denen man nur kaltes, aber nicht heißes Wasser bekommen kann, das ist das Col d'Olen-Laboratorium auf dem Monte Rosa in ungefähr 3300 m Höhe und das Laboratorium in den Cañadas in Teneriffa in 2100 m Höhe, und endlich die Plätze, wie die Alta Vista- und die Margherita-Hütte, wo man um Wasser zu bekommen, es sich durch den mühsamen Vorgang des Eisschmelzens herstellen muß. Mit anderen Worten, die Einteilung richtet sich in meiner Vorstellung weniger nach der Höhe, als nach der Temperatur.

Ich habe einen Augenblick bei etwas verweilt, was vielleicht trivial erscheinen könnte, aber es geschah in der Absicht etwas hervorzuheben, was keineswegs trivial ist, wie ich weiterhin ausführen werde. Das Wesen der gut durchgeführten wissenschaftlichen Arbeit besteht darin, daß nur eine Variable zur Zeit geändert wird. Wenn die Variable die Höhe ist, sollten die Experimente in großer und geringer Höhe in allen anderen Beziehungen unter gleichen Bedingungen ausgeführt werden. Angenommen aber, ich stelle vergleichende Untersuchungen über die Stimmung des Menschen in Pisa und in der Capanna Margherita oder in

Orotova und der Alta Vista-Hütte an, woher soll ich wissen, ob das, was ich in der Hütte beobachte, tatsächlich die Wirkung der verdünnten Luft und nicht die der Kälte ist? Das Ideal wäre, zwei Plätze mit ungefähr gleichen Temperaturen zu finden, den einen, sagen wir in 4600 oder 4900 m Höhe, den anderen in Meereshöhe. Dieselben können natürlich nicht in nächster Nähe gefunden werden; aber in den Tropen gibt es ein paar geeignete Plätze, die in dieser Höhe ein Klima haben, das dem unseres Winters ähnlich ist. Die beiden in dieser Hinsicht am meisten in die Augen springenden Plätze sind der Himalaya in der alten Welt und die Anden in der neuen. Die Frage der Variabeln endet aber weder mit der Kälte noch mit der Höhe. Der Transportschwierigkeiten und der abgeschlossenen Lage des Ortes wegen ist es unmöglich, auf der Capanna Margherita ein einigermaßen normales Leben zu führen. Die meisten Menschen, die dort für längere Zeit leben, finden, daß ihre Verdauung sehr in Unordnung gerät. Sie kommen ziemlich herunter, manchmal ist es Diarrhöe, manchmal das Gegenteil. Aber ist es sicher, daß die Höhe oder gar die Kälte die Ursache hierfür ist? Was ist die wahrscheinliche Folge, wenn man keine geeignete Nahrung bekommt? Und wie oft führt nicht eine Verdauungsstörung sekundär zu anderen Erkrankungen? Es ist daher äußerst wünschenswert, daß Arbeiten in großen Höhen an einem Platz ausgeführt werden, wo normale Menschen ein normales Leben führen, wo man die gewöhnlichen Annehmlichkeiten der Zivilisation, wie gut gekochtes und zubereitetes Essen, geeignete Schlafgelegenheiten und genügend Bewegung hat. Von solchen Plätzen haben zwei für wichtige wissenschaftliche Arbeiten gedient, nämlich Pike's Peak in Colorado und Cerro de Pasco in Peru.

Ich wäre froh, wenn ich vom Pike's Peak aus eigener Erfahrung sprechen könnte, aber leider kann ich es nicht. Er ist 4600 m hoch, also beinahe ebenso hoch wie die Capanna Margherita; im Sommer liegt er nahe der Schneegrenze. Er bietet jede notwendige Bequemlichkeit, da er während des milden Teils des Jahres viel von Touristen bestiegen wird. Es ist sicher, daß dort ständig viele Arbeiten ausgeführt werden, da er der stetig zunehmenden Zahl der Physiologen in den Vereinigten Staaten und Kanada leicht zugänglich ist. Außerdem führt eine Eisenbahn zum Gipfel, so daß die in dem vorhergehenden Abschnitte angedeuteten Bedingungen erfüllt wären, — nämlich ein Platz, in welchem das Studium des Sauerstoffmangels durch andere Faktoren verhältnismäßig nicht kompliziert wird.

Sollte der Leser diese Blätter je dazu benutzen, einen Ort zu wählen, wo er selber arbeiten will, so muß er sich daran erinnern, daß ich beim Vergleich des Pike's Peak mit den Bergwerksdistrikten in den Peruanischen Anden einen Platz, wo ich nicht gewesen bin, mit einem vergleiche, den ich gut kenne. Und es ist wahrscheinlich, daß mehr als nur der Schatten eines Vorurteiles mit in den Vergleich eingeht.

Abgesehen von den Ausgaben an Zeit und Geld, die notwendig sind, um Cerro de Pasco zu erreichen, scheint mir dieser Ort gewisse Vorteile

Einige Plätze, wo die Bergkrankheit studiert worden ist. 29

vor Pike's Peak zu haben. Von geringerer Bedeutung ist erstens, daß man dorthin vom Meeresspiegel innerhalb eines Tages gelangen kann. Cerro selbst liegt mehrere Kilometer hinter Oroya, und hierfür braucht man 4 Stunden. Der Zug verläßt Callao zwischen 6 und 7 Uhr vormittags und kommt in Cerro gegen 9 Uhr abends an; aber wie bereits angedeutet, erreicht er den höchsten Punkt gegen 3 Uhr nachmittags, so daß man mit der Bahn innerhalb von 9 Stunden beinahe 4900 m steigt. Wichtiger, jedoch in direktem Zusammenhang hiermit, ist zweitens, daß sich im Gegensatz zum Pike's Peak, wo das Hotel der höchste Punkt

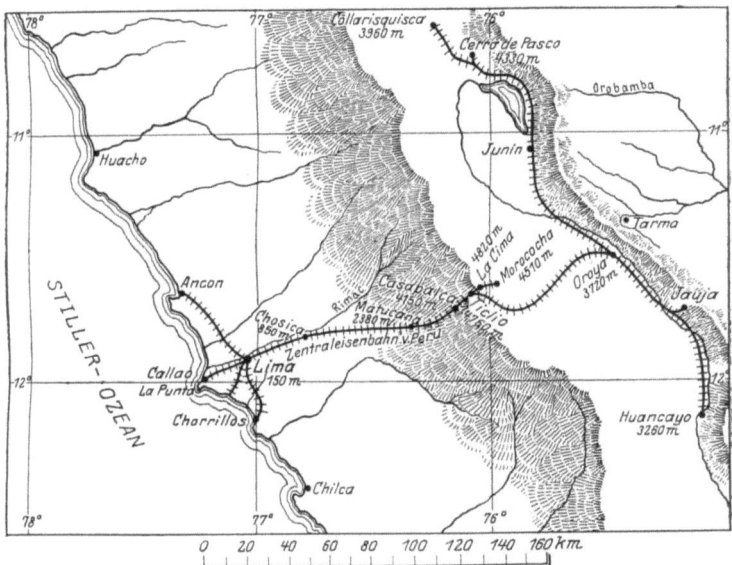

Abb. 5. Übersichtskarte von Zentral-Peru.

der Gegend ist, mit der Zentraleisenbahn von Peru beträchtlich höhere Orte als Cerro de Pasco selber erreichen lassen. Für ausgedehnte Versuchsreihen könnte Cerro als eine Art Basis dienen. Es bildet ein Tal, welches, man könnte beinahe sagen, in einer Tasse liegt, aber einer Tasse, der ein Stück ausgebrochen ist, da sich an einer Stelle ein Ausgang befindet, durch den die Eisenbahn nach Oroya hindurchfährt. Die Bergspitzen in der unmittelbaren Umgebung von Cerro, d. h. innerhalb 3—5 km, sind nicht sehr hoch, vielleicht 450 m höher als Cerro selbst, so daß ich nicht glaube, daß man in der nächsten Umgebung Gebiete in 4900 m Höhe vorfindet. Aber es gibt dort einige weniger wichtige Bergwerksbezirke in höherer Lage. Von Ticlio zweigt eine Linie nach einem einige Meilen entfernt gelegenen Ort Morococha ab; dort ist eine ziemlich beträchtliche Niederlassung, und ich glaube, daß die Häuser dieses Bezirkes gegen 4900 m hoch liegen. Etwas tiefer auf der Strecke nach Casapalca ist es ebenso. Die Schmelzstelle selbst liegt in geringerer Höhe, aber oberhalb davon befindet sich ein Bergwerksschacht, dessen Öffnung in einer Höhe von ungefähr 4900 m liegt. In diesem ganzen Bezirk, das ist Ticlio, Morococha und Casapalca, sind die Berggipfel sehr spitz und sind zwischen 5200 und 5500 m hoch. Der höchste Gipfel, auf den unsere Expedition gelangte, war der Mount Carlos Fernandez, dessen Besteigung wir unter der Führung unserer guten Freunde und Wirte, Mr. Colley und Mr. Campbell von Casapalca aus unternahmen. Ein anderer Platz, an welchem es sich vielleicht lohnen würde zu arbeiten, wäre die ,,Vanadium Mine", welche leicht von Cerro de Pasco aus erreicht werden kann. Ich glaube dieselbe liegt ebenfalls in einer Höhe von ungefähr 4900 m.

Ich möchte nicht fortfahren ohne noch einmal die Freundlichkeit zu erwähnen, mit der unsere Gesellschaft an jedem Orte, den wir in

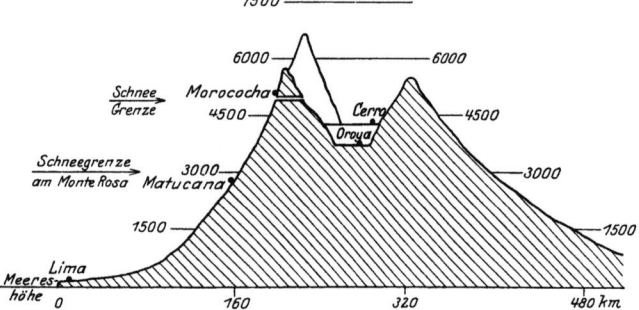

Abb. 6. Profilzeichnung, um die Höhen der von der Expedition 1921/22 besuchten Orte zu zeigen.

Peru besuchten, empfangen wurde; ich sage nicht zu viel, wenn ich betone, daß wir den Erfolg, den wir erzielten, zum großen Teil der Freundlichkeit derer verdanken, mit denen wir in Berührung kamen. Ich werde hier keinen Versuch machen, unsere Wohltäter aufzuzählen. Einiges von dem, was wir ihnen schulden, wird der Leser erkennen, wenn er die folgenden Seiten durchliest.

Ich habe verschiedene Plätze aufgeführt, die in einem Umkreise von vielleicht 240 km zueinander liegen, mehr oder weniger nahe der Zentraleisenbahn von Peru, und die alle für Höhenforschungen geeignet sind; und diese Tatsache führt mich zu dem Problem des Transportes. Einer der großen Vorteile der Anden wurde uns durch die Gastfreiheit der Zentraleisenbahn zugänglich gemacht, die uns einen geräumigen Gepäckwagen, den wir in ein Laboratorium umwandelten, und einen bedeckten Güterwagen für unsere Vorräte überließ. Das ganze Maß ihrer Großmut wurde offenbar, als wir in einige der steileren Gegenden kamen (Steigung 1 zu 20); denn hier stellte ein Gepäck- und ein Güterwagen einen großen Teil des ganzen Zuges dar. Wie prächtig war dies Laboratorium im Vergleich mit der Alta Vista-Hütte — wie bequem im Vergleich mit der Capanna Margherita. Es konnte an jeden Ort des Eisenbahnnetzes mitgenommen werden und bildete daher eine Basis für Arbeiten in jeder erreichbaren Höhe in diesem Teil der Anden. An jeder Station, wo eine Schmelzofen vorhanden war, stand uns Elektrizität zur Verfügung; und daher konnten wir den Wagen elektrisch heizen. Wir hatten elektrische Kraft und konnten einen Röntgenapparat anwenden. Wie verschieden von dem Gas in Col d'Olen, das im kritischen Augenblick ausging, oder dem „Perfection"-Ofen in Teneriffa! Ein 14 m langer Gepäckwagen gibt ein gutes und bequemes Laboratorium ab, und

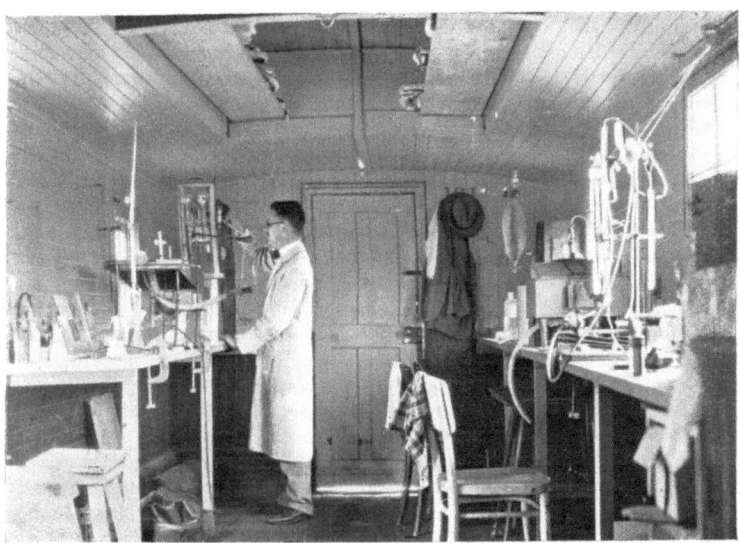

Abb. 7. Inneres des fahrbaren Laboratoriums der Zentral-Eisenbahn von Peru.

wenn man es außerdem vom Meeresspiegel bis auf 4900 m Höhe an jeden beliebigen Ort mitnehmen kann, was bleibt einem dann noch zu wünschen übrig? Der Wagen mußte natürlich zweckentsprechend eingerichtet werden. Dies war im großen ganzen vor meiner Ankunft in Peru geschehen. Die amerikanischen Mitglieder unserer Expedition — Redfield, Bock, Binger, Forbes und Harrop, kamen in Lima 3 Wochen vor Meakins, Doggart und mir selber an; die Zwischenzeit verwandten sie darauf das Laboratorium einzurichten. An die Wände wurden Bänke aufgestellt, und der Raum, den die großen Schiebetüren auf der einen Seite einnahmen, wurde bis zur Tischhöhe ausgefüllt und ein Fenster darüber angebracht. Mit Leichtigkeit ließen sich geeignete Schränke herstellen. Oben im Dach waren Bretter, die unzählige kleine Gegenstände aufnahmen. Die gesamte Zimmermannsarbeit wurde von Zimmerleuten ausgeführt, die uns die Grace Linie zur Verfügung stellte. Mit einem beweglichen Laboratorium ausgerüstet, das auf der Eisenbahnstrecke „überall hingenommen werden konnte, und mit welchem wir alles anfangen konnten", ging es am 19. Dezember 1921 „den Berg hinauf".

Was die Hotels angeht, so glaube ich, daß dies Wort nur auf zwei Einrichtungen zwischen Lima und Oroya Anwendung finden könnte. Diese liegen in Chosica und Matucana. Das Hotel in Chosica ist ganz gut. Chosica selbst ist eine Sommerfrische mit einer „Saison"; es liegt in einer Höhe von ungefähr 600 m und daher zu niedrig, um für das Studium der Akklimatisation in Betracht zu kommen. Matucana hat ein gutes Hotel, aber „gut" nach einem ganz anderen Maßstabe als das in Chosica. Das Chosica-Hotel ist unter anderem darum gut, weil man dort keine Flöhe in seinem Bett findet. Das Matucana-Hotel muß nach der relativen, wenn auch nicht dauernden, Abwesenheit anderer Dinge beurteilt werden. Aber das Leben in dem Matucana-Hotel ist ganz angenehm, wenn man sich darauf eingestellt hat, kleine Entbehrungen mit in den Kauf zu nehmen. Ich meinerseits denke an das Eisenbahnhotel in Matucana mit einem warmen Gefühl der Dankbarkeit zurück, denn unter seinem Dach habe ich eine Nacht so tief und erfrischend geschlafen, daß sie einen Markstein meines Aufenthaltes in Südamerika bildete. Es war die Nacht nach unserer Besteigung des Carlos Fernandez — unserer letzten Anstrengung im Hochgebirge. Von einer Höhe von ungefähr 6450 m war ich innerhalb von 5 Stunden bis auf 2350 m heruntergestiegen. Der Abstieg der ersten 300—450 m ging in der erheiternden Form des Herunterrutschens auf dem Schnee vor sich, die nächsten 900 m zu Pferde, und bei den letzten 1800 m kamen wir wieder auf die Schwerkraft als Mittel zur Vorwärtsbewegung zurück; aber diesmal auf einer vierrädrigen Dräsine, mit welcher wir auf den Eisenbahnschienen herunterrasselten. Ich weiß nicht, ob es von der Rückkehr zu einem normaleren Sauerstoffdruck herrührte, oder von dem plötzlichen Nachlassen der Anspannung, die notwendigerweise dem Gange der Expedition parallel lief, ob es die Reaktion auf 3 Wochen unruhigen Schlafes war, oder alles drei zusammen; was auch der Grund gewesen sein mag, ich schlief in Matucana geschlagene 12 Stunden, und der Schlaf war so erquickend, daß die Nacht mir noch lange in Erinnerung blieb.

Um nun auf unsere Betrachtung der Vorzüge von Peru zurückzukommen, besonders im Vergleich mit Pike's Peak, so möchte ich einiges über die Annehmlichkeiten des Lebens in Cerro de Pasco sagen. Der peruanische Konsul in London, Mr. Victor Oscar Salamon, dem ich zu großem Dank verpflichtet bin, bereitete mich auf Cerro vor, indem er scherzend sagte: „Wenn Sie Gast der Cerro de Pasco-Co. werden, werden Sie jeden Abend so gut wie im Ritz-Hotel dinieren." Und das kam der Wahrheit nahe, wenn man sich klar machen will, was ihre Freundlichkeit bedeutete. Vier von uns wurden in einem Landhäuschen untergebracht, das außer einem Badezimmer mit fließendem heißem Wasser zwei bequeme Schlafräume, einen Wohnraum mit einem schönen

Einige Plätze, wo die Bergkrankheit studiert worden ist. 33

Kamin und eine Küche hatte, in der wir unser Gepäck aufbewahrten. Die übrigen wurden in dem Klub, wo wir alle unsere Mahlzeiten einnahmen, untergebracht.

Der Klub war ein großes einstöckiges Gebäude, das an einem Platz gelegen war; zu je zwei Schlafzimmern gehörte ein Badezimmer und ein W.-C. Das Gebäude enthielt die Wohnungen der unverheirateten Mitglieder des Stabes der Cerro de Pasco-Vereinigung. Die verheirateten lebten in kleinen Häusern, wie ich eines eben beschrieben habe.

Welches Bild mag vor den Augen des Stabes in Cerro aufgetaucht sein, als sie erfuhren, daß acht Männer der Wissenschaft kamen, um unter ihnen wissenschaftliche Studien zu machen. Die Cerroaner müssen sich unter uns Menschen vorgestellt haben, die den größtmöglichen Gegensatz zu ihnen darstellten. Nun waren die Cerroaner Männer von großer Muskelkraft und körperlicher Ausdauer, die den amerikanischen Kontinent von der Hudsonbai bis Patagonien durchstreift, jede Entbehrung durchgemacht hatten und hauptsächlich auf Abenteuer ausgingen. Sie waren weitblickende und hochherzige Männer. Wenn sie sich uns als ihre Gegensätze vorgestellt hatten, dann müssen sie die Ankunft von acht blaubebrillten, bärtigen und körperlich schwächlichen Individuen erwartet haben, die geneigt waren, über jede Unbequemlichkeit zu murren, und die außerdem ständig in abstrakte wissenschaftliche Gedanken vertieft waren. Dennoch bewillkommneten sie uns offenherzig und waren vom ersten Augenblick an hilfsbereit. Sie gewährten uns nicht nur jede Erleichterung für unsere Arbeit, sondern nahmen uns auch gesellschaftlich in ihrer Mitte auf und schlossen uns in ihre Weihnachtsfestlichkeiten mit ein, deren Höhepunkt ein Tanz in der Silvesternacht an der einige Meilen entfernten Schmelzstelle bildete. Hier waren alle Bergwerksingenieure der Cerro de Pasco-Vereinigung zugegen. Nicht nur der Stab der Bergwerke in Cerro, sondern auch von Oroya, Morococha, Casapalca, Gollarisquisga und anderen Orten, an die ich mich nur dunkel erinnere, kamen die Angestellten mit ihren Frauen. In 4000 m Höhe tanzten wir alle, die meisten von uns im wörtlichen Sinne, ins neue Jahr hinein. Vier von uns tanzten, mit Ausnahme einer Pause fürs Abendbrot, ununterbrochen von $^1/_2 10$ Uhr abends bis zum Schluß der Veranstaltung um $^1/_2 3$ Uhr morgens. Auf unserem Wege von der Station in Cerro zu unserem Hause um $^1/_2 4$ Uhr morgens wandte sich Meakins zu mir und sagte: „Es gibt nur wenige physiologische Experimente, die bemerkenswerter wären."

Ein anderer großer Vorteil in Cerro de Pasco ist die Gleichmäßigkeit des Klimas während des ganzen Jahres. Col d'Olen ist nur auf ungefähr 6 Wochen bis zu 2 Monaten geöffnet. Ich weiß nicht wie es auf Pike's Peak sein mag; in Cerro aber bestehen zwischen Winter und Sommer keine großen Temperaturunterschiede. Wir waren dort während des Sommers der südlichen Hemisphäre. Das Klima war ähnlich wie im November in England. Der Cerroanische Winter ist, glaube ich, ein wenig kälter und ein gut Teil freundlicher. Auf alle Fälle könnte eine wissenschaftliche Arbeit in Cerro während des ganzen Jahres bei nur geringen Temperaturschwankungen durchgeführt werden.

Es bleibt noch der Everest zu erörtern; er ist meiner Meinung nach der extreme Typus für — hoch, unzugänglich und rauh. Er hat nur einen Vorzug, nämlich seine Höhe. Gewisse Bestimmungen, welche nirgends sonst möglich sind, können dort ausgeführt werden. Diese müssen in primitiver Form und meist ohne Apparate gemacht werden; aber wenn jemand Aufklärung über die größten Höhen, die der Mensch ersteigen kann, haben will, gibt es nur einen Platz, wohin er gehen kann; denn man erreicht mit dem Everest eine Höhe, die größer ist als jede andere außerhalb Tibets.

III. Die Bewohner großer Höhen.

Im vorhergehenden Kapitel führte ich die mehr materiellen Gründe für die Wahl von Peru als den geeignetsten Platz zum Studium der physiologischen Wirkungen großer Höhen an. Ich sagte zugleich, daß noch ein alle anderen an Wichtigkeit übertreffender Grund mehr hinzukäme, nämlich der, daß oben in den Pampas der Anden eine einheimische Bevölkerung lebt, deren physiologische Vorgänge ein Studiengebiet darbieten, das dem bisher erforschten weit überlegen ist.

Ich möchte eine kurze Beschreibung dieser Menschen geben, und, ohne zu sehr auf Einzelheiten einzugehen, diejenigen Besonderheiten in ihrer Konstitution hervorheben, die wohl auf die Höhe, in der sie leben, bezogen oder berechtigtermaßen in diesem Zusammenhang erörtert werden können.

Die erste Schwierigkeit bei der Beschreibung des Eingeborenen dieser Berge liegt in der Feststellung des ihm zukommenden Namens. Beinahe jede Rassebezeichnung, die sich auf ihn anwenden ließe, schließt eine Annahme in bezug auf seine Vorfahren und Rasse ein, die ich gerne vermeiden, und deren Berechtigung ich erst später erörtern möchte. So bezeichnet z. B. der Name Peruaner die Abkömmlinge der ursprünglichen spanischen Ansiedler, und schließt, ihrer Ansicht nach, den Plebejer von Cerro de Pasco tatsächlich auch nicht mit ein. Der Name Indianer wäre wahrscheinlich passender, aber da ich kein Anthropologe bin, gebrauche ich ihn nur ungerne. Auf alle Fälle ist es klar, daß eine Bevölkerung, die Jahrhunderte lang mit Rassen europäischen Ursprunges in Berührung gewesen ist, nicht als reinblütig angesehen werden kann. Daher werde ich die einheimische Bezeichnung „Cholos", die dort in Peru auf die Leute angewandt wird, benutzen. Ich weiß nicht, inwieweit der Name klassisches Englisch ist, ich glaube aber, er wird überall in Peru auf jeden Mann, der einen Poncho trägt, angewandt. Ich benutze ihn nur für den Mann der Straße in Cerro, und schließe so seinen

Herrscher spanischer Abstammung einerseits und seinen Arbeitgeber aus angelsächsischer Familie andererseits aus.

Unsere Expedition machte keinen anderen Versuch, die Nationalität der von uns untersuchten Cholos festzustellen, als den, ihren Geburtsort ausfindig zu machen und darauf zu achten, daß sie demselben allgemeinen Typus wie die übrige einheimische Bevölkerung angehörten. Ich hoffe, daß künftige Expeditionen unsere Methoden so verbessern, daß sie sich von der Reinrassigkeit ihrer Opfer überzeugen können — vielleicht ist es dann möglich, eine befriedigendere Trennung zwischen den Höhenwirkungen auf die Rasse und auf das Individuum vorzunehmen. Alles dieses könnte meiner Meinung nach getan werden und wäre natürlich auch äußerst wertvoll; aber es brauchte Zeit. Um verhältnismäßig sicher zu sein, daß ein Individuum von den ursprünglichen Bewohnern abstammt, wäre es besser, sich das Material außerhalb von Cerro in den umliegenden Dörfern zu suchen. Nicht, daß irgendwelche Urkunden auf den Stammbaum der Bewohner hinweisen, doch sind die Gebräuche in diesen Dörfern so primitiv geblieben, daß sie darauf hinweisen, daß diese Gemeinden von den Einflüssen äußerer Zivilisation unberührt geblieben sind.

Nicht weit von Collarisquisga, dem Kohlenbergwerkszentrum der Cerro-Vereinigung, zeigte man mir eine Anzahl dieser Dörfer. Das Eigentum gehört der Gemeinde. Die Äcker liegen kreisförmig um das Dorf herum, und den Bewohnern wird der eine oder andere Sektor zur Bebauung zugewiesen. Der Ertrag wird von jedem Einzelnen ins Dorf zur Verteilung gebracht. Geld hat für diese Leute keinen Wert. Waren werden im Tauschhandel von der Gemeinde und nicht vom Einzelnen angeschafft. Wenn z. B. Coca gebraucht wird, und der Dorfvorrat erschöpft ist, geht ein Mann nach einem Marktzentrum wie Huancayo und erwirbt einen neuen Vorrat für das Dorf.

Diese Sitten reichen, soweit ich sehen kann — ich spreche natürlich vollkommen als Laie und kann nicht den Anspruch erheben, Ethnologe zu sein — nicht nur bis auf die Zeit vor der spanischen Eroberung von Peru durch Pizarro zurück, sondern auch vor die der vorhergehenden Inka-Zivilisation.

Wer die Inkas waren und woher sie kamen, weiß ich nicht. Aber wer sie auch waren, ihre Ankunft in Peru datiert nur drei Jahrhunderte vor der der Spanier[1]). Sie waren zahlreich genug, um, solange ihre Macht dauerte, beträchtlichen Teilen Perus ihre Zivilisation aufzuzwingen; aber ich glaube nicht, daß sie so zahlreich waren, um über eine Zeitspanne von 4—5 Jahrhunderten hinweg einen tief greifenden Einfluß auf die Rasseeigentümlichkeiten der Cholos auszuüben. Ihre Lebensführung war keine rein gemeinschaftliche — unter der Inkaherrschaft wurden die Erträgnisse des Landes in drei Teile geteilt; ein Drittel ging an die Gemeinde, von den anderen zwei Dritteln ging eines an die Kirche (natürlich nicht an die christliche Kirche, denn sie waren Sonnenanbeter) und das letzte Drittel an den Inka oder Häuptling.

---

[1]) Siehe Encyclopaedia Britannica, Artikel Peru.

36   Die Bewohner großer Höhen.

Wenn daher die Rasse dem Typus so treu geblieben ist wie ihren Sitten, so kann man annehmen, daß in den Dorfgemeinschaften seit der Vorinkazeit nur geringe Blutmischung stattgefunden hat. Um eine Spritze voll Blut zu bekommen, müßte man das Zutrauen einer sehr scheuen Bevölkerung gewinnen, was jedoch Zeit und Geduld erfordert; aber nach dem, was ich gesehen habe, zweifle ich nicht, daß es gelingen kann und, wie ich hoffe, auch eines Tages gelingen wird.

Wir mußten jedoch den Cholo in Cerro so nehmen wie wir ihn vorfanden, und mußten ihm auf sein Wort glauben, daß er in der Nach-

Abb. 8.

barschaft geboren und aufgewachsen war. Nachdem er dies zugestanden hatte, interessierten wir uns mehr für seine Fähigkeiten als für seinen Stammbaum.

Die Cholos sind imstande, erstaunliche Leistungen körperlicher Kraft und Ausdauer auszuführen. Wir geben ein paar Beispiele.

Cerro ist ein Ort der Gegensätze. In der Nähe einiger nach den modernsten Grundsätzen bearbeiteter Bergwerke gibt es eine alte Mine, die von einem Spanier betrieben wird. Die in ihr angewendeten Methoden sind noch beinahe dieselben wie die, die damals, als Pizarros unmittelbare Nachfolger in der Umgebung von Cerro Silber gewannen,

Die Bewohner großer Höhen. 37

üblich waren. Ich glaube übrigens nicht, wie manchmal angegeben wird, daß sie es in Cerro selber fanden. Abb. 8 zeigt die Öffnung dieser Mine. Sie sieht wie eine kleine Steinhütte aus. Kurz nach unserer Ankunft dort erschienen in der Öffnung einige kleine Burschen, von denen jeder eine Erzladung auf dem Rücken trug. Einer von ihnen sagte, daß er nur 10 Jahre alt sei. Es ist zweifelhaft, ob er sein Alter auf 3 oder 4 Jahre genau wußte, und wir nehmen ihn darum als 13jährig an. Die Erzladung, die er von der Erdhöhle heraufbrachte, wog ungefähr 40 Pfund. Die Steintreppe, die er sie heraufbrachte, bestand mehr aus holprigen Steinen als aus Stufen; sie war ungefähr 200 m lang und 75 m hoch. Wie eine Biene aus ihrem Stock bei kaltem Wetter, erscheint alle paar Minuten jemand in der Minenöffnung. Er ist sehr außer Atem; auf seinem Weg aufwärts macht er häufig halt, die Last auf seinem Rücken ist 100 Pfund schwer. Er setzt seine Ladung an einem Haufen ab, der aus seinen vorhergehenden Tagesladungen besteht; einen Augenblick setzt er sich zum Ausruhen nieder, um dann wieder in die Mine hinabzusteigen und eine andere Last heraufzubringen. Diese Träger, wie auch ein großer Teil der übrigen Bevölkerung, kauen Cocablätter; diesen schreiben sie zum Teil ihre Fähigkeit Lasten zu heben zu. Wenn der psychologische Augenblick des Cocakauens kommt, lassen sie sich durch nichts stören. Das Blatt enthält natürlich Cocain. Um deutlich zu machen, was diese Züge der Ausdauer physiologisch bedeuten, möchte ich als Gegensatz unsere Erfahrungen am eigenen Leibe anführen. Der Weg von der Cerro de Pasco-Station, wo unser Laboratorium lag, bis zu unserem Klub entsprach in Steigung und Länge ungefähr dem Weg vom Parlamentsgebäude in London zur Nationalgalerie oder dem vom Rockefeller-Institut in Neuyork zur 66. Straße. Ehe wir Cerro verließen, konnte jeder von uns diesen Weg in leichtem, freiem Schritt und mit dem Anschein respiratorischer Mühelosigkeit machen — so lange wir nicht mit einem Überzieher beschwert waren. Wenn es jedoch regnete (was es meistens nachmittags gegen $1/_24$ Uhr tat, wenn es nicht statt dessen schneite), und wir unsere Regenmäntel anziehen mußten, war unser Vorwärtskommen merklich verlangsamt; ich brauche nur zu sagen, daß einige von uns gelegentlich halt machten, um einmal tief durchzuatmen.

Der zweite Zug körperlicher Ausdauer, auf den ich aufmerksam machen möchte, ist noch bemerkenswerter. Bei einer Gelegenheit, ich glaube Weihnachten, sollte ein großes Kreuz einige 10 km vom Herstellungsort entfernt aufgerichtet werden. Das Kreuz war aus Holz, und ich weiß nicht, wie schwer es gewesen sein mag. Die Photographie zeigt aber ganz deutlich, daß es eine Last gewesen sein muß, mit der selbst in Meereshöhe nur wenige gewöhnliche Menschen fertig geworden wären. Dennoch trug der Cholo dieses Kreuz 7 Meilen über noch dazu hügeliges Land, und zwar nicht gehend, sondern im kurzen Trab. Der Neuankömmling kann selbst ohne Last nur langsam gehen.

Eine sehr angenehme Tätigkeit war der Tanz, den ich schon auf S. 33 erwähnte. Ich möchte hinzufügen, daß mit nur geringen Ausnahmen alle Damen, außer während des Abendbrotes, die ganze Zeit bis zum Ende der Veranstaltung tanzten. Man kann also in einem teilweisen Vakuum (Bar. 458 mm) mit vollkommenem Genuß 5 Stunden lang tanzen. Aber man bedenke, daß alles in gleicher Höhe liegt. Bei der Besteigung des Carlos Fernandez war es ganz anders. Er war ungefähr 900 m höher, aber andererseits waren wir weit länger akklimatisiert. Diese beiden Tatsachen halten sich das Gleichgewicht. Für die meisten von uns bestand der Anstieg aus ein paar Schritten und einer Pause, dann wieder ein paar Schritten und wieder einer Pause und so fort.

Ich ersehe aus Dr. Kellas' Manuskript, daß die Ansicht über die gewaltige Ausdauer der Eingeborenen in großen Höhen, die wir uns gebildet hatten, von vielen, die sie in Dienst genommen haben, nicht geteilt wird. Humboldt scheint als erster festgestellt zu haben, daß sie weniger widerstandsfähig seien als die Weißen. Im Zusammenhang mit seinem Versuch der Chimborazo-Besteigung bemerkt er, daß, mit nur einer Ausnahme, die Indianer ihn in 5750 m (das ist nicht viel höher als Cerro) verließen.' „Alle Bitten und Drohungen", schreibt Humboldt, „waren vergeblich. Die Indianer behaupteten mehr zu leiden als wir." Diese Ansicht wird von anderen Reisenden in den Anden, wie Bouger, bestätigt, und Dr. Bullock Workman und seine Frau, Dr. Longstaff und Sven Hedin haben ähnliches über die Eingeborenen in Höhen von 2500—4300 m berichtet; Dr. Longstaff hat auch den Grund für diese seltsame Unregelmäßigkeit angegeben. Er weist darauf hin, daß die Eingeborenen in der Regel Lasten tragen, was einen großen Unterschied ausmacht. Longstaffs Beobachtungen stimmen mit denen des Autors (Kellas) überein, „der keinen einzigen Fall von Bergkrankheit beobachtete, wenn er auf seinen verschiedenen Expeditionen in über 7000 m Höhe trainierte und besonders ausgesuchte Eingeborene mit sich nahm. Kleidung und Nahrung wurden sorgfältig überwacht".

Wir wollen von der Fähigkeit der Cholos ausdauernden Anstrengungen gegenüber auf seine körperlichen Merkmale übergehen. Die Cholos sind „ein kleines Volk", das heißt klein, was ihre Länge anbetrifft. Ihre Gesichter zeigen den Typus indianischer Abstammung, ebenso ihre Kleider. Das Haar ist schwarz und glatt; sie haben hervorspringende Backenknochen, eine Adlernase und eine gelbe Haut. Der Hut ist breitkrempig, und der Körper wird von einem Poncho bekleidet; man sagt, daß weder Männer noch Frauen sich jemals ausziehen oder waschen. Für die Richtigkeit dieser letzten Angaben kann ich nicht einstehen.

Zwei charakteristische Merkmale sind dem Cholo eigen, die für uns von besonderem Interesse sind, da sie möglicherweise nicht der Rasse zuzuschreiben, sondern eine Folge der Höhe sind, in welcher er lebt: das eine ist die Form seiner Hände, und das andere die seines Brustkorbes.

Abb. 9 zeigt ein paar Hände, die ein ganz typisches Beispiel dafür sind, bis zu welchem Ausmaße die Finger trommelschlägelartig verändert sein können. Oft ist dies noch stärker ausgeprägt. Der Arzt verbindet Trommelschlägelfinger mit Kreislauf- oder Lungenerkrankungen, die häufig mit Sauerstoffmangel verbunden sind.

Die Bewohner großer Höhen. 39

Das charakteristische Merkmal des Cholo, das ich ganz besonders hervorheben möchte, ist die Größe und Form seines Brustkorbes. Der Brustkorb ist groß und besonders tief, und steht in keinem Verhältnis zu seinem sonstigen Körperbau.

Die beiden auffälligsten Unterschiede zwischen dem Cholo und dem Europäer sind die Gesichtsfarbe und die Form seines Brustkorbes. Über die Gesichtsfarbe werden wir in einem anderen Kapitel sprechen; den Brustkorb müssen wir hier betrachten, da er einen Teil seiner körperlichen Entwicklung darstellt.

Allen Besuchern der Hohen Anden ist bekannt, daß viele der Eingeborenen große, faßförmige Brustkörbe haben, die anscheinend sehr tief sind und ihnen das Aussehen von Kropftauben geben. Die Frage

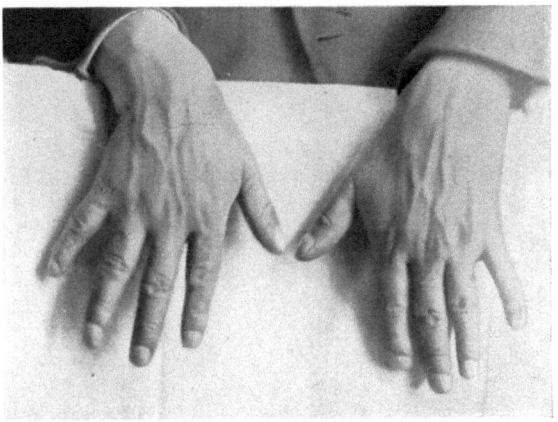

Abb. 9.

wurde 1870 von David Forbes statistisch behandelt und in einer Arbeit im Journal of the Ethnological Society veröffentlicht. Von dieser bemerkt Sir Arthur Keith, daß sie „die Grundlage für alle Feststellungen hinsichtlich der starken Thoraxentwicklung der Peruaner, die auf den Hochplateaus leben, bildet. Viele der Messungen wurden von Forbes mit ungenauen Methoden ausgeführt und sind in einigen Fällen offenbar irrig". Sir Arthur Keiths Interesse in dieser Angelegenheit war zum größten Teil der Anlaß dafür, daß wir eine beträchtliche Anzahl verschiedenster Thoraxmessungen anstellten, die wir jetzt besprechen wollen.

Unsere Daten sind gewissen Verallgemeinerungen ganz oberflächlichen Charakters zugänglich: die spätere und unabhängige Analyse derselben durch Sir Arthur Keith und Dr. Redfield erbrachte weitere Tatsachen, deren Betrachtung ich bis zum Schluß des Kapitels aufschiebe. Ich möchte nun die auffälligeren

40   Die Bewohner großer Höhen.

Punkte, in welchen sich der Brustkorb des „Cholo" von dem des Europäer oder „Gringo" unterscheidet, besprechen.

Wir studierten den Brustkorb mit verschiedenen Methoden, von denen ich zwei erörtern will. Diese sind die Röntgendurchleuchtung und die direkte oberflächliche Messung. Besprechen

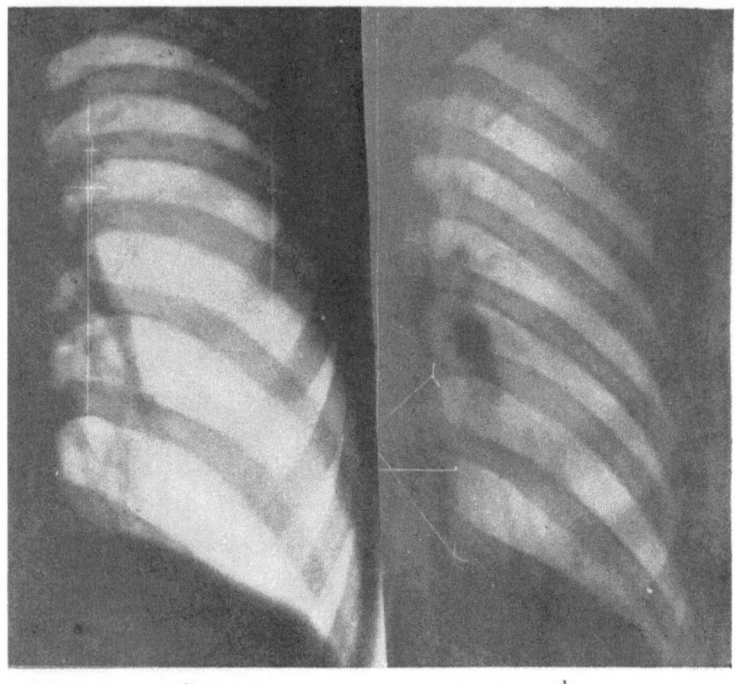

a   b
Abb. 10 a, b. Vom Rücken aus aufgenommen.
a Brustkorb eines Eingeborenen. b Brustkorb von Barcroft.

wir zuerst die Röntgendurchleuchtung. Abb. 10 zeigt die Aufnahmen von zwei rechten Thoraxhälften, von der Mittellinie aus. Das Bild links ist von einem Eingeborenen, das rechts von einem von unserer Expedition. Ich möchte hier der General Electric Company und der Leeds und Northrup Company von Philadelphia danken, daß sie uns den transportablen Heeres-Röntgenapparat, den sie glücklicherweise besaßen, liehen, und ebenso Professor Cannon, der uns manches Zubehör der Röntgenausrüstung zur Verfügung stellte. Die Begleitumstände des

Krieges führten unter anderm zu einem wunderbaren Fortschritt in der Möglichkeit, Röntgenuntersuchungen in ziemlich unzugänglichen Orten auszuführen, und dem mag auch die vorliegende Einführung des Radiogramms in die anthropometrische Arbeitsweise zugeschrieben werden. Es gibt selbstverständlich keinen eigentlichen Grund, warum die Maße im Innern des Menschen weniger wichtig sein sollten als die äußeren — sie sind einfach aus Mangel an geeigneten Methoden nicht gemessen worden. Diese Neuerung wurde von Dr. Redfield eingeführt, der damals Assistent bei Professor Cannon war. Es schien mir ein amüsantes Zusammentreffen zu sein, daß gerade zwanzig Jahre vorher Professor Cannon selber bahnbrechend dahin gewirkt hatte, den Röntgenstrahlen einen ehrenvollen Platz unter den Methoden des physiologischen Experiments zu geben. Die erste Reihe der Daten, die durch die Röntgenaufnahmen erhalten wurden, bezog sich auf die Höhe und Breite des Brustkorbes.

Als Höhe des Brustkorbes wurde der Abstand vom tiefsten Punkt der Sterno-Clavicular-Verbindung bis zum höchsten sichtbaren Punkte des Zwerchfells genommen.

Die Breite wurde vom äußersten Punkte der siebenten Rippe einer Seite zu demselben Punkte der anderen Seite gemessen.

Die folgende Tabelle gibt eine Zusammenfassung dieser Maße und zeigt sie im Vergleich mit denselben Maßen, die von den dort wohnenden Bergwerksingenieuren und uns selber erhalten wurden. Von den Bergwerksingenieuren wurden nicht genügend Daten erhalten um einen Durchschnitt errechnen zu können. Die Zahlen zeigen, daß der Brustkorb bei den Cholos deutlich niedriger ist als bei den Weißen, daß aber die Breite in beiden Fällen ungefähr gleich ist.

Brustkorbmaße nach Röntgenaufnahmen:

	Mitglieder der Expedition	Angelsächsische Einwohner	Einheimische Bevölkerung
Höhe des Brustkorbes	20—17,5 cm	20—18 cm	19,5—13 cm
Durchschnitt	18,5 „	— Durchschnitt	15,7 „
Breite des Brustkorbes	28—26 „	29—25,5 cm	28,5—23 „
Durchschnitt	26,7 „	— Durchschnitt	25,9 „

Die Zahlen sind jedoch irreführend, da, wie gesagt, die Cholos ein kleines Volk sind, während die Ingenieure selbst für Weiße von abnorm großer, körperlicher Entwicklung waren, dasselbe war bei den Mit-

44 Die Bewohner großer Höhen.

xx und yy sind Parallelen zur Mittellinie, die im Abstande von ¼ und ¾ der Länge Cd gezogen werden. Die Punkte x und y liegen auf xx und yy, wo diese Linien die Mitte der Rippe treffen. Die Neigung der Rippe kann nun leicht als der Winkel angenommen werden, den eine Linie von x_1 nach y_1 mit der Horizontalen bildet. Die folgenden Daten stellen das Mittel der für den Einzelnen gefundenen Neigung seiner unteren Rippen dar.

Was unsere Expedition anbetraf, so variierte die Rippenneigung zwischen 14,5 und 28 Grad zur Horizontalen, während die Neigung bei den Rippen der Cholos zwischen 6,5 und 22 Grad variierte. Die durchschnittlichen Werte zur Horizontalen waren für die Cholos 13 Grad und für uns 21 Grad.

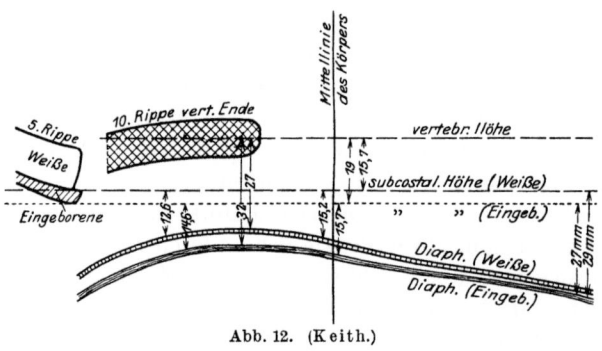

Abb. 12. (Keith.)

Wenden wir uns nun der eingehenderen Analyse der Aufnahmen zu. Wir nehmen zuerst die von Sir Arthur Keith, der bei unserer Rückkehr alle unsere Aufnahmen in freundlichster Weise durchsah und zwei Hauptpunkte hinsichtlich der Eingeborenen zufügte. Erstlich, daß das Zwerchfell bei ihnen weniger gewölbt ist als bei den Europäern, und zweitens, daß, obgleich der hintere Teil der Rippe beim Eingeborenen horizontaler verläuft als beim Europäer, der frontale Abschnitt oder die sternale Verbindung, die Professor Keith ausmachen konnte, nicht höher liegt. Diese Punkte sind in Abb. 12 wiedergegeben. Die Mitte des vertebralen Endes der 10. Rippe kann als fester Punkt angenommen werden. Von ihm aus werden die Messungen gemacht.

Der höchste Punkt des Zwerchfells liegt bei den „Weißen" 27 mm, bei den Eingeborenen 32 mm unterhalb dieser Höhe. Ge-

Die Bewohner großer Höhen.

rade unterhalb der vertebralen Verbindung der 10. Rippe, läßt sich die sternale Verbindung der 5. Rippe noch schwach auf den Platten erkennen. Auch diese hat Professor Keith auf die Figur übertragen, um zu zeigen, daß diese Rippe beim Eingeborenen beinahe an derselben Stelle, nur eine Kleinigkeit tiefer als beim Europäer, endet. Die Rippe beginnt und endet also beim Eingeborenen in beinahe derselben Höhe wie beim Europäer, gleicht aber, da sie horizontal gestellt ist, vielmehr dem Reifen eines Fasses und gibt der Bezeichnung „faßförmig", die auf den Brustkorb des Cholo angewandt wird, eine gewisse wörtliche Bestätigung.

Dr. Redfields Analyse ist etwas komplizierter, kann aber aus Abb. 13 abgelesen werden.

In der vorläufigen Analyse wurde zweierlei erwähnt: erstens hatten die Eingeborenen durchschnittlich hinten eine geringere Neigung der Rippen, und zweitens war ihr Brustkorb, obgleich er in der Länge dem der Angelsachsen entsprach, verhältnismäßig breiter. Das heißt, daß bei den Eingeborenen die Breite des Brustkorbes im Verhältnis zur Höhe größer als bei den Angelsachsen ist.

In Abb. 13 ist die Neigung der Rippe zur Horizontalen wiedergegeben. Die Kreuze stellen die Rippen unserer Expedition, die Punkte die der Eingeborenen dar. Die Neigung

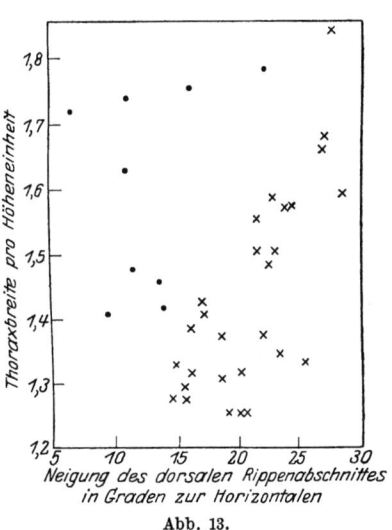

Abb. 13.

des gewählten Rippenabschnittes zur Horizontalen ist in Graden auf der Abszisse angegeben. Nun ist klar, daß, wenn auch unsere Rippen im Durchschnitt schräger verliefen als die der Eingeborenen, es doch einzelne Eingeborene gab, deren Rippenneigung größer war als die einiger von uns, und daß man daher nicht sicher sagen konnte, zu welcher Kategorie eine Rippe mit einer Neigung von z. B. 17 Grad gehören würde.

Dasselbe ist der Fall mit der Breite des Brustkorbes, die auf der Vertikalen aufgezeichnet ist. Ein Brustkorb, der genau halb so breit als hoch war, und der daher auf der Ordinate ein Verhältnis von 1,5 hatte, könnte ein ungewöhnlich enger Brustkorb eines Eingeborenen oder ein ungewöhnlich breiter eines Europäers sein.

Aus Dr. Redfields Diagramm, das im wesentlichen dasselbe ist wie Abb. 13, geht hervor, daß alle Punkte, die die Eingeborenen betreffen, in einen Bezirk fallen, der nicht auf den Bezirk übergreift, in welchem unsere Punkte liegen. Man kann daher den Brustkorb eines Eingeborenen, der in Cerro wohnt, von dem eines Europäers, der sich in dieser Höhe nicht länger als ein paar Wochen aufgehalten hat, durch Vergleich der Röntgenaufnahmen unterscheiden. Künftigen Forschern bleibt das Problem vorbehalten, ob der Unterschied von Kindern, deren Knochen noch nicht fest sind, oder selbst noch von Jünglingen erworben werden kann, oder ob er andererseits angeboren ist. In diesem Zusammenhang dürfte interessant sein, daß, wie mir Dr. A. F. R. Wollaston sagte, die Eingeborenen in Tibet in einer Höhe von 4300 m nicht so aussehen, als hätten sie ungewöhnlich große Brustkörbe.

Literatur.

Encyclopaedia Britannica, Artikel „Peru".
Forbes, D.: Journ. of Ethnological soc. New Series, 2, 193. 1870.
Keith, A.: Phil. trans. B. 211, 472. 1922.

IV. Die Gesichtsfarbe und ihre Bedeutung.

Im vorhergehenden Kapitel machte ich, als ich über die körperlichen Eigenschaften der Bergbewohner sprach, eine kurze Anmerkung über ihre Gesichtsfarbe und sagte, daß ich mir eine Erörterung für später vorbehielte. Wenn ich den Ausdruck „Farbe der Eingeborenen" brauche, mache ich keinerlei Anspielung darauf, ob sie einer schwarzen, weißen oder gelben Rasse angehören, mich interessiert nur, ob sie blaß oder rot sind, ob sie, wie man sagt „Farbe im Gesicht" haben, und wenn ja, ob es die frische Farbe eines gesunden Menschen ist, oder ob die Wangen jenen blauen Farbton zeigen, den man bei fünfzigjährigen oder älteren Personen antreffen kann, und der auf ein Herzleiden hindeutet. So groß auch unser Interesse an der Farbe der Eingeborenen war, so beschäftigte uns doch zuerst fast mehr unsere eigene. Während der ganzen Fahrt in der Eisenbahn aufwärts hätte man uns sehen können, wie wir die Farbe des Fleisches unter unseren Fingernägeln untersuchten. In dieser Beziehung hatten wir Glück, denn Dr. Crane der Chefarzt der Cerro de Pasco-Vereinigung fuhr mit uns. Er war gerade zwei Tage vorher von Oroya herunter gekommen und befand sich nun auf dem Rückwege. Er war daher ein an das Leben „on the hill" vollkommen akklimatisierter Mensch und bot einen ausgezeichneten Vergleichsmaßstab dar. In jeder Höhe zwischen 2500 und 5000 m waren unsere Fingernägel deutlich blauer als seine. Dieses Phänomen ist von vielen beobachtet worden. Die Schwierigkeit für seine Auslegung hatte bisher immer darin bestanden, daß die meisten vorhergehenden Besteigungen den Übergang von einem warmen in ein kaltes Klima mit einschlossen, und daß es daher schwierig gewesen war, festzustellen, wieviel von dem blauen Farbton der Haut und der Nägel von der Kälte herrührte, und wieviel von dem Sauerstoffmangel des Blutes. Ich erinnere, daß man mir bei meiner Ankunft auf Col d'Olen, als ich auf die Farbe meiner Fingernägel hinwies, einfach sagte, daß dieser blaue Farbton nicht die Wirkung der Höhe, sondern die Wirkung der Kälte sei.

In Peru kam dies jedoch nicht in Frage, da wir bis zu 4720 m Höhe in einem geheizten Wagen fuhren. Trotzdem war zweierlei auffällig: erstens, daß bei uns allen die Fingernägel blauer waren als in Meereshöhe, und zweitens, daß sie blauer waren als die von Dr. Crane.

Nach einem zweitägigen Aufenthalt in Oroya verschwand der Unterschied, und unsere Nägel glichen auffallend denen des Arztes, aber in keinem Falle war die Farbe dieselbe wie in Meereshöhe.

Die abnorme Farbe war in Cerro de Pasco (4270 m) auffallender als in Oroya, und war allgemein, sowohl bei den Bewohnern angelsächsischer Abkunft, wie auch bei den Cholos deutlich. Viele der letzteren hatten ein sehr frisches Aussehen, doch waren ihre Wangen mehr pflaumenfarbig als rot. Dies traf selbst für die Kinder zu.

Bei jeder Deutung dieses Phänomens muß man daran denken, daß diese Menschen in ihrem Blut viel mehr Blutkörperchen als normale Menschen haben. Selbst hier unten hat ein solcher Mensch — ein Polycythämiker, wie er genannt wird — eine typische bläuliche Gesichtsfarbe. Es waren jedoch genügend Beweise dafür vorhanden, daß die Farbe nicht auf Stauung in der Zirkulation des Polycythämikers, sondern auf Sauerstoffmangel im Blut beruhte. Erstens wechselte die Gesichtsfarbe eines solchen Menschen innerhalb weniger Sekunden, wenn man ihn Sauerstoff einatmen ließ. Zweitens hatten wir Gelegenheit, das Phänomen beim Abstieg vom „hill" verschwinden zu sehen, und zwar ging der Abstieg in so kurzer Zeit vor sich, daß die Zahl der roten Blutkörperchen sich nicht wesentlich geändert haben konnte. In Cerro gab es einen Ingenieur, dessen Wangen intensiv gefärbt waren; auf den Bergen hatte er ein purpurnes, beinahe apoplektisches Aussehen. Eine Gesichtsfarbe wie diese ist allgemein als Folge übermäßigen Alkoholgenusses bekannt. Er fuhr mit uns im Zuge nach Lima hinunter, und als wir ihn auf halbem Wege abwärts sahen, bot sich unseren Augen plötzlich ein ganz anderes Bild. Vor uns saß ein Mann mit der frischen, rosigen Gesichtsfarbe eines Kindes, ein Mann, dessen Haut so zart war, daß die vorhandene Farbe vollkommen von dem Blut in seinen Kapillaren herrührte. Es wäre taktlos zu sagen, daß er „eine Kreuzung zwischen einem Chamäleon und einem Barometer" war. Darum vermeide ich diese Redensart und drücke meine Ansicht etwas umständlicher dahin aus, daß, gerade so wie das Chamäleon durch alle Schattierungen einer speziellen Farbe geht, z. B. vom hellgelb bis zum dunkelbraun oder von hellgrün über dunkelgrün bis zu einen beinahe schwarzen Farbton, dieser Mann von Purpur nach hellrosa wechselte. Der blaue Farbton, den er in Cerro hatte, verlor sich mehr und mehr, je tiefer wir kamen.

Die Pflaumenfarbe, die bei dem Mann, von dem ich sprach, so leicht kam und ging, war bei den Cholos häufig zu bemerken. Viele von ihnen sahen sehr blaß und elend aus, da sie eine ziemlich gelbliche, vom Blut nicht verbesserte Hautfarbe hatten. Wo aber ein Anflug von Farbe vorhanden war, war es diese Pflaumenfarbe, welche sie in Verbindung mit dem Hautpigment brauner aussehen machte als unseren Freund. Die blaue Komponente in der Farbe des kapillären Blutes war am besten an Cholo-Kindern zu sehen. Sie hatten viel mehr Farbe im Gesicht als ihre Eltern, und obgleich die Farbe eine purpurartige Tönung aufwies, beobachtete man doch, daß sie bei körperlicher Anstrengung tiefer und bläulicher wurde. Der Leser mag mit Recht

Die Gesichtsfarbe und ihre Bedeutung. 49

fragen: „Was hat dies mit der Farbe der Cholos zu tun?" Dahinter steckt eine lange Geschichte, die ich vielleicht besser von Anfang an erzähle.

Am Anfang der neunziger Jahre des letzten Jahrhunderts steckte die Beschäftigung mit der Arbeitsphysiologie in England, wie auch sonst überall, noch in den Anfängen. Der Pionier in dieser Richtung, und ich nehme an noch immer die erste Autorität auf diesem Gebiet, war Dr. Haldane in Oxford. Er studierte damals den Einfluß von Kohlenoxyd in der Bergwerksluft und hatte kurz vorher im physiologischen Laboratorium in Kopenhagen, dem damals Professor Bohr vorstand, gearbeitet. Haldane fiel auf, daß das Kohlenoxyd in der Praxis weniger verhängnisvoll war, als man nach theoretischer Überlegung erwarten sollte.

Ich möchte dies folgendermaßen ausdrücken. Das Hämoglobin im menschlichen Körper kann sich mit ungefähr einem Liter Kohlenoxyd verbinden. Die genaue, für den Menschen tötliche Menge ist meines Wissens noch nicht bestimmt worden — sagen wir, sie sei 700 ccm. Angenommen jemand setzt sich der Luft in einem Bergwerk, die eine bestimmte Menge CO enthält, solange aus, bis sie mit seinem Blut im Gleichgewicht ist, dann wird jeder Kubikzentimeter seines Blutes einen gewissen Betrag aufnehmen; nimmt man aber 20 ccm seines Blutes und schüttelt es mit Luft, die der alveolaren Luft des Mannes im Bergwerk entspricht, so wird es mehr CO aufnehmen, als es tatsächlich im Körper tat. Dies wenigstens war Dr. Haldanes Behauptung.

Haldane stellte sich folgende Frage: wenn das CO nicht in der berechneten Menge in das Blut des menschlichen Körpers gelangt, was hindert es daran? Er nahm an, daß das Blut innerhalb und außerhalb des Körpers dieselben Eigenschaften habe. Diese Annahme schloß jede Erklärung nach der Richtung hin aus, daß das Blut in dem einen Falle eine größere Affinität zum Kohlenoxyd habe als im anderen. Wenn also weniger als die berechnete CO-Menge im Blute gefunden wurde, was hielt dann den Rest zurück? Dr. Haldane antwortete, daß es der Sauerstoff sei, und ich muß nun versuchen zu erklären, wie der Sauerstoff diese Aufgabe erfüllen könnte.

Sowohl Sauerstoff als Kohlenoxyd können sich natürlich mit dem Hämoglobin des Blutes verbinden, aber die Affinität des Hämoglobins zum CO ist 246 mal größer als die zum Sauerstoff, so daß, wenn Blut einem Luftgemisch ausgesetzt wird, in dem eine Million Moleküle CO und 246 Millionen Moleküle Sauerstoff enthalten sind, sich die eine Hälfte des Hämoglobins mit dem Sauerstoff und die andere mit dem Kohlenoxyd verbindet. (Dasselbe Hämoglobinmolekül kann sich nicht zu gleicher Zeit mit beiden verbinden.)

Angenommen die Luft in den Lungen enthielte auf jedes Molekül Kohlenoxyd 246 Moleküle Sauerstoff, so könnte man erwarten, daß im arteriellen Blut die eine Hälfte des Hämoglobins an Sauerstoff und die andere an Kohlenoxyd gebunden ist. Wenn dieses nicht der Fall ist, wenn weniger als die Hälfte des Hämoglobins an Kohlenoxyd gebunden ist und mehr als die Hälfte an Sauerstoff, so ist es klar, daß auf den Sauerstoff eine Art „Zug" dem Kohlenoxyd gegenüber wirkt. Dieser „Zug" würde nach Haldane vom Lungenepithel her ausgeübt, welches sich des Sauerstoffs in der Alveolarluft aktiv bemächtigt und ihn aktiv durch den Zellkörper ins Blut befördert, so daß ein schnellerer Sauerstoffstrom die Lungenwände durchdringt, als wenn das Gas einfach nur durch den Vorgang der Diffussion die Wände passierte. Auf diese Weise wäre der Sauerstoffdruck auf der Innenseite der Lungenwand über 246 mal größer als der des Kohlenoxyds. Daher hätte der Betreffende entsprechend weniger Hämoglobin an Kohlenoxyd und entsprechend mehr an Sauerstoff gebunden.

Diese angenommene Kraft der Lungenepithelzelle, Sauerstoff durch seine Wände in das Blut zu „ziehen", „pressen", „saugen", „stoßen" oder „sezernieren", ist seit der Veröffentlichung der Haldaneschen Versuche Gegenstand dauernden Interesses von seiten der Physiologen gewesen. Die Theorie wurde zuerst von Professor Bohr auf ganz ungenügende Beweise hin vertreten; Haldanes Beobachtung gab ihr die erste wirkliche Stütze. Die Bedeutung der Theorie liegt darin, daß, wenn die Lunge eine solche Fähigkeit hätte, diese Fähigkeit die kardinale Eigenschaft dieses Organs darstellen würde.

Die Leistungsfähigkeit der Lunge würde davon abhängen, ob die sekretorische Kraft voll wirksam oder beeinträchtigt ist, geradeso wie die Leistungsfähigkeit des Magens davon abhängt, ob die sezernierenden Zellen Magensaft in hinreichender Menge und mit ausreichender peptischer Wirksamkeit produzieren. Die erste bei allen Krankheiten der Lunge auftauchende Frage wäre, ob die Zellen richtig sezernieren, und wenn nicht, wie sie dazu angeregt werden können? Ich meinerseits hatte nur mehr ein akademisches Interesse an dieser Frage, bis ich während des Krieges in Zusammenhang mit dem Problem der Gasvergiftung mit ihr in Berührung kam. Von welcher Seite man auch immer an die Frage des Gaskrieges heranging, man konnte sich keine klare Vorstellung bilden, bis nicht die Frage, ob die Lungen Sauerstoff sezernieren oder nicht, gelöst war.

Ich will nun von der Seite an das Problem herangehen, von der aus ich zuerst mit ihm in Berührung kam. Unmittelbar nach dem ersten deutschen Gasangriff wurden von England mehrere Wissenschaftler, unter ihnen auch ich, nach Frankreich angefordert. Die spezielle Frage, die mir Sir John Bradford stellte, war, in welcher Form das Gas auf seine Opfer eingewirkt hätte. Unter den ersten Patienten, die ich hinter der Front sah, war ein Mann, den ich nicht vergessen werde. Sein Gesicht zeigte, als er aufgerichtet im Bett saß, keineswegs eine auffallende Farbe, aber bei der geringsten Anstrengung veränderte sie sich. Ein purpurner Farbton trat auf, der sich von den Ohren her allmählich über das ganze Gesicht verbreitete, bis der Patient das war, was die Ärzte als ausgesprochen cyanotisch bezeichnen würden.

Wäre Dr. Haldanes Theorie richtig, so wäre die wahrscheinliche Erklärung für den Zustand dieses Mannes, daß das Gas auf die Fähigkeit seiner Lungen, Sauerstoff durch das Epithel zu sezernieren, eingewirkt hatte, und daß sich darum der erhöhte Sauerstoffdruck, der sich im Blute eingestellt haben sollte, nicht eingestellt hatte. Daß der Mann an einer Art pulmonaler Dyspepsie litte. Dasselbe wäre auch bei vielen anderen pulmonalen Erkrankungen der Fall. Wenn die in Betracht kommenden physikalischen Faktoren in irgendeiner quantitiven Form erörtert werden sollen, muß man sich darüber klar sein, ob sie nicht alle durch einen anderen Faktor, nämlich den der Sauerstoffsekretion, maskiert sind.

Während des Krieges ist durch das Studium der Gasvergiftung und einer Anzahl anderer Zustände die Frage der Sauerstoffspannung im arteriellen Blut mehr in den Vordergrund gerückt. In den ersten Kriegstagen war es nur möglich zu mutmaßen, in wieweit das arterielle Blut mit Sauerstoff gesättigt sei, gegen Ende des Krieges war eine Technik zur Messung der Sättigung ausgearbeitet worden.

Es war bis dahin schwierig gewesen, Blut von einer Arterie zu erhalten. Diese Schwierigkeit wurde durch die von Dr. Stadie vom Rockefeller Institut in New York angegebene und als arterielle Punktion bekannte Methode beseitigt. Eine Nadel wird durch die Haut in die Radialarterie gestochen, und das Blut in eine Spritze aufgezogen.

Auf diese Weise war es möglich, zahlreiche Analysen des menschlichen arteriellen Blutes zu machen. Sie zeigten beim normalen Menschen sehr konstante Resultate. Das Blut hatte immer eine hellrote Farbe und enthielt 95 bis 96 vH der maximalen Sauerstoffmenge, die es theoretisch aufnehmen konnte.

Einige Forscher nahmen an, daß bei einem Menschen, dessen Sauerstoffgehalt im Blute um mehr als etwa 1 vH von dem normalen 95—96 vH abwich, etwas ernstlich in Unordnung sein müsse. Von allen Seiten hörte man von Anoxämie — oder ungenügendem Sauerstoffgehalt — des Blutes. Es stellte sich auch heraus, daß bei vielen Krankheiten, wie z. B. Pneumonie, eine sehr deutliche Anoxämie vorhanden war; statt einer Sättigung von 95—96 vH, war das Blut vielleicht nur zu 80 vH gesättigt, und natürlich tauchte die Frage auf, inwieweit der Patient durch die toxischen Produkte des Pneumokokkenbazillus vergiftet sei, und inwieweit seine Asphyxie nur auf dem Sauerstoffmangel des Blutes beruhe. Ich sage „nur", denn man kann letzteren Zustand wesentlich beheben, wenn man den Patienten O_2 einatmen läßt. Es wurde dies eine medizinisch äußerst wichtige Frage. Zu ihrer Lösung mußte man wissen, ob ein ähnlicher Grad von Anoxämie bei einem normalen Menschen herbeigeführt werden könne, und wenn ja, ob der Mensch normal bleiben oder in einen halb asphyktischen Zustand geraten würde.

Die Lösung könnte auf den ersten Blick einfach erscheinen. Es könnte so aussehen, als ob der Sauerstoffdruck in den Lungen nur bis zu dem Punkte verringert zu werden brauche, bei dem das Blut nicht mehr zu 95 bis 96 vH mit dem Gas gesättigt wäre, und daß dann die Sättigung des Blutes anfangen würde zu fallen. Aber gerade an diesen Punkt setzte die Begründung von Dr.

Die Gesichtsfarbe und ihre Bedeutung.

Haldanes Theorie ein. Als Haldane sein Buch „Organism and Environment" veröffentlichte, drückte er seinen Standpunkt mit folgenden Worten aus: „Als wesentliches Ergebnis fanden wir, daß auf Pike's Peak die arterielle Sauerstoffspannung nach Akklimatisation in der Ruhe um 13 mm tiefer war als die in Meereshöhe, daß sie aber um 35 mm höher war als der alveoläre Sauerstoffdruck. Das vollkommene Fehlen jeder Cyanose nach Akklimatisation war früh deutlich. Selbst in der Ruhe sezernierten die Lungen aktiv Sauerstoff in das Blut. Während langdauernder Muskelarbeit, wie langem Steigen, trat nichtsdestoweniger die Cyanose zeitweilig wieder auf. Offenbar konnte das Lungenepithel durch die ihm auferlegte Extraarbeit ermüdet werden."

Seine Aussage kommt darauf hinaus, daß man nur zeitweilig mehr als eine nur unbedeutende Veränderung in der Sauerstoffspannung des Blutes hervorrufen könne. Den Beweis leitete er von seinen Kohlenoxydvergiftungsexperimenten ab. Seiner Meinung nach würde man finden, daß jeder Versuch den Prozentsatz des Sauerstoffes im Blute in dieser Weise zu reduzieren, von den Epithelzellen des Lungengewebes verhindert wird. Diese werden alles, was an Sauerstoff da ist, an sich reißen und mit voller Kraft durch die Epithelwände hindurchsezernieren; dadurch kommt der Sauerstoff mit dem normalen Druck im Blute an und bringt es auf seine gewöhnliche Sättigung. Er stellte als Grundtatsache fest, daß gerade dies die wesentliche Eigenschaft der Lungenzelle sei. Sie gäbe Sauerstoff mit einem bestimmten Druck von annähernd 100 mm Quecksilber in das Blut ab und sättige es, ganz gleich wie der Sauerstoffdruck seiner Umgebung sei, auf 95 vH. Dies war nicht nur Spekulation. Eine Gruppe von Wissenschaftlern, deren Leiter Dr. Haldane war, führte auf Pike's Peak mit äußerst komplizierten Methoden eine Anzahl von Experimenten aus, deren veröffentlichte Zahlen vollkommen in Richtung der oben angeführten Gedanken weisen. Nach einem kurzen Aufenthalt schien die Sauerstoffspannung des Blutes ungefähr 90 bis 110 mm zu sein, trotzdem der Sauerstoffdruck in der Lungenluft nur um 50 mm herum lag.

Man sieht folglich, daß es sich um zwei Hauptpunkte handelt:

1. den theoretischen Punkt — nämlich, ob die lebende Zelle diesen Einfluß ausübt.

Wir wollen Dr. Haldanes theoretischen Standpunkt zuerst erörtern. Er vertrat die Meinung, daß diese Eigenschaft die wesentliche Lebensäußerung der Zelle, ja mit ihr identisch sei, daß es ihre besondere Eigenart sei, gerade auf diese Weise einen Einfluß auf ihre Umgebung auszuüben. Daß, wenn man von einer Lungenzelle spricht, man eine Vorrichtung meint, deren Wesen sich in der Umwandlung eines dauernd wechselnden Sauerstoffdruckes auf ihrer Alveolarseite in einen konstanten Sauerstoffdruck von 100 mm, den sie auf ihrer capillaren Seite abgibt, ausdrückt. Auf die Frage, wodurch die Zelltätigkeit in diesem Falle geregelt würde, erhält man keine Antwort. Ihr Sein bestehe nicht im geregelt werden, sondern im regeln — das sei ihr „ego". Und dieses Prinzip wurde auf andere Zellen des Körpers ausgedehnt. Das „ego" der Nierenzelle bestände darin, die Menge des Wassers im Blute zu regeln, und so weiter.

2. den medizinischen Punkt — nämlich, ob, wenn die Zelle des Lungenepithels nicht imstande ist, den Sauerstoffdruck im Blute zu regeln, oder wenn sie der Herrschaft verlustig ginge, der Patient darunter leiden würde, und wenn ja, wie sehr?

Ich habe manchmal sagen hören, daß der Haldaneschen Theorie ein gewisser Unsinn anhafte. Ich möchte den Leser, der mir bis hierher gefolgt ist, davon überzeugen, daß ich mit einer solchen Behauptung ganz und gar nicht sympathisiere. Die Theorie scheint mir eine sehr gute zu sein. Die Anforderungen, welche sie an die Lungenepithelzellen des Körpers stellt, sind dieselben, die wir an andere Zellen des Körpers stellen, nämlich, daß die Zellen auf Kosten eines Energieumsatzes innerhalb ihrer eigenen Substanz etwas leisten. Wie A. V. Hill ausgerechnet hat, ist der notwendige Energieverbrauch ganz geringfügig, und doch ist der Erfolg ungeheuer groß. Überdies gibt es im Tierreich Fälle, wo gewisse Zellen in der Lunge etwas ziemlich Analoges leisten können, — sie können dem Blut Sauerstoff entziehen und in die Lungen ausscheiden. Dies geschieht in der Schwimmblase von Fischen. Natürlich ist das kein wirkliches Argument für oder gegen die Sauerstoffsekretion der menschlichen Lunge, aber es beweist, daß die Annahme nicht absurd ist. Die Frage, die mich beschäftigte, als Haldane seiner Theorie die eben beschriebene Form gab, war nicht, ob die Theorie eine gute sei, sondern ob sie wirklich durch Tatsachen gestützt ist. Meine Absicht war, sie nach Beendigung des Krieges einer direkten Prüfung zu unterziehen. Nach einem angemessen langen Aufenthalt, sagen wir von einer Woche, in einer Atmosphäre, die wirklich so sauerstoffarm ist, daß sich die prozentige Sättigung dieses Gases im arteriellen Blute verringern müßte, sofern keine Sekretion stattfindet, wollte ich mir direkt, unter Vermeidung aller umständlichen Methoden, Blut aus einer Arterie entnehmen. Dieser Versuch bedarf nur einer kurzen Erläuterung. Er wurde ausgeführt. Sechs Tage lang wurde der Sauerstoffdruck in meiner Respirationskammer so vermindert, daß er bei seinem tiefsten Stand 5500 m entsprach und ungefähr 4500 m, als die entscheidende Probe gemacht wurde. Das arterielle Blut wurde mit einer Kanüle aus der Radialarterie entnommen und der Sättigungsgrad untersucht. Auf die genauen Zahlen brauche ich nicht einzugehen, die Farbe des Blutes war ausreichend. Ich glaube, meine Neugierde wird nie wieder einen so hohen Grad erreichen wie in dem Augenblick, als die Klammer von meiner Arterie entfernt wurde, und das Blut herausfließen durfte. Würde es die Farbe des gewöhnlichen arteriellen Blutes zeigen oder würde es ein deutlich venöses Aussehen haben? Der Ausgang ließ keinen Zweifel; es war dunkel, und mehr als dies: als die notwendigen Proben entnommen waren, und ich anfing, eine sauerstoffreichere Atmosphäre zu atmen, wurde das Blut blitzschnell rot. Eine letzte Probe, die nur 20 Sekunden nach der Sauerstoffeinatmung entnommen wurde, war vollständig gesättigt.

Die Anpassung einer Woche, oder auf alle Fälle ein einwöchiger Aufenthalt unter niedrigem Sauerstoffdruck, hatte augenscheinlich meine Lunge nicht zum Sezernieren veranlaßt. Ich glaube, daß Haldane danach einen ähnlichen Versuch ausführte; ich weiß nur die wenigen Einzelheiten, die in dem mageren Bericht seines Buches enthalten sind. Dem Anschein nach war das Resultat ziemlich dasselbe wie das meines eigenen Versuches; und ich bin sicher, daß unsere Gesichtsfarbe und besonders die unserer Lippen dasselbe aussagte wie unser arterielles Blut.

Wenn ein einwöchiger Aufenthalt unter einem Sauerstoffdruck, der zuletzt niedriger war als der auf dem höchsten Berggipfel, die Lunge nicht zum Sezernieren veranlassen konnte, so blieb als mögliche Kritik:

1. daß ich nicht wie andere Menschen beschaffen war, und daß meine Lunge einen zu armseligen Vertreter ihrer Klasse darstellte, um auf den Reiz der Anoxämie zu reagieren;
2. daß das Leben in einer Respirationskammer zu beschränkt und unnatürlich war, um dem Organismus eine ihm gemäße Reaktion zu ermöglichen, wie sie nach Haldanes Behauptung auf Pike's Peak stattgefunden hatte.

Die Antwort auf diese beiden Kritiken fand ich in den Anden. Es war zu erwarten, daß die jüngeren und kräftigeren Mitglieder unserer Gesellschaft sich ebenso leicht wie der Durchschnitt der Menschen anpassen würden. Die Lungen der Bergwerksingenieure, wenn die eines weißen Menschen es überhaupt können, würden bestimmt sezernieren, und insofern Akklimatisation an große Höhen möglich ist, konnte man besonders erwarten, dies bei den Eingeborenen des Plateaus zu finden, deren Vorfahren seit über 800 Jahre, wie es nach ihren Sitten wahrscheinlich ist, dort gelebt haben.

Die vorstehende, notgedrungen kurze Zusammenfassung[1]) wird dem Leser den Eifer erklären, mit dem wir, als wir mit der Zentral-Eisenbahn von Peru aufwärts fuhren, jeden vorübergehenden Farbwechsel an uns selber, und der eine beim anderen feststellten, wie eifrig wir unsere eigene Cyanose mit der des vollkommen akklimatisierten Dr. Crane verglichen und endlich die Farbe in den Wangen der Cholos beobachteten.

Das cyanotische Aussehen der zarteren Körperoberfläche spiegelt nur den Zustand des Blutes wieder. Durch Anwendung der von Dr. Stadie vom Rockefeller Institut in New York angegebenen Technik konnten wir Proben unseres eigenen arteriellen Blutes zur Analyse erhalten. Nicht allein das, auch die Bergwerksingenieure in Cerro kamen uns mit prächtig guten Willen entgegen und boten sich als Opfer dar. Nach einigem Zureden folgten die Eingeborenen ihrem Beispiel. Wir hatten daher Gelegenheit, den Zustand des arteriellen Blutes an drei Klassen von in verschiedenem Grade akklimatisierten Menschen zu untersuchen: die Cholos, deren Vorfahren sicher schon seit Gene-

---

[1]) Ein vollständigerer Bericht bis 1914 über die Ansichten, die diesen Gegenstand betreffen, findet sich in der ersten englischen Ausgabe dieses Buches (The respiratory Function of the Blood. Cambridge 1914, XII. u. XIII. Kapitel).

Die Gesichtsfarbe und ihre Bedeutung. 57

rationen in den Bergen gelebt hatten; die Ingenieure, die monate- oder jahrelang dort gewesen waren, und wir selber, deren Akklimatisationszeit nach Tagen oder höchstens nach Wochen gerechnet werden konnte.

In jeder Kategorie jedoch war derselbe auffallende Zustand des arteriellen Blutes vorhanden: sobald die Nadel in die Radialarterie hineingestochen war, und das Blut in der Spritze erschien, zeigte es deutlich eine von gewöhnlichem arteriellen Blut verschiedene Farbe; statt eines hellen Rot hatte es ein dunkleres, mehr oder weniger der venösen Blutfarbe ähnelndes Aussehen.

Die Erklärung für diese Farbveränderung war natürlich nicht schwer zu finden. Das Hämoglobin des Blutes hatte nicht seine vollständige Sauerstoffladung. Wird normales Blut mit Sauerstoff geschüttelt, so wird sich jedes Gramm des vorhandenen Hämoglobin-Pigmentes mit 1,34 ccm Sauerstoff binden. Normales arterielles Blut, d. h. Blut, welches nicht der Luft, sondern dem in den Lungen vorhandenen ärmeren Sauerstoffgemisch ausgesetzt ist, enthält 96 vH dieses Betrages, und wir nennen

Sättigung des arteriellen Blutes.

	Person	Höhe	Sättigung	O-Spannung im arteriellen Blut	O$_2$-Druck der Alveolarluft
I	M.	Meeresspiegel	95 vH	99 mm	100 mm[1]
		„	95 „	100 „	101 „
		4330 m	83 „	—	—
		4330 „	91 „	58 „	56 mm
	R.	Meeresspiegel	97 „	—	—
		4330 m	87,5 „	—	—
		4330 „	84 „	—	—
	B.	Meeresspiegel	95 „	—	—
	B.	4330 m	82 „	—	—
II	McQ.	4330 „	86 „	57 „	59 mm
	P.	4330 „	91 „	48 „	55 „
	McL.	4330 „	86 „	47 „	56 „
	C.	4330 „	87 „	55 „	54 „
III	Z.	4330 „	86 „	50 „	51 „
	V.	4330 „	82,5 „	50 „	
	B.	4330 „	83,5 „	40 „	

[1] Siehe Fußnote auf S. 67.

es 96 vH gesättigt (oder manchmal 4 vH ungesättigt). In Cerro de Pasco blieb das Blut weit hinter diesem Werte zurück und war gewöhnlich zu 85 bis 88 vH gesättigt. Die vorstehende Tabelle zeigt die Sättigung des aus den Arterien der betreffenden Personen entnommenen Blutes in Prozenten.

In den letzten beiden Spalten der obigen Tabelle ist die Sauerstoffspannung des arteriellen Blutes und der Alveolarluft von einem Mitglied unserer Expedition, vier Ingenieuren und einem Eingeborenen wiedergegeben. Von zwei anderen Eingeborenen ist die Spannung im arteriellen Blut, aber nicht die in der Alveolarluft angegeben. Es wird einleuchten, daß diese letztere Bestimmung bei Eingeborenen mit großen Schwierigkeiten verbunden ist. Selbst in der Heimat, bei Krankenhauspatienten, sind Alveolarluftbestimmungen mittels der Haldane- und Priestleyschen Methode äußerst unzuverlässig, da sie eine höhere Ausbildung verlangen als in exakten Methoden unerfahrene Personen sie besitzen. Aber die Unzuverlässigkeit wird noch ungeheuer vergrößert, wenn es sich um Menschen handelt, die außerdem noch auf einer niedrigen Geistesstufe stehen und eine dem Beobachter unverständliche Sprache sprechen, die noch durch eine dritte Sprache, in der sicherlich keine Ausdrücke für die wissenschaftliche Beschreibung der Methode vorhanden sind, erklärt werden muß. Ich erwähne dies nicht, um uns zu entschuldigen, daß wir nur eine zuverlässige Alveolarluft-Bestimmung von einem Eingeborenen und keine Bestimmung ihrer Vitalkapazität heimgebracht haben. Wir hätten beides gerne gehabt. Meine Absicht ist eher darauf hinzuweisen, daß jemand, der für lange genug nach Cerro de Pasco ginge und eine Anzahl Eingeborener so ausbildete, daß sie zuverlässige Proben gäben, dort ein dankbares Arbeitsfeld finden würde. Es brauchte Zeit, Geduld und wahrscheinlich einige Kenntnis ihrer Sprache, aber ich glaube, es wäre der Mühe wert. Wir waren, als wir nach Cerro kamen, Gegenstand des größten Mißtrauens bei den Eingeborenen. Sie verstanden, daß wir ihr Blut wollten — was ja auch wirklich der Fall war —, obgleich nicht in dem Sinne, in dem sie den Ausdruck auffaßten. Als wir abreisten, hätten wir ein Dutzend Freiwilliger haben können und wahrscheinlich viel mehr als wir wünschten. Dies verdanken wir großenteils unseren amerikanischen und englischen Freunden in Cerro.

Die Gesichtsfarbe und ihre Bedeutung. 59

Ich muß auf die Sauerstoffspannung im arteriellen Blut zurückkommen. Die direkten oben angeführten Messungen wurden erhalten, indem das Blut, welches durch arterielle Punktion mit einer 10-ccm-Spritze entnommen war, in eine andere Spritze gebracht wurde, deren toter Raum mit Quecksilber gefüllt war, und außerdem noch eine so kleine Blase alveolärer Luft enthielt, daß jeder Wechsel, der zwischen dem Blut und der Luft stattfand, die Zusammensetzung des ersteren nicht änderte. Dieses war eine direkte Anwendung der ausgezeichneten von Krogh für Kaninchen angegebenen Methode auf den Menschen. Sie wurde mit Dr. Nagahashis Hilfe in Cambridge, kurz vor dem Aufbruch der Expedition nach Peru, ausgearbeitet.

Die Ergebnisse zeigen, daß mit einem experimentellen Fehler von etwa 4 vH der Sauerstoffdruck im arteriellen Blut nie merklich höher war, als der in der Alveolarluft. In einigen Fällen war er einige Millimeter unter dem der Alveolarluft. Durch die eben beschriebenen Bestimmungen wurde der endgültige Beweis erbracht, daß der menschliche Körper ziemlich gut auskommen kann (und dies ist unabhängig von allen Theorien), wenn er mit Blut, das nur zu 82 vH mit Sauerstoff gesättigt ist, versorgt wird. Wahrscheinlich ist eine Erniedrigung des Sauerstoffgehaltes in diesem Ausmaße und auf kurze Zeit für einen Patienten, der z. B. an Pneumonie leidet, nicht schädlicher, als es für einen gesunden Menschen ist in die Anden zu gehen. Eine Nichtsättigung von 18 vH ist wahrscheinlich, mag sie auch unbequem sein und selbst zu einem leichten Übelbefinden führen, an sich nicht verhängnisvoll. Sie ist nicht der Hauptgefahrfaktor bei Pneumonie, aber sie kann das Reiterchen sein, welches den Ausschlag gibt. Der Wert der Sauerstoffbehandlung, und es gibt reichlich Beweise dafür, daß sie wertvoll ist, beruht darauf, daß sie den Patienten über die Zeit hinweg bringt, bis die Giftwirkung der Toxine abgenommen hat. In einem Prozentsatz von Fällen wird sie dies auch bewirken.

Nachdem ich das wichtigste, was aus den in diesem Kapitel mitgeteilten Daten hervorging, besprochen habe, würde ich es gerne schließen, wäre es nicht meinem Freunde Dr. Haldane gegenüber, dem ich sehr viel verdanke, unrecht, nicht noch einige wenige Worte über seine Theorie zu sagen. In der von mir wiedergegebenen Form faßte er sie auf, als ich am intensivsten mit ihr beschäftigt war, das war in den ersten Jahren des Krieges, als sie die stärkste Anziehungskraft auf mich ausübte. In den letzten Jahren hat er sie verändert und wie ich es verstehe ist sein Standpunkt jetzt der folgende: Die verschiedenen Lungenalveolen sind in verschiedenem Ausmaße, in der Hauptsache gut, wenige schlecht ventiliert. Einige von ihnen sezernieren oder können sezernieren. Das Blut, welches Sauerstoff von sehr verschiedenen Spannungen A, B, C, D usw. und verschiedenen Sättigungen W, X, Y, Z usw. enthält und von den verschiedenen Teilen der Lunge kommt, mischt sich; darum hat das Blut, das in das linke Herz kommt, eine Sättigung M, gleich dem Mittel aus den Sättigungen W, X, Y, Z unter Berücksichtigung der relativen Blutmengen jeder Sättigung. Die resultierende Spannung wird die Spannung auf der Dissoziationskurve sein, die der Sättigung M entspricht. Diese ist etwas verschieden und niedriger als T, dem Mittel der Spannungen A, B, C, D usw. Haldanes Schlußfolgerung ist, daß T die durch die Karminmethode gemessene Menge ist, und daß, wenn M (die in meiner vorigen Tabelle gegebene Zahl) gleich der Sauerstoffspannung in der Alveolarluft ist, T dann etwas höher sein wird, womit die Sekretionstheorie bewiesen ist. So wie er den Ausdruck „arterielles Blut" jetzt braucht, bedeutet er nicht, wie es doch offenbar in dem oben von mir angeführten Zitat aus „Organism and Environment" der Fall war, „das Blut in den Arterien", sondern das mathematische Mittel des Blutes in den kleinen Pulmonarvenen.

Diese letzte Umformung der Sekretionstheorie scheint mir diese viel weniger anziehend zu machen als sie es vor zehn Jahren war. Sie hat als Theorie und an experimenteller Stütze verloren. Als Theorie betrachtet hat sie den ansprechenden Zug verloren, erklären zu wollen, wodurch Gewebe mit normalen Blut versorgt werden unter Bedingungen, die es sonst anormal machen würden. Vom experimentellen Standpunkt aus, beruht das Wesen der Karminmethode darauf, daß ein gewisser partieller, gleichmäßig über die Lungen verteilter CO-Druck im Gleichgewichtszustand mit dem Blut ist, welches durch die Lungenkapillaren fließt. Die spätere Veränderung seiner Theorie scheint selbst die Möglichkeit dieser experimentellen Grundlage auszuschließen, denn wenn der CO-Druck über der ganzen Lunge derselbe ist und der Sauerstoffdruck in den verschiedenen Alveolen verschieden, so wird das Blut immer *CO* aufnehmen, wo der Sauerstoffdruck niedrig ist, und *CO* abgeben, wo der Sauerstoffdruck hoch ist. Das angenommene Gleichgewicht wird darum niemals erreicht.

Literatur.

Barcroft und Nagahashi: Journ. of physiol. 55, 339. 1921.
Bohr, C.: Nagels Handbuch 1, 175. 1909.
Douglas, Haldane, Henderson und Schneider: Phil. trans. B. 203, 185. 1912.
Haldane, J. S. (1): Journ. of physiol. 18, 201. 1895.
— (2): Organism and Environment as illustrated by the Physiology of Breathing. S. 56. Oxford 1917.
— (3): Respiration, 255. Yale Univers. Press. 1922.
— (4): Organism and Environment, Oxford 1917; Mechanism, Life and Personality. London 1913.
Hill, A. V.: Journ. of physiol. 46, 27. 1913.
Krogh: Skand. Arch. f. Physiol. 20, 279. 1908.
Stadie: Journ. of exp. med. 30, 215.

V. Die Diffusion von Sauerstoff durch das Lungenepithel.

Es ist nur billig, der Sekretionstheorie eine eingehende Untersuchung folgen zu lassen, ob die Tatsachen, die über die Atmung bekannt sind, durch Diffusion erklärt werden können. Diese Untersuchung ist sehr schwierig, da uns gewisse wichtige Tatsachen nicht zur Verfügung stehen. Hierüber wird an den betreffenden Stellen einiges gesagt werden. Nichtsdestoweniger ist es unmöglich, dem Gegenstand ganz auszuweichen.

Man stellt sich vor, daß in den Lungen eine große Capillarenoberfläche der Alveolarluft ausgesetzt ist. Das gemischte venöse Blut aus dem Herzen tritt in diese Capillaren ein, und da in der Alveolarluft eine höhere Sauerstoffspannung herrscht als im Capillarblut, tritt Sauerstoff in das Blut über. In dem Maße, wie das Blut Sauerstoff aufnimmt, steigt in ihm die Spannung dieses Gases, und die Diffussion wird langsamer, so daß sich während seines Verlaufes durch die Gefäße die Spannung im Blut mehr und mehr einem Gleichgewicht mit der der Alveolarluft nähert. Es ist klar, daß das Gleichgewicht nie ein vollkommenes sein kann. Dieses könnte nur der Fall sein, wenn die Capillaren unendlich lang wären, und das Blut eine unendlich lange Zeit brauchte um hindurchzufließen. Eine der Einzelheiten, die wir gerne wüßten, ist, wie nahe das Gleichgewicht erreicht wird.

Es gibt nun gewisse Annahmen, die man besser nicht als erwiesen ansieht, die wir für den Augenblick aber akzeptieren wollen. Eine davon ist eine Zahl, die wir den Sauerstoffdruck in der Alveolarluft nennen. Für Berechnungen nehmen wir ihn als gleichförmig über der ganzen Lunge an und als genügend gleichförmig in einer Alveole, d. h., um dem Satze einen Sinn zu geben, an den beiden Enden derselben Capillare. Die andere von uns gemachte, und meiner Meinung nach, unkorrekte Annahme, ist die einer Capillarenoberfläche von gleichbleibender Größe und unveränderlicher durchschnittlicher Wanddicke. Als dritte Annahme kann man von einem mittleren Sauerstoffdruck innerhalb der Capillaren sprechen. Aus diesen drei Annahmen können die bekannten Diffussionsgesetze auf folgende Weise abgeleitet werden. Wenn P die Sauerstoffspannung in der Alveolarluft, p_1 der mittlere Sauerstoffdruck im Capillarblut, und Q die in einer Minute von der Alveole ins Blut diffundierende Sauerstoffmenge ist, dann ist

$$Q = (P - p_1) \cdot K,$$

wo K, solange die Eigenschaften der Lunge sich nicht ändern, konstant bleibt. In dem speziellen Fall, daß $(P - p_1) = 1$ würde, wäre $K = Q$. Der Diffusionskoeffizient K könnte dann definiert werden als die Sauerstoffmenge, die für je eine Einheit Spannungsunterschied zwischen der Alveolarluft und dem Capillarblut durch die Lunge diffundieren würde.

Es ist nicht leicht, K für Sauerstoff direkt zu messen, aber es ist möglich, ihn für Kohlenoxyd zu messen, und aus den bekannten Eigenschaften von Sauerstoff und Kohlenoxyd kann man dann K für Sauerstoff berechnen.

Der Spannungsunterschied zwischen dem Sauerstoff der Alveolarluft und dem der Capillare ist natürlich in großen Höhen viel geringer. Es schien daher äußerst wahrscheinlich, daß sich in großen Höhen der Diffusionskoeffizient für Sauerstoff vergrößern würde, d. h. die Anzahl Kubikzentimeter Sauerstoff, die durch das Lungenepithel gehen, würde für jeden Millimeter Druckunterschied zunehmen. Eine solche Zunahme würde stattfinden, wenn die

Die Diffusion von Sauerstoff durch das Lungenepithel. 63

Lungengefäße sich erweiterten und so eine größere Blutoberfläche der Alveolarluft aussetzten. Ich sage, es schien wahrscheinlich, — vielleicht sollte ich eine Begründung für diesen Glauben geben, denn es gab eine Zeit, wo auf Grund von Experimenten von Brodie und Dixon die Möglichkeit einer Erweiterung der Lungengefäße geleugnet wurde. Aber aus den Untersuchungen von Starling, und Führner und Mrs. Tribe (jetzt Mrs. Oppenheimer) geht hervor, daß im Herz-Lungenpräparat und selbst in der herausgenommenen Lunge eine Gefäßerweiterung durch Adrenalin hervorgerufen werden kann. Für das normale Tier hat Sir Edward Sharpey-Schafer die Frage sehr eingehend bearbeitet. Er zeigte, daß die Lungengefäße eines normalen Tieres zweifellos unter vasomotorischer Herrschaft stehen.

Endlich gibt es Experimente von Dr. John Shaw Dunn, die mir immer einen sehr großen Eindruck machten, möglicherweise weil ich Gelegenheit hatte, sie zu sehen. Dunn maß die die Lunge in der Minute durchströmende Blutmenge und den Druck im rechten Ventrikel. Diese Messungen wurden durch direkte Herzpunktion ohne einen anderweitigen chirurgischen Eingriff gemacht. Eine Spritzennadel wurde durch die Haut, Brustwand, Perikard und Herzwand je nach Wunsch in die Höhle des rechten oder linken Ventrikels geführt; im rechten Ventrikel wurde der Druck gemessen, und aus beiden Ventrikeln wurden Blutproben entnommen, um die Strömungsgeschwindigkeit des Blutes nach der während des Krieges in Porton ausgearbeiteten Methode zu messen. Nachdem Dunn die Werte für den rechten intraventrikulären Druck und für das Minutenvolumen des Blutes, das die Brust passierte, erhalten hatte, injizierte er entweder in die Jugularvene oder in den rechten Ventrikel Stärkekörner, und zwar in genügender Menge, um einen großen Teil der kleinen Lungenarterien zu embolisieren. Die unmittelbare Folge war eine Drucksteigerung im rechten Ventrikel, welche rückwärts auf die Jugularvene übertragen wurde, und eine Abnahme des Minutenvolumens. Diese Wirkungen klangen bald ab, und nach ungefähr 10 Minuten waren sowohl der rechte Intraventrikulardruck als auch das Minutenvolumen auf ihre ursprünglichen Werte zurückgegangen. Die Emboli waren nicht durch den Blutstrom aus den Lungengefäßen fortgeführt worden, denn die Lungenuntersuchung post mortem zeigte, daß die Emboli in

64 Die Diffusion von Sauerstoff durch das Lungenepithel.

großer Zahl vorhanden waren, während die Autopsie der anderen Organe zeigte, daß keine Stärkekörner, oder Öltröpfchen, je nachdem, um was es sich handelte, im allgemeinen Kreislauf zu finden waren. Dunn zeigte auch, daß unmittelbar nach aktiver Muskelarbeit (die Ziegen mußten einen Hügel zweimal auf- und abrennen) der mittlere pulmonale Druck nicht stieg. Siehe Abb. 14.

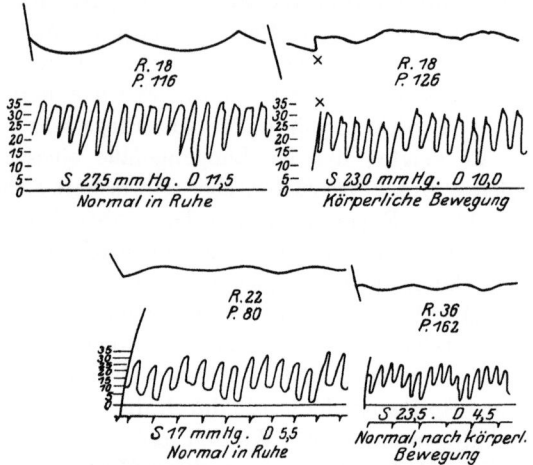

Abb. 14. Kurve der Atembewegungen und des normalen rechten Intraventrikulardruckes R Atmung. P Puls. Vertikale Skala Druck in Zentimetern Wassser. S mittlerer systolischer und D mittlerer diastolischer Druck in Millimeter Quecksilber. Zeit in Sekunden,

	Systolischer Druck			Diastolischer Druck		
	Mittel	Max.	Min.	Mittel	Max.	Min.
Normal (1)	9,5	13,0	7,0	2,5	6,0	0,0
(2)	11,0	12,5	8,5	3,5	6,0	1,5
Muskelarbeit	12,5	18,0	8,0	2,5	8,0	— 4,0

Die einzige Deutung, die sich auf Dunns Experimente anwenden ließ, war die, daß die Gefäße in den nicht embolisierten Bezirken sich erweitert und so ein Gefäßbett geschaffen hatten, das keinen größeren Widerstand als das ursprüngliche darstellte. Wenn also das Gefäßbett der Lungen eine veränderliche Größe ist, so schien der Schluß, daß es sich in großen Höhen bedeutend erweitern könne, nicht unberechtigt. Der Gewinn für den Kreislauf wäre der, daß bei dem in diesen Höhen vorherrschenden niedrigen Sauerstoffdruck der Sauerstoff auch bei gleichbleibendem Minutenvolumen mehr Zeit hätte, ins Blut zu diffun-

Die Diffusion von Sauerstoff durch das Lungenepithel. 65

dieren. Der für jeden Kubikzentimeter Blut erforderliche Sauerstoffaustausch würde verringert werden, so daß weniger Sauerstoff durch jede einzelne Capillarwand zu diffundieren brauchte. Wir maßen darum den Diffusionskoeffizienten (nach der von Professor Krogh und seiner Frau beschriebenen Methode) und erwarteten eine Zunahme in der Größe des Capillarbettes und dementsprechend eine Erhöhung des Diffusionskoeffizienten. Es fand jedoch keine solche Änderung statt.

In der folgenden Tabelle sind die Werte für die Diffusionskoeffizienten, wie wir sie bei den verschiedenen Mitgliedern unserer Expedition in Lima und Cerro fanden, wiedergegeben.

Harrop	25,3	25,4	Doggart	—	42,6
Bock	27,1	31,8	Redfield	38,8	42,9
Barcroft	—	36,0	Forbes	46,8	43,8
Binger	34,2	38,3	Meakins	—	45,6

Die an fünf Mitgliedern der Expedition gemessenen Diffusionskoeffizienten zeigten vor und nach der Besteigung nur unbedeutende Unterschiede, und selbst diese nicht immer in demselben Sinne.

Vielleicht darf ich einen Augenblick abschweifen, um auf eine interessante Eigentümlichkeit dieser Diffusionskoeffizienten hinzuweisen, nämlich, daß die Unterschiede für verschiedene Menschen sehr groß sind. Bevor wir nach Cerro hinaufgingen, kannten nur Harrop (der die Koeffizienten maß) und ich die in Lima erhaltenen Resultate. Unser Grund für diese Geheimhaltung war, daß die einzelnen Mitglieder der Expedition vor dem Aufstieg nach Cerro bereits ganz ausgesprochene Ansichten darüber hatten, ob sie wahrscheinlich krank würden oder nicht. Harrop wollte sehen, ob diejenigen mit hohen Diffusionskoeffizienten die Höhe besser ertrügen als die anderen, und weil er nicht wollte, daß irgendein psychologisches Moment die Frage beeinflußte, schwieg er in Lima. Der Ausgang zeigte, daß die, deren Diffusionskoeffizient über 40 war, sicherlich die am wenigsten betroffenen waren. In diesem Zusammenhange können wir anmerken, daß alle von Harrop in Cerro untersuchten Bergwerksingenieure Diffusionskoeffizienten von der Größenordnung wie die höheren Werte unserer Expeditionsmitglieder hatten. Die einzige Ausnahme hiervon war Rogers, der einen noch höheren Koeffizienten hatte. Er war, wie ich glaube, in seiner Universität ein hervorragender Läufer gewesen.

Die Koeffizienten der Ingenieure waren die folgenden:

Phillpotts	43,4
McLaughlin	44,9
Cuthbertson	44,7
Colley	41,5
Rogers	65,3

Rogers Diffusionskoeffizient war zweieinhalbmal so groß wie der von Harrop, und Harrop ist keineswegs ein Mann von mittelmäßiger Körperentwicklung.

Nach dieser Abschweifung muß ich auf die Betrachtung der Schwierigkeiten, die den Diffusionskoeffizienten anhaften, zurückkommen. Ich hatte gesagt, daß man zuerst den Grad der möglichen Änderung bei jedem Menschen kennen müsse.

Ich möchte näher auf die im Diffusionskoeffizienten einbegriffenen Ausdrücke eingehen — den „Sauerstoffdruck in der Alveolarluft" und den „mittleren Druckunterschied zwischen diesem und der Sauerstoffspannung in den Capillaren". Haben diese Ausdrücke irgendeine wirkliche Bedeutung? Man hat eingesehen, daß die Alveolarluft eine auf besondere Weise erhaltene Probe ist. Ist aber die Zusammensetzung dieser Probe dieselbe wie die des Gases, das mit den Capillarwänden in Berührung kommt? Oder ist es ein Luftgemisch aus den verschiedensten Teilen des Netzwerkes der Lunge, die alle unter den Namen Alveolus fallen, von denen einige aber viel mehr dem Bau von Bronchiolen ähneln. Die Vorstellung, daß die Haldane-Priestleysche Probe Alveolarluft sei, ist von ungeheurem Nutzen für die Physiologie gewesen, und selbst wenn die Methode zu verschiedenen Zwecken verbessert worden ist, bleibt der Wert der allgemeinen Vorstellung bestehen. Man muß darum zugeben, daß die „Alveolarprobe" sich als eine nützliche Annäherung wertvoll erwiesen hat, und daher unsere Achtung verdient. Man muß sich weiter auch gewisser Irrtümer des menschlichen Geistes erinnern. Sieht man einen Alveolus in einem mikroskopischen Präparat oder in einem Bilde, wie dem von Miller, auf Seite 34 des Buches Respiration von Dr. Haldane, so ist man leicht geneigt — ich spreche von mir selber — sich den Alveolus in dieser Größenordnung vorzustellen. In Wirklichkeit ist der Durchmesser eines Alveolus gegen 0,07 mm und ist daher nicht größer als die Dicke eines Blattes aus dem Journal of Physiology. Die Zeit, die für ein Molekül Sauerstoff erforderlich wäre, durch diese Entfernung zu diffundieren, wäre unendlich gering. Dr. Haldane ist sich vielleicht mehr als alle anderen Autoren der Grenzen seiner Methode in dieser Hinsicht bewußt, und der Leser sollte die Behandlung dieses Gegenstandes in der von mir angeführten Arbeit durchlesen. Da jedoch größere Schwierigkeiten vorhanden zu sein scheinen, wollen wir für den Augenblick annehmen, daß die Haldane-Priestleysche Probe eine genügend genaue Annäherung liefert, jedenfalls für den Menschen in Ruhe.

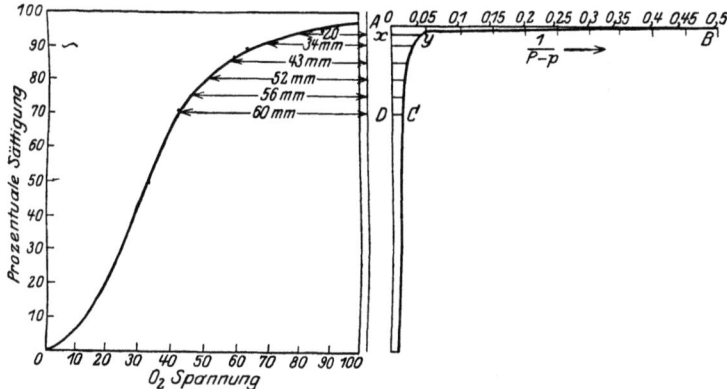

Abb. 15a zeigt die Spannungsunterschiede zwischen der Alveolarluft und dem Blute für gegebene prozentuale Sättigungen.

Abb. 15b zeigt dasselbe in reziproken Werten für die gegebenen Sättigungen.

Der durchschnittliche Druckunterschied zwischen dem Sauerstoff in der Luft und in den Capillaren ist viel weniger faßbar. Er ist eine mathematische Ableitung, die der Leser nur verstehen wird, wenn er die gewöhnliche Weise, wie die in Betracht kommenden Zahlen erhalten werden, kennt. Ich werde sie daher beschreiben und zu dem Zwecke ein zahlenmäßiges Beispiel anführen.

Nehmen wir an, daß A einen alveolären Sauerstoffdruck von 102 mm hat; daß sein Blut bis zum Alveolardruck minus 2 mm[1]) gesättigt wird, und daß das gemischte venöse Blut in den Lungen-

---

[1]) In einer Arbeit, die während der Drucklegung dieses Buches ausgeführt wurde, nimmt Bock für die Differenz einen viel höheren Wert an. (Zitiert in Henderson, Bock, Field und Stoddart. Journ. of Biol. Chemistr. **59**, 379. 1924.)

capillaren mit einer 70 proz. Sättigung ankommt, und daher nach der *intra vitam* Dissoziationskurve von Christiansen, Douglas und Haldane eine Spannung von 42 mm hat. Nach diesen drei Voraussetzungen fahren wir folgendermaßen fort:

1. Man ziehe die *intra vitam* Dissoziationskurven (Abb. 15a).
2. Man lese für die betreffenden prozentualen Sättigungen, beginnend mit der Sättigung des arteriellen Blutes und endend mit der des venösen, die verschiedenen Sauerstoffspannungen folgendermaßen ab:

A Prozentige Sättigung	B Sauerstoffspannung (p) in mm	C $(P-p)$ ($P=102$ mm)	D $\dfrac{1}{P-p}$	
96 vH	100 mm	2 mm	0,5	
94 „	82 „	20 „	0,05	
90 „	68 „	34 „	0,03	
85 „	59 „	43 „	0,023	
80 „	50 „	52 „	0,019	
75 „	46 „	56 „	0,018	
70 „	42 „	60 „	0,017	
94 „	82 „	20 „	0.05	Mittlerer Wert mit der Methode der graphischen Integration erhalten.

Die so erhaltenen Spannungen werden von dem Sauerstoffdruck in der Alveolarluft, 102 mm, abgezogen, und auf diese Weise erhalten wir für jede Sättigung den Spannungsunterschied zwischen der Alveolarluft P und dem arteriellen Blute p. Die reziproken Werte für den Druckunterschied sind hieraus errechnet und in Spalte D wiedergegeben. Es wird eine Kurve (Abb. 15 b) gezeichnet, in welcher die prozentuale Sättigung als Ordinate und der Wert $\dfrac{1}{P-p}$ als Abszisse genommen wird. In der Kurve wird der Wert von $\dfrac{1}{P-p}$ für jede prozentuale Sättigung aufgetragen. Die Endpunkte der so gezeichneten Linien werden verbunden und eine Fläche A, B, C, D wird erhalten. Diese Fläche wird durch eine horizontale Linie xy in zwei gleiche Teile geteilt. Das Prinzip dieser Methode ist, daß xy den reziproken *mittleren* Spannungsunterschied (p_1) zwischen dem Sauerstoff der Alveolarluft und dem des Capillarblutes darstellt. In unserem Falle ist xy annähernd 0,05, dies ist der mittlere Wert $\frac{1}{P-p_1}$ für die ganze Länge der Capillare; $(P-p_1)$ beträgt daher 20 mm, und da der Alveolardruck P 102 mm ist, ist p_1 gleich 82 mm.

Angenommen, die unter diesen Umständen von dem Betreffenden eingeatmete Sauerstoffmenge sei 500 ccm in der Minute, dann wäre der Diffusionskoeffizient $\frac{500}{20} = 25$. Dies war die Zahl, die Harrop für sich selber fand.

Eine Schwierigkeit entsteht sofort. Der Flächeninhalt des Teiles oberhalb xy hängt von der langen Spitze ab, die sich nach 0,5 hin ausstreckt. Wir haben angenommen, daß der endgültige Spannungsunterschied zwischen arteriellem Blut und Alveolarluft 2 mm ist. Soweit die Messungsmöglichkeiten gehen, könnte er ebensogut 0,2 mm sein, in welchem Falle die Spitze zehnmal so lang würde. Und obgleich xy sich auf der Ordinate nur um einen kleinen Bruchteil eines Sättigungsprozents nach oben hin verschöbe, würde es selber leicht doppelt so lang werden, in welchem Falle der Diffusionskoeffizient nicht 25, sondern 50 würde. Grundsätzlich können wir deshalb sagen, daß, soll der Diffusionskoeffizient von der Größe sein, wie sie durch Kroghs Methode erhalten wird, die Sauerstoffspannung des Blutes, das die Lungen verläßt, nicht mehr als 1 mm von der der Alveolarluft abweichen darf. Diese Beziehung ist keineswegs mit Sicherheit zu messen.

Eine andere Schwierigkeit entsteht, wenn man sich bemüht, die maximale Sauerstoffmenge zu berechnen, die der Körper verbrauchen kann. Angenommen, ein Mensch hat einen Diffusionskoeffizienten von 25 und atmet in der Minute 3 Liter Sauerstoff ein, wozu eine Person von Harrops Entwicklung wahrscheinlich durchaus fähig ist, so ergibt sich nach der Berechnung ein mittlerer Spannungsunterschied von 120 mm zwischen dem Sauerstoffdruck seiner Alveolarluft und seines Capillarblutes, was natürlich unmöglich ist.

Nach A. V. Hill kann ein Athlet wie Rogers 4 bis 6 Liter Sauerstoff in der Minute absorbieren; hierzu würde ihm selbst sein Diffusionskoeffizient von 65 nicht helfen.

Ich glaube, daß solche Überlegungen Haldane wahrscheinlich mehr Sorgen machen als manchem Kritiker seiner Theorie.

70 Die Diffusion von Sauerstoff durch das Lungenepithel.

Augenscheinlich erfordert die Diffusionstheorie in diesem Punkte einige Modifikationen. Meiner Meinung nach muß man der Blutmenge, die die Lunge passiert, und dem Flächeninhalt des Strombettes mehr Aufmerksamkeit widmen. Auf jeden Fall muß man annehmen, daß der Diffusionskoeffizient bei starker Muskelarbeit sehr viel größer wird.

Und nun zu den großen Höhen! Ein Mann hat einen Diffusionskoeffizienten von 25. Er atmet 500 Kubikzentimeter Sauerstoff in der Minute ein, aber der Alveolardruck ist nun 52 anstatt 102. Der mittlere Spannungsunterschied zwischen seinem Capillarblut und seiner Alveolarluft wird derselbe sein wie vorher, nämlich 20 mm. Daher muß die mittlere Spannung in seinem Blute $52-20 = 32$ sein. Nach der Kurve ergibt sich eine Sättigung von 48 vH. Man berechne die arterielle und venöse Sättigung.

In einem späteren Kapitel wird gezeigt werden, daß keine große Veränderung in der Blutgeschwindigkeit eintritt, und daß, da *ex hypothesi* der Sauerstoffverbrauch sich nicht ändert, die Ausnutzung unverändert bleiben wird. Die arterielle und venöse Sättigung war ursprünglich 96 und 70 vH, d. h. die Ausnutzung war 26 vH und wird noch 26 vH sein. Das Problem ist, innerhalb der Kurve eine Fläche mit den folgenden Eigenschaften herauszufinden: (a) Die Höhe muß 26 vH der Ordinate entsprechen, und (b) der Teil der Fläche oberhalb 48 vH Sättigung soll denselben Inhalt haben wie der darunter liegende. Die obere Grenze wird annähernd bei 60 proz. Sättigung liegen, die untere Grenze bei 34 vH. Dies muß uns stutzig machen. In Meereshöhe kam in der Ruhe die prozentuale Sättigung des arteriellen Blutes derjenigen, die *in vitro* beim Schütteln der Alveolarluft mit dem Blute entstehen würde, so nahe, daß man experimentell den Unterschied nicht ausmachen konnte. Jetzt aber besteht ein Zustand, in welchem das Blut, wäre die Alveolarluft mit ihm in ein Gleichgewicht gebracht, zu 81 vH gesättigt wäre, während die höchstmögliche Sättigung, die es unter den angenommenen Umständen erreichen kann, 60 vH ist. Was bedeutet dies? Es bedeutet, daß die Capillare wohl lang genug ist, damit, wenn der Druck hoch ist, ein Gleichgewicht sich nahezu ausbilden kann, daß die Capillare aber zu kurz ist (oder das Blut eine zu kurze Zeit in ihr), um, wenn der Sauerstoffdruck in der Lunge halbiert ist, eine Art Gleichgewicht zu ermöglichen.

Auf diese Weise kann man die prozentuale Sättigung des Sauerstoffes im arteriellen und gemischten venösen Blut berechnen, wenn die eingeatmete Sauerstoffmenge vermehrt oder verringert wird, sofern der Grad der Ausnutzung, der Alveolarsauerstoff und der Diffusionskoeffizient konstant gehalten werden.

O_2 Ausnutzung			26 vH			
Diffusionskoeffizient			25			
O_2 Druck in der Alveolarluft		102 mm			52 mm	
O_2 Verbrauch pro Min. in ccm	250	500	750	250	500	750
Sättigung im arteriellen Blut	96 vH	96 vH	96 vH	77 vH	54 vH	33 vH
Sättigung im venösen Blut	70	70	70	51	28	7

In der obigen Tabelle sind mehrere Dinge besonders zu beachten. 1. Daß in geringen Höhen eine beträchtliche Veränderung im Sauerstoffverbrauch stattfinden kann, ohne irgendeine merkliche Veränderung in der Zusammensetzung des arteriellen oder venösen Blutes zu bewirken, daß also ein konstanter Grad der Ausnutzung gegeben ist. Eine konstante Ausnutzung heißt, daß das Minutenvolumen *pari passu* mit dem Sauerstoffverbrauch zunimmt. Der Grund für diese Konstanz ist der, daß xy ins Randgebiet der Spitze fällt und daher sich verlängern und verkürzen kann ohne merklich höher oder tiefer zu kommen.

Der zweite beachtenswerte Punkt ist der, daß bei jedem gegebenen Sauerstoffverbrauch das Gleichgewicht näher erreicht wird, wenn der Alveolardruck hoch als wenn er niedrig ist.

Drittens verursacht eine verhältnismäßig geringe Steigerung im Sauerstoffverbrauch bei niedrigem Sauerstoffdruck eine starke Abnahme des Sauerstoffreichtums im arteriellen Blut. Während das Blut leicht eine Sättigung von 81—82 vH erreichen könnte, wenn es lange genug mit der Alveolarluft von 52 mm Sauerstoffdruck in Berührung bliebe, würde es nach der Berechnung mit einem Diffusionskoeffizienten von 25, wenn 250 ccm O_2 in der Minute verbraucht würden, eine nur 77 proz. Sättigung erreichen, eine 54 proz., wenn 500 in der Minute verbraucht würden, und eine 33 proz. bei einem Verbrauch von 750 ccm Sauerstoff in der Minute.

Trotz aller Widersprüche, die der Diffusionstheorie anhaften, ist dies zu ihren Gunsten zu sagen, — Vorgänge in der Art wie sie sie fordert, kommen unter den folgenden Umständen wirklich vor:

72 Die Diffusion von Sauerstoff durch das Lungenepithel.

1. Soweit unsere Beobachtungen gingen, zeigten die Messungen der Sauerstoffspannungen in Meereshöhe kein bemerkenswertes Defizit in der Sättigung des arteriellen Blutes. Die Sättigung war nicht geringer als die, die es bei einem längeren Austausch mit der Alveolarluft erreichen könnte.

2. Ein geringer Grad von Muskelarbeit macht bei Tieren nur einen sehr geringen Unterschied in der Sättigung des arteriellen Blutes aus. Ich habe dies nicht am Menschen untersucht, aber häufig an Tieren, z. B.

Sauerstoffsättigung des arteriellen Blutes:

Kaninchen	In der Ruhe	Während der Muskeltätigkeit	Nach Aufhören der Muskeltätigkeit
1.	94 vH	96 vH	93 vH
2.	94 „	95 „	

Harrop hat jedoch Versuche am Menschen angestellt und teilte mir mit, daß nach seiner Meinung kein ausreichender Beweis für einen beträchtlichen Mangel in der Sättigung nach mäßiger Muskelarbeit erbracht werden könne.

3. In Cerro wurde als allgemeine Tendenz ein grade wahrnehmbarer Unterschied zwischen der Sauerstoffspannung der Alveolarluft und der des arteriellen Blutes deutlich. Die durchschnittlichen Unterschiede beliefen sich in 6 Fällen auf 2—3 mm.

4. In großen Höhen wird man ganz allgemein bei Muskelarbeit in einer Weise cyanotisch, wie man es normalerweise in Meereshöhe nicht wird, und Messungen, die daraufhin mit Meakins' Blut angestellt wurden, ergaben, daß die proz. Sättigung des arteriellen Blutes in Cerro bei Muskelarbeit von 91 vH auf 76 vH fiel. Diese Abnahme war von einer starken Cyanose begleitet.

Die Cyanose rührte nur teilweise von dem Spannungsabfall in der Sauerstoffsättigung des arteriellen Blutes her; auch die Ausnutzung hatte zugenommen, daher hatte die auftretende Abnahme in der Sättigung des venösen Blutes eine doppelte Ursache.

Nach der Diffusionstheorie sollte eine abnorme Abnahme in der Sättigung des arteriellen Blutes nicht nur auftreten, wenn die Versuchsperson einem niedrigen Barometerdruck ausgesetzt ist, sondern auch in Meereshöhe, wenn der Diffusionskoeffizient stark reduziert ist. Es ist daher interessant das Phänomen, das durch Meakins' Blut in Cerro dargestellt wurde, mit ähnlichen an Kaninchen und Ziegen beobachteten Zuständen zu vergleichen.

Die Diffusion von Sauerstoff durch das Lungenepithel. 73

Die Tiere wurden so stark mit Gas vergiftet, daß große Lungenabschnitte infolge von Hepatisation ausgeschaltet waren, und die Permeabilität der übrigen Teile merklich verringert wurde. Das folgende sind Beobachtungen an zwei von diesen Kaninchen, die mit den unvergifteten Kontrolltieren, deren Zahlen auf der nebenstehenden Seite angegeben sind, verglichen werden können.

		Sättigung des arteriellen Blutes:		
Kaninchen	In Ruhe	Während und nach Aufhören der Muskeltätigkeit		
3.	93 vH	83 vH	80 vH	84 vH
4.	93 ,,	85 ,,	87 ,,	92 ,,

Abb. 16 zeigt dasselbe Phänomen in noch ausgesprochenerer Weise bei einer Ziege (Barcroft). Der gestrichelte Bezirk stellt die Ausnutzung dar, daher gibt der obere Rand die Sauerstoffsättigung des arteriellen, der untere Rand die des venösen Blutes wieder. Die allgemeine arterielle Sättigung ist auffallend niedrig, und während der Muskelarbeit, der ein gesteigerter O_2-Verbrauch von 50 auf 500 ccm per

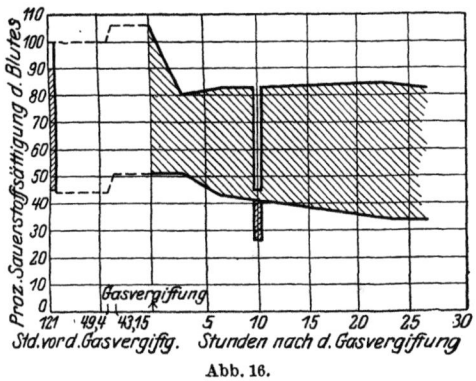

Abb. 16.

kg und Stunde entspricht, sinkt die Sättigung des arteriellen Blutes von 82 auf 45 vH und die des venösen Blutes dementsprechend.

Der Leser kann schließlich die Diffusionstheorie kritisieren mit der Begründung, daß sie zu viel verlange, daß, wenn auch die von uns angestellten Beobachtungen dem Sinne nach mit den Forderungen der Theorie übereinstimmen, sie dem Grade nach doch weit zurückbleiben. Dies wäre zweifellos richtig, wenn sich der Organismus nicht in gewisser Weise akklimatisiert hätte und so die Basis, auf der die Last der Anoxämie getragen wird, verbreitert hätte. Ein einziges Beispiel mag hier erwähnt werden. Die Dissoziationskurve in Cerro ist nicht dieselbe, wie die in Abb. 15a wiedergegebene, sondern ist deutlich nach links verschoben, so daß bei jeder Sättigung der Druckunterschied zwischen der Alveolarluft und dem arteriellen Blut um mehrere Millimeter vergrößert ist. Was die Sättigung des Blutes angeht, so ist die Wirkung beinahe dieselbe als wäre der Alveolardruck um dieselbe Anzahl Millimeter erhöht. Mit den Geweben ist es anders, denn diese Verschiebung der Kurve wirkt allgemein dahin, daß das, was sonst durch das Blut alleine getragen wurde, sowohl auf das Blut wie auf die Gewebe verteilt wird.

Literatur.

Barcroft: Journ. of the Roy. Army Med. Corps. S. 6. Jan. 1921.
Bericht 14 aus dem Chemical Warfare Medical Committee. S. 19. 1918.
Brodie und Dixon: Journ. of physiol. 30, 476. 1904.
Christiansen, Douglas und Haldane: Journ. of physiol. 48, 262. 1914.
Dunn, J. S.: Quart. journ. of med. 13, 51, 131. 1919.
Harrop: Journ. of exp. med. 30, 246. 1919.
Krogh, A. u. M.: Skandinav. Arch. f. Physiol. 23, 236. 1910. —
Derselbe: Journ. of physiol. 49, 271. 1915.
Sharpey Schafer: Quart. journ. of exp. physiol. 12, 393. 1920.
Starling und Fühner: Journ. of physiol. 47, 286. 1913.
Tribe, E. M.: Journ. of physiol. 48, 154. 1914.

VI. Muskelarbeit.

Für all die Symptome, die die Bergkrankheit umfaßt, ist körperliche Anstrengung eine prädisponierende Ursache. Bei der Besteigung des Monte Rosa von Alagna aus soll es an drei Stellen leicht zum Erbrechen kommen; die niedrigste Stelle liegt ungefähr 300 m unterhalb des Laboratoriums auf Col d'Olen, also in ungefähr 2700 m Höhe. An diesen drei Stellen ist entweder wegen der Steilheit des Weges oder der Windstärke die Anstrengung des Steigens größer als sonstwo. Wenn also Muskelarbeit die Bergkrankheit begünstigt, ist es billig, eine Untersuchung über die Wirkungen der verdünnten Atmosphäre mit einer Betrachtung der möglichen Wirkungen des Sauerstoffmangels auf den Vorgang der Muskelkontraktion zu beginnen.

Wenn wir daran denken, wie leicht Muskelarbeit die Bergkrankheit auslöst, so erscheint unsere Unkenntnis über die Wirkung der Höhe auf die Muskelkontraktion ein wenig überraschend. Der Grund ist nicht schwer zu erkennen. Der wirkliche Sitz der Störung liegt im Hirn. Die verschiedenen Symptome sind die direkten Wirkungen einer mangelnden Sauerstoffversorgung dieses Organs. Muskelarbeit verstärkt die Störung, weil die Muskeltätigkeit in der einen oder anderen Weise darauf abzielt, dem Hirn weiter Sauerstoff zu entziehen; darum bricht der Organismus zusammen, bevor die schädliche Wirkung des Sauerstoffmangels auf den Muskel so augenscheinlich wird, um an sich eine Bedrohung darzustellen.

Das will nicht sagen, daß die Bedingungen über 3000 m auf den Kontraktionsvorgang im menschlichen Körper ohne Einfluß sind. Wir wollen darum die vorhandenen Kenntnisse anmerken in der Hoffnung, daß zukünftige Forscher die strittigen Punkte nacheinander aufnehmen und den Gegenstand eines Tages systematisch bearbeiten werden. Ich sage „anmerken" lieber als „zusammenfassen", weil es ganz unverantwortlich wäre, irgend etwas von einem so unvollständigen Material aussagen zu wollen.

Die Grundlage der modernen Anschauungen über die Vorgänge der Muskelkontraktion sind in den Arbeiten von Hopkins, Fletcher, Meyerhof, Hill und ihren zahlreichen Mitarbeitern niedergelegt. Der Punkt, um den es sich hier handelt, umfaßt zwei Feststellungen.

1. Daß bei ungenügendem Sauerstoff Milchsäure eher als Endprodukt, denn als Zwischenprodukt der Muskelkontraktion auftritt.

2. Daß die so gebildete Milchsäure durch nachfolgenden Kontakt mit einer ausreichenden Sauerstoffmenge oxydiert werden kann.

Welchen Beweis gibt es für eine vermehrte Milchsäurebildung in großen Höhen?

Person	Zustand	Normal	Col d'Olen
Ryffel	Schlaf	1	1,2
	Gewöhnliche Beschäftigung	2	—
,,	Zeitraum von 4 Stunden, der einen 3 stündigen Anstieg von 2100 auf 3000 m mit einschließt	—	3
,,	6 Stunden, ein vierstündiger Anstieg von 4100 auf 4550 m ist mit einbegriffen	—	2,2
Mathison	4 Stunden, ein Anstieg von 2700 auf 3000 m in 19 Minuten mit einbegriffen	—	2,7

Wir wollen zuerst den Ruhezustand betrachten. Man kann annehmen, daß im Urin während des Schlafes und bei gewöhnlicher Tagesbeschäftigung normaliter 1 und 2 mg Milchsäure pro Stunde ausgeschieden werden. Dies wollen wir mit den in großen Höhen erhaltenen Resultaten vergleichen.

Die Zahlen in der obigen Tabelle zeigen für Höhen bis 4550m keine besonders auffallende Zunahme in der Milchsäureausscheidung im ruhenden oder wenig tätigen Organismus infolge des Sauerstoffmangels. Es ist daher wohl sicher, daß die vermehrte Milchsäureausscheidung keineswegs in Beziehung zu den auftretenden Beschwerden steht. Es besteht jedoch die Möglichkeit einer vermehrten Milchsäureproduktion durch die Muskeln und ihrer nachfolgenden Verbrennung im Körper.

Betrachten wir daher den Prozentgehalt der im Blut vorgefundenen Milchsäure. Hierüber besitzen wir vollständigere Angaben. Die folgende Tabelle zeigt die mit Ryffels Methode erhaltenen Resultate. Ryffels Methode kann nicht den Anspruch erheben, an Zuverlässigkeit einigen der modereren nahezukommen; nichtsdestoweniger scheinen die Resultate in Tabellen gebracht, in dem, was aus ihnen ersichtlich ist, der Beachtung wert zu sein. Die Resultate einer und derselben Person, an verschiedenen Orten in Meereshöhe und zu verschiedenen Malen gemessen, scheinen leidlich konstant zu sein. Die Tabelle zeigt weiter deutlich, daß bis auf 3000 m keine übermäßige Milchsäure im Blut vorhanden ist. Es sind nur zwei Bestimmungen auf 4500 m vorhanden, diese zeigen jedoch eine annähernd dreifache Vermehrung der Milchsäure im Blute. Ich möchte bemerken, daß das auf der Capanna Margherita erhaltene Blut am Morgen nach unserer Ankunft entnommen wurde. Darum wissen wir nicht, ob die damals im Blut gefundene übermäßige Milchsäure geblieben wäre.

Das Übermaß an Milchsäure belief sich auf ungefähr 25 mg pro 100 ccm Blut. Zusammengerechnet auf die gesamten 5 Liter zirkulierender Flüssigkeit würde das etwas über ein Gramm ausmachen. Was geschieht mit diesem Gramm Milchsäure? Es würde sich vielleicht lohnen, dieser Frage nachzugehen. Es wird dem Leser nicht entgangen sein, daß bei der Langsamkeit, mit der die Säure den Körper im Urin verläßt, 500 bis 1000 Stunden für ihre Ausscheidung erforderlich wären. Vielleicht wird sie

Muskelarbeit. 77

im Körper oxydiert. Dieses scheint hauptsächlich der Fall zu sein, und Tatsachen, die zugunsten einer solchen Ansicht sprechen könnten, werden später angeführt werden.

Prozentgehalt an Milchsäure im Blut

Name	Ort (annähernd Meereshöhe)		3000 m Col d'Olen	Gewinn gegenüber Pisa	4550 m Capanna Margherita	Gewinn gegenüber Pisa
Roberts	Pisa	0,012	0,018	+ 0,006	0,039	0,027
Camis	„	0,013	0,017	+ 0,004	0,036	0,021
Ryffel	„	0,014	0,018	+ 0,004	—	—
„	London	0,014	0,019	+ 0,005	—	—
Mathison	Pisa	0,015	0,013	— 0,002	—	—
Barcroft	„	0,024	—	—	—	—
„	Carlingford	0,021	—	—	—	—

Wenn jedoch dieses Übermaß an Milchsäure im Körper oxydiert wird, kommt man notgedrungen auf die Frage zurück, ob ihre Anwesenheit im Blut notwendigerweise ein Zeichen vermehrter Milchsäurebildung ist? Das kann so sein, braucht aber meiner Meinung nach nicht notwendig so zu sein. Man betrachte das Problem unter einem möglichst einfachen Gesichtspunkt. Man nehme an, daß man es mit einem physico-chemischen System zu tun hat, das dem Gesetz der Massenwirkung gehorcht. 1. Die Muskeln sondern in Meereshöhe pro Stunde eine gewisse Menge Milchsäure ins Blut ab, die wir $X + 1$ mg nennen wollen. 2. Diese Milchsäure (mit Ausnahme von 1 mg Ausscheidung pro Stunde) wird mit einer Geschwindigkeit oxydiert, daß die Konzentration im Blute konstant bleibt, d. h. daß X Milligramm in der Stunde oxydiert werden. 3. Die Geschwindigkeit der Oxydation ändert sich mit dem Produkt von C_m (der Konzentration der Milchsäure) und C_o (der Sauerstoffkonzentration) im Blut. Aus diesen Voraussetzungen folgt, daß wenn X mg Milchsäure bei reduzierter Sauerstoffkonzentration im Blut oxydiert werden sollen, dies nur durch Zunahme der Milchsäurekonzentration geschehen kann, damit $(C_m \times C_o)$ konstant bleiben.

Man kann einwenden, daß während in der Capanna Margherita die Sauerstoffkonzentration im Plasma des arteriellen Blutes noch mehr als die Hälfte von der in Meereshöhe betrug, die Milchsäurekonzentration um das Dreifache stieg, so daß auf 4500 m ($C_m \times C_o$) im arteriellen Blut tatsächlich größer war als in Meereshöhe. Dies erwähne ich nur nebenbei; weder die Genauigkeit der Milchsäurebestimmung, noch die Annahme, daß das „arterielle Blut" „das Blut" ist, noch unsere Kenntnis von dem System, um das es sich handelt, erlaubt uns eine derartig genaue Schlußfolgerung aus den Zahlen abzuleiten.

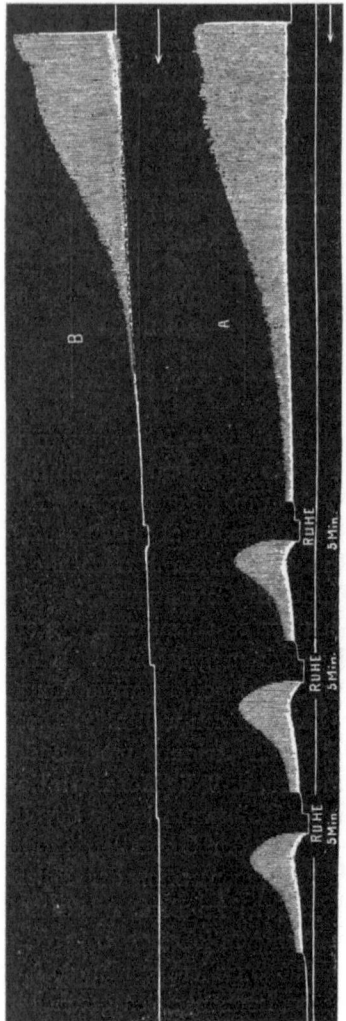

Abb. 17. (Fletcher.) Von rechts nach links zu lesen. Ermüdung in zwei Sartoriusmuskeln. Ein max. Induktionsschlag pro Sekunde. Last 6 g. Temp. 19° C. A in Sauerstoff. B in Stickstoff.

Die wichtigen Tatsachen scheinen zu sein:

1. Die wenigen ausgeführten Versuche weisen auf eine Milchsäurevermehrung im Blute in 4500 m Höhe hin. Wenn überhaupt Wirkungen auftreten, werden es solche sein, wie sie durch eine spezifische Säurevermehrung verursacht werden.

2. Es ist nicht sicher, ob Milchsäure gebildet wird.

3. Die Wirkungen einer Milchsäurevermehrung „können", ich sage nicht „müssen", daher in großen Höhen auftreten, ohne daß eine wirkliche Mehrbildung derselben stattzufinden braucht.

Soviel über die Bildung von Milchsäure.

Unter den vielen lehrreichen Versuchen, durch welche Fletcher die Beziehung zwischen Sauerstoffmangel und Ermüdung am herausgeschnittenen Froschmuskel demonstrierte, gibt Abb. 17 denjenigen wieder, den ich immer zur Demonstration in meiner Vorlesung auszusuchen pflege. Die Kurven A und B sind von zwei Satoriusmuskeln desselben Frosches. Die Muskeln müssen bei jeder Zuckung gleiche Gewichte heben. Der Unterschied zwischen ihnen ist der, daß A sich in einer Sauerstoff-, B sich in einer Stickstoffatmosphäre befindet. Die Erklärung dieser beiden Kurven im Lichte der Untersuchungen, von denen sie ein Teil sind, ist folgende: In beiden Muskeln stellt sich ein gewisser Grad von Ermüdung ein, in B war die Ermüdung nach ungefähr 3 Minuten vollständig, in A war sie am Ende von 5 Minuten beträchtlich, aber nicht vollständig.

Induktionsströme von gleicher Stärke und Frequenz wurden bis zu diesem Punkte durch den Muskel geschickt. Der vollständig ermüdete Muskel B hörte nach 3 Minuten auf sich auf die Reize hin zu kontrahieren, der unvollkommen ermüdete Muskel A antwortete noch am Ende von 5 Minuten, aber mit stark verminderter Kontraktionshöhe. Die Ursache der Ermüdung war die Anhäufung von Milchsäure in den Muskeln, in deren Gefäßen keine Zirkulation stattfand. Der Grund für die Milchsäureanhäufung in beiden Muskeln war der, daß durch den Vorgang der Kontraktion die Milchsäure schneller gebildet als oxydiert wurde. Im Muskel B war dies Mißverhältnis jedoch viel größer als im Muskel A, denn im Muskel B wurde gar keine Milchsäure oxydiert, da kein Sauerstoff zur Verfügung stand, während im Muskel A ein gewisser Prozentsatz an Sauerstoff, der aus der Umgebung durch das Muskelgewebe hindurchdiffundieren konnte, oxydiert wurde. Zweifellos waren die äußeren Muskelfasern verhältnismäßig weniger ermüdet als die im Innern des Muskels gelegenen. Nach dieser Erklärung wollen wir zu dem Abschnitt der Kurve übergehen, der in diesem Zusammenhang am interessantesten ist, nämlich wie eine Ruhepause von 5 Minuten wirkt. Im Muskel B vermindert die Ruhe den Ermüdungszustand nicht. (Im gewissen Sinne ist die Bezeichnung Ruhe nicht richtig.) Aber in A nimmt die Ermüdung beträchtlich ab, weil die gebildete Milchsäure im Muskel selbst noch eine Zeitlang nach der Kontraktion, wenigstens mehrere Minuten lang, oxydiert werden kann. Der wesentliche Punkt ist also, daß die Milchsäure, welche infolge der Kontraktion bei mangelnder Sauerstoffzufuhr gebildet wird, im Muskel noch lange (im Vergleich mit der Kontraktionszeit), nachdem sie gebildet worden ist, oxydiert werden kann.

Wir wollen nun einige Beobachtungen über die Oxydation im Säugetiermuskel im Lichte des eben Gesagten betrachten. Verzár stellte eine große Reihe von Versuchen am Gastrocnemius von Katzen an. Er maß den vom Muskel verbrauchten Sauerstoff vor, während und nach der Tetanisierung. Seine Resultate zerfielen in zwei Gruppen.
1. Die, in welchen der Sauerstoffverbrauch während der Tetanisierung geringer als in der Ruhe war;
2. die, in welchen der Sauerstoffverbrauch während der Tetanisierung größer als in der Ruhe war.

In beiden Fällen fand ein übermäßiger Sauerstoffverbrauch nach dem Tetanus statt, so daß in allen Fällen der Sauerstoff-

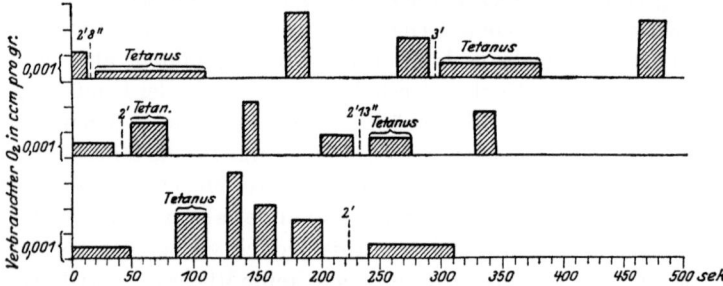

Abb. 18. Vom Gastrocnemiusmuskel verbrauchter Sauerstoff. Ordinate: Kubikzentimeter pro Gramm. Abszisse: Zeit in Sekunden. Die punktierten vertikalen Linien bedeuten, daß hier die Trommel angehalten wurde.

verbrauch eine Zeitlang nach dem Tetanus größer war als während des Tetanus, und die während und nach dem Tetanus verbrauchte Sauerstoffmenge war größer als die, die in einer gleich langen Ruheperiode verbraucht worden wäre.

Die einzig wahrscheinliche Erklärung für diese Resultate war, daß die Muskeln bis zu einem gewissen Grade asphyktisch waren. Die einzig annehmbare Erklärung für die Abnahme des Sauerstoffverbrauches eines Muskels während des Tetanus im Vergleich zur Ruhe war, daß die Blutversorgung des Muskels gestört und seine Sauerstoffzufuhr beeinträchtigt war. Was den vermehrten Sauerstoffverbrauch nach Aufhören der Kontraktion, oder wie Hill und Lupton ihn jetzt bezeichnen „die Sauerstoffschuld" („the oxygen debt") anbetrifft, so geht aus der Arbeit von Fletcher und Hopkins hervor, daß diese „Schuld" den Sauerstoff darstellt, der zur Oxydierung der Milchsäure notwendig ist, die durch den teilweise asphyktischen Muskel gebildet wurde. Es schien nicht gut möglich das Problem an diesem Punkte zu verlassen; bei der nächsten Gelegenheit wiederholten daher Toyojiro Kato und ich Verzárs Experimente. Wir änderten sie aber so ab, daß eine bessere Blutzufuhr zum Muskel gewährleistet wurde. Die Experimente, 5 an der Zahl, wurden an Hunden ausgeführt, 3 am Gastrocnemius und 2 am Digastricus. Der Reiz hatte nicht die Form eines kontinuierlichen Tetanus, sondern es wurde 15 Minuten lang alle 0,3 Sekunden gereizt. Von den 5 Experimenten waren 4 von denen Verzárs verschieden, denn sie zeigten während der Reizung einen weit größeren Verbrauch als während der vorhergehenden Ruhezeit oder der darauffolgenden Erholungszeit, so daß unsere Mutmaßung, daß die Oxydation durch mangelnde Sauerstoffversorgung verzögert wurde, richtig zu sein schien. Tatsächlich wurde sie durch das fünfte Experiment, welches ein den Verzárschen Versuchen analoges Resultat ergab, bestätigt: der Sauerstoffverbrauch während der Kontraktion nahm zu, erreichte aber sein Maximum nach Aufhören der Kontraktion. Ich sagte, daß das fünfte Experiment unsere Mutmaßung bestätigte, aus dem Grunde, weil wir wußten, daß dieses Mal der Muskel mit stark eingeschränkter Sauerstoffversorgung arbeitete. Die Einzelheiten dieses Experimentes scheinen so wichtig, daß sie genauer mit denen eines anderen, in dem die Sauerstoffversorgung sehr viel reichlicher war, verglichen werden sollen.

Der strittige Punkt geht aus dem Vergleich von Abb. 19 mit Abb. 20 hervor. Das schwarze Zeichen unter der Grundlinie zeigt die Zeit an, während welcher der Muskel zur Kontraktion gebracht wurde. In Abb. 19, A steigt der Sauerstoffverbrauch während der Reizung bis zu seinem Maximum — ungefähr dem 6 fachen des Ruhewertes, — fällt danach plötzlich ab und zeigt für einige Stunden Zeichen der Sauerstoffschuld. Nur eine Bestimmung nach Aufhören des Tetanus ergab einen Sauerstoffverbrauch, der mehr als zweimal so groß wie vor der Reizung war. Ohne zu großen Nachdruck auf diese Bestimmung 52 Minuten nach Beginn des Versuches zu legen, können wir doch sagen, daß im intakten Muskel unter experimentellen Bedingungen, aber bei guter Blutversorgung, eine beträchtliche Menge an Material zurückbleibt, welches dort nach Aufhören der Kontraktion oxydiert wird, daß aber die Geschwindigkeit, mit der diese Oxydation vor sich geht, viel geringer ist als die während der Kontraktion. Andererseits ist aus dem als B bezeichneten Teil der Abb. 20 ersichtlich, daß in diesem Versuch das Blut, welches den Muskel verließ, noch 4—5 Stunden nach dem Tetanus beinahe vollständig reduziert wurde. Die Durchströmung war sehr langsam. Die intensivste Oxydation fand nach und nicht während der Kontraktion statt.

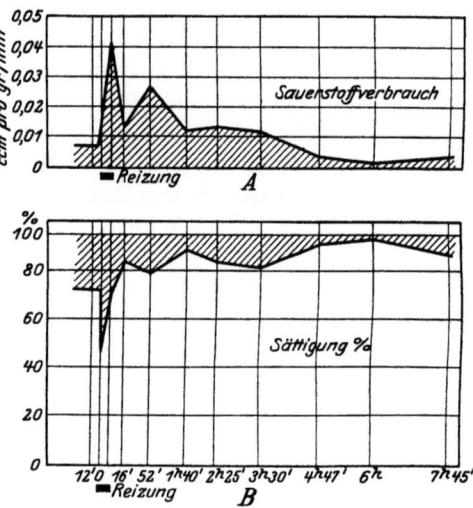

Abb. 19. *A* Sauerstoffverbrauch eines reichlich mit Blut durchströmten Muskels. *B* prozentuale Sättigung des Blutes mit Sauerstoff; der obere Rand des gestrichelten Bezirkes stellt die prozentuale Sättigung des arteriellen Blutes, der untere die des venösen Blutes dar. Abszissen: Zeit nach Aufhören der Reizung. Signal: Dauer der Reizung.

In Abb. 19 und 20 sind Muskeln verwendet, die, obgleich sie innerhalb des Körpers liegen und gut mit Blut vom Herzen versorgt werden, vom umgebenden Gewebe frei präpariert sind, deren Oberfläche sich daher abgekühlt, und die zweifellos in anderer Weise auch gelitten haben. Betrachten wir jetzt den normalen Kontraktionsvorgang während gewöhnlicher körperlicher Bewegung. Es ist nicht möglich, hier den von den Muskeln verbrauchten Sauerstoff von dem Sauerstoffverbrauch des ganzen Körpers zu trennen.

Die Versuche von Douglas und Campbell, Lupton und Long und Krogh und Lindhard zeigen jedoch alle übereinstimmend:

1. Daß bei Muskelarbeit der Sauerstoffverbrauch des Körpers stark zunimmt.
2. Daß der Sauerstoffverbrauch noch eine Zeitlang nach Aufhören der Muskelarbeit einen höheren Wert als vor der Muskelarbeit aufweist.
3. Daß selbst nach starker Muskelarbeit in gewöhnlicher Atmosphäre die Sauerstoffschuld des Körpers im Vergleich zu der in Abb. 19 dargestellten geringfügig ist, und daher noch weit mehr von der in der Abb. 20 angegebenen abweicht.

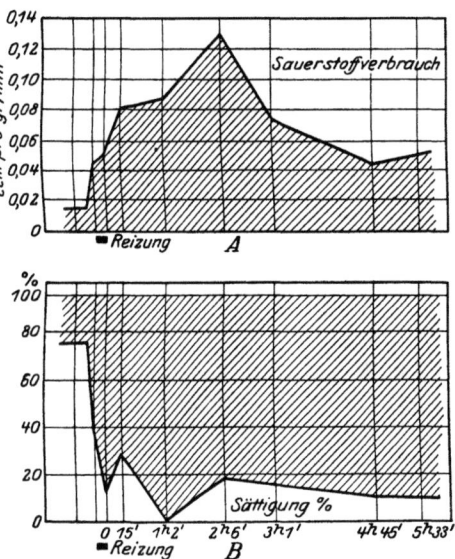

Abb. 20. *A* Sauerstoffverbrauch. *B* Sättigung des arteriellen und venösen Blutes eines schlecht mit Blut versorgten Muskels. Bezeichnungen wie in Abb. 19.

Nichtsdestoweniger entsteht im Körper nach intensiver Muskelarbeit eine Sauerstoffschuld, so daß der Unterschied zwischen dem Gesamtkörper und den beschriebenen Muskeln nur ein gradueller, aber kein prinzipieller ist. Wie Abb. 21 zeigt, ist bei Muskelarbeit in einer 14 vH Sauerstoffatmosphäre „die Schuld" größer und braucht länger, um „abbezahlt" zu werden, als wenn der Versuch in Luft gemacht wird. Der graduelle Unterschied ist jedoch groß genug, um eine Erklärung zu fordern.

6*

1. Wir müssen offen eingestehen, daß, so weit unsere Erfahrung geht, jedes Nerv-Muskel-Präparat am lebenden Tier alles andere als ideal ist. Um Blut, welches von dem Muskel, und nur von dem Muskel kommt, aufzufangen, muß der ganze Gastrocnemius ausgeschnitten werden, alle kollateralen Gefäße (einige liegen an den unzugänglichsten Stellen nahe am Kniegelenk und in der Tiefe des Muskels) müssen unterbunden werden,

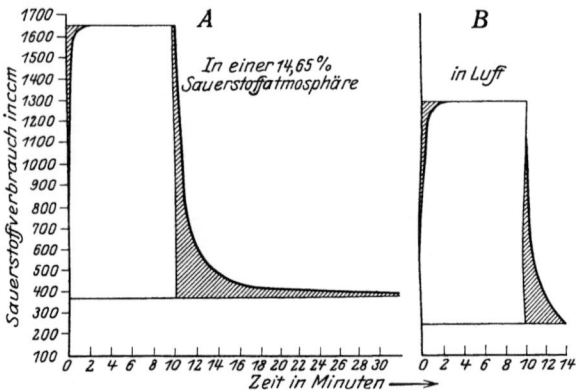

Abb. 21. Sauerstoffverbrauch bei 10 Minuten lang dauernder, starker Muskelarbeit, die sich für A und B als gleich annehmen läßt. Der weiße Bezirk stellt den während der Muskelarbeit absorbierten Sauerstoff dar; der darauffolgende gestrichelte Bezirk die Sauerstoffschuld. A Muskelarbeit in 14,65 vH Sauerstoff. B Muskelarbeit in Luft. Man beachte die zeitlich verlängerte Sauerstoffschuld von A gegenüber B[1]).

und im allgemeinen muß mit dem Muskel in einem Grade umgegangen werden, daß das Muskelgewebe auf jeden Fall in seiner funktionellen Tätigkeit geschädigt wird. Der Vergleich spricht also soweit gänzlich zugunsten einer Beurteilung der Sauerstoffschuld vom Stoffwechsel des ganzen Körpers aus, und zur Annahme der viel niedrigeren Werte, die diese Methode ergibt.

2. Der Unterschied zwischen den Versuchen von Kato und mir und denen der Forscher, die am ganzen Körper arbeiteten, besteht darin, daß die Muskel, mit denen wir experimentierten,

---

[1]) Während der Drucklegung des Buches sind Versuche im A. V. Hillschen Laboratorium ausgeführt worden, die Zweifel an den in Abb. 21 A wiedergegebenen Grad der Sauerstoffschuld aufkommen lassen. (A. V. Hill, C. N. H. Long und H. Lupton. Proc. of the roy. soc. B 27. 1924. S. 84.)

Muskelarbeit. 85

bis zur vollständigen Ermüdung gereizt wurden. Der Grund mag teilweise an den ungünstigen Bedingungen liegen, wodurch es möglich war, nach einer unverhältnismäßig kurzen Kontraktion die Faser vollständig zu ermüden. Wir betonen im Augenblick nicht so sehr den Grund als die Tatsache. Allgemein wird man, glaube ich, zugeben können, daß, wenn der menschliche Körper muskulär so angestrengt würde, daß alle Fasern ihre Kontraktilität verlören oder beinahe verlören, die Sauerstoffschuld weit größer ausfallen würde als sie es tut.

3. Endlich spricht ein kleiner Punkt zugunsten des intakten Nerv-Muskel-Präparates im Vergleich mit dem Gesamtkörper. In dem intakten Nerv-Muskel-Präparat, dessen Nerv einige Stunden vorher durchschnitten worden ist, besteht ein „Ruhezustand", in welchem der Stoffwechsel bis auf seinen Grundumsatz reduziert ist. Der Zustand der Muskeln im Körper vor der Kontraktion entspricht einem tonischen Zustand, in welchem nach Zuntz der Sauerstoffverbrauch zweimal so groß ist, als bei durchschnittenem Nerv. Bezeichnen wir den Sauerstoffverbrauch des Muskels mit durchschnittenem Nerv mit 1, den des ruhenden Muskels im Körper mit 2, und den während der Zeit der Muskelarbeit mit 20. Es wäre möglich, daß nach intensiver Muskelarbeit der Muskel in einen Zustand zurückfällt, in welchem die Aufrechterhaltung des Tonus einen geringeren Stoffwechsel benötigt als vor der Kontraktion, und welcher daher nur einen Sauerstoffverbrauch von 1,5 erfordert. Ist nun der vom Körper verbrauchte Sauerstoff vor und nach der Arbeit derselbe, dann ist ein Verbrauch von 0,5 die Sauerstoffschuld. Ich möchte ganz deutlich machen, daß ich in keiner Weise etwas Positives über den relativen Grad des Tonus vor und nach der Kontraktion aussagen kann. Der Punkt, den ich hervorheben möchte, ist der, daß es in Kato's und meinen Experimenten nicht möglich war, daß die Sauerstoffschuld durch ökonomische Anordnungen in anderen Gebieten ausgeglichen wurde, während die Experimente, die den Gesamtstoffwechsel des Körpers mit einschließen, diese Möglichkeit offen lassen.

Wenn wir die ganze Reihe der Untersuchungen betrachten, beginnend mit den Versuchen am ausgeschnittenen Froschmuskel (im Stickstoff, ohne Sauerstoffzufuhr), über die Experimente an dem intakten Nerv-Muskel-Präparat (mit Sauerstoff, der wahrscheinlich nicht sehr wirksam durch den Blutstrom zugeführt wird), und endend mit dem Muskel, wie er im normalen Körper arbeitet, so scheinen folgende Verallgemeinerungen gerechtfertigt. 1. Bei dem im Stickstoff befindlichen ausgeschnittenen Nerv-Muskel-Präparat ist der Gesamtstoffwechsel Sauerstoffschuld. 2. Im intakten Nerv-Muskel-Präparat ist die Sauerstoffschuld immer abnorm groß, und, wenn die Blutversorgung eingeschränkt wird, sogar noch ausgeprägter. 3. Im normalen Muskel bleibt die Sauerstoffschuld bestehen, wenn die Anstrengung groß ist, ist aber verhältnismäßig geringfügig. 4. Im ausgeschnittenen Froschmuskel wird die Sauerstoffschuld durch die Bildung der Milchsäure im Muskel verursacht; sie muß, wenn der Muskel seinen Ermüdungszustand überwinden soll, oxydiert werden. Wahrscheinlich gilt dasselbe für die Sauerstoffschuld im intakten Nerv-Muskel-Präparat und selbst für das ganze Tier. Für den Froschmuskel ist es bewiesen, aber für das Säugetier bleibt es noch zu beweisen.

Zuerst wollen wir uns die Bedingungen der Sauerstoffversorgung vorstellen, unter welchen der Muskel sich gewöhnlich kontrahiert, und wollen dann überlegen, wie eine Veränderung dieser Bedingungen den wirklichen Kontraktionsvorgang beeinflußt.

Verzár zeigte, daß, wenn der Sauerstoffdruck im arteriellen Blut ziemlich stark verringert wird, der Gastrocnemiusmuskel (der zugehörige Nerv wurde durchschnitten) weniger Sauerstoff braucht als vorher. Krogh gab folgende Erklärung hierfür. Man betrachte einen Muskelquerschnitt, von dem wir annehmen können, daß er schematisch aus parallelen Fasern besteht, die von Capillaren, die ihnen parallel laufen, mit Sauerstoff ernährt werden. Sowohl die Fasern als auch die Capillaren sieht man in dem senkrecht angelegten Schnitt. Einige von den Capillaren sind offen, und durch sie fließt Blut; die meisten aber sind verschlossen und brauchen vorerst nicht berücksichtigt zu werden.

Der Sauerstoff befindet sich unter einem bestimmten Drucke p in der Capillare und strahlt von ihr aus in das umgebende Gewebe, das ihn verbraucht. Es nimmt also der Druck mit zunehmender Entfernung von der Capillare allmählich ab. Wir nehmen den Druck in der Capillare mit 30 mm an. Um die Capillare herum können wir Kreise ziehen, die die Sauerstoffdrucke

an den verschiedenen Stellen im Umkreis derselben darstellen. Gerade dort, wo die Zonen von benachbarten offenen Capillaren aneinanderstoßen, ist der Druck 0 (ein solcher Punkt wird in Abb. 22 mit × bezeichnet. Aber der Bezirk, in dem dies der Fall ist, ist so klein, daß er vernachlässigt werden kann. Zweierlei ist deutlich: 1. Es gibt einen Bezirk mit einem Sauerstoffdruck von 0 mm. 2. Dieser Bezirk ist winzig genug, um hypothetisch zu sein. Die Verbindung dieser beiden Tatsachen hängt vom Gleichgewicht dreier Faktoren ab:
1. Der von dem Muskel verbrauchten Sauerstoffmenge.
2. Der Zahl der offenen Capillaren.
3. Dem Druck in jeder Capillare.

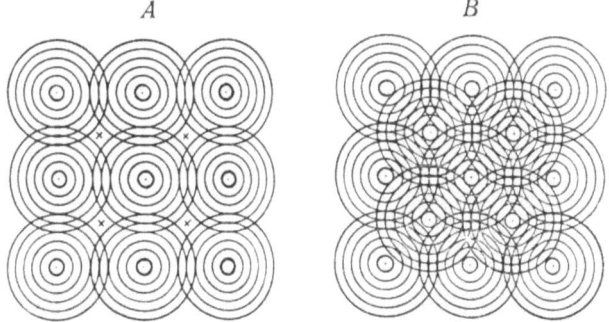

Abb. 22. *A* Bezirk mit neun offenen Capillaren. Bei einer capillären Spannung von 30 mm stellt jeder konzentrische Kreis eine Abnahme um 5 mm Sauerstoff dar. Die × stellen Bezirke ohne Spannung dar. *B* dreizehn Capillaren in demselben Bezirk. Der größte Teil des Gewebes wird von mehr als einer Capillare versorgt. Die Bezirke mit Null-Spannung sind nicht mehr vorhanden.

Wenn, wie z. B. in Abb. 22 *B*, die verbrauchte Sauerstoffmenge und der Capillardruck konstant bleiben und sich mehr Capillaren öffnen, so wird überall ein positiver Sauerstoffdruck herrschen; während wenn weniger Capillaren offen stehen, beträchtliche Bezirke ohne Sauerstoffdruck entstehen, in denen daher keine Oxydation stattfinden kann.

Oder angenommen der Sauerstoffverbrauch und die Zahl der offenen Capillaren bleiben konstant: dann wird, wenn der Sauerstoffdruck in jeder Capillare zunimmt, überall ein positiver Druck herrschen, während, wenn die Sauerstoffspannung in der Capillare fällt, anaerobische Bezirke im Muskel auftreten. So lagen die Dinge augenscheinlich in Verzárs Muskeln. Der Sauerstoffdruck und die Zahl der offenen Capillaren waren so genau den Bedürfnissen des Muskels angepaßt, daß durch jede Verminderung des capillären Sauerstoffdruckes beträchtliche Muskelbezirke entstanden, zu denen kein Sauerstoff gelangte; und deshalb nahm der vom ganzen Muskel verbrauchte Sauerstoff ab.

Die Möglichkeiten einer vermehrten capillären Versorgung sind, wie aus den Berechnungen von Krogh hervorgeht, so groß, daß wirkliche Asphyxie der Muskelsubstanz für gewöhnliche Muskelarbeit in großen Höhen keinen sehr ernsthaften Faktor darstellt. Man muß daher die Wirkungen der Höhe größtenteils anderswo suchen.

Literatur.

Barcroft, Camis, Mathison, Roberts und Ryffel: Phil. trans. roy. soc. B. **206**, 49. 1914.
— (2) und Kato: Phil. trans. roy. soc. B. **207**, 149. 1915.
Campbell, Douglas und Hobson: Phil. trans. roy. soc. B. **210**, 1. 1920.
Fletcher, W. M.: Journ. of physiol. **38**, 492. 1902.
Hill und Lupton: Physiol. Proc., Journ. of physiol. **56**, XXXII. 1922.
Krogh, A.: Journ. of physiol. **52**, 457. 1919.
— und Lindhard: Journ. of physiol. **53**, 431. 1920.
Lupton und Long: Unveröffentlicht.
Ryffel, Proc. physiol. soc., Journ. of physiol. **39**, IX. 1909.
Verzár, F.: Journ. of physiol. **43**, 243. 1912.
— Ibid. **45**, 39. 1912.

VII. Die Wasserstoffionenkonzentration des Blutes.

Nach dieser etwas längeren Abschweifung möchte ich auf die Bergkrankheit zurückkommen. Ich hatte erwähnt, daß Paul Bert die Symptome auf einen wirklichen Mangel an genügenden Sauerstoffmolekülen in jedem Kubikzentimeter der von den Lungen eingeatmeten Luft zurückführte. Diese Ansicht blieb nicht lange unangefochten. Mosso, der, wie ich sagte, die große treibende Kraft im Studium großer Höhen war, stellte dem eine neue Theorie entgegen, die sich darauf gründete, daß die in großen Höhen ausgeatmete Luft weniger Kohlensäure als die in Meereshöhe ausgeatmete enthielt. Spätere Forscher haben diese Tatsache bestätigt und auf die Alveolarluft ausgedehnt. Bei jedem, der hoch genug steigt, tritt einmal, manchmal früher, manchmal später, eine Abnahme der Kohlensäure in der ausgeatmeten Luft, in der Alveolarluft und im Blute ein. Dieser Zustand wurde von Mosso „Akapnie" genannt, und auf ihn wurden die Wirkungen der Bergkrankheit zurückgeführt. Das Wesen der Akapnie hat seit etwa 10 Jahren mehr und mehr an Bedeutung zugenommen, und zwar nicht wegen der möglichen Beziehung zur Bergkrankheit, sondern infolge der Arbeiten von Professor Yandell Henderson in Yale, der den Zustand sehr eingehend und besonders in bezug auf den Wundschock hin untersucht hat. In einigen sehr wichtigen Beziehungen haben Hendersons Arbeiten vor kurzem eine überzeugende Bestätigung durch Dale erfahren.

Ich würde Mossos Ansicht über die Ätiologie der Akapnie gerne vollkommen klar machen, aber die Schwierigkeit ist, daß ich sie selber nie ganz begreifen konnte. In seinen Arbeiten hierüber ging Henderson von einem einleuchtenden Gesichtspunkt aus, nämlich, daß z. B. während einer abdominalen Operation die forzierte Atmung des Patienten eine beträchtliche Kohlensäureausscheidung verursacht, die sonst nicht stattgefunden hätte. Wenn nun der Körper Kohlensäure mit gleichförmiger oder verminderter Geschwindigkeit produziert, und sie mit einer gesteigerten Geschwindigkeit ausscheidet, so muß die in dem Blut und den Geweben zurückgebliebene Menge abnehmen. Mosso führte jedoch keine so einleuchtende Begründung für seine Akapnietheorie der Bergkrankheit an. Er nahm an, daß das einfache Fallen des Barometerdruckes als solches dem Körper Kohlensäure entzöge, — ähnlich wie eine Selterwasserflasche nach Entkorken ihre Kohlensäure abgibt. Ich spreche mit aller Ehrerbietung, doch scheint mir Mosso übersehen zu haben, daß der Körper sowohl in der Capanna Margherita als auch in seinem Laboratorium in Turin praktisch einem CO_2-Vakuum ausgesetzt ist.

Der Stand der Dinge beim Tode Mossos läßt sich kurz in folgendem Schema wiedergeben:

Schema I

Mögliche Ursachen der Bergkrankheit
— Mangel an Sauerstoff (Anoxämie)
— Niedriger Barometerdruck, dieser verursacht (Akapnie)

Wenn wir das Vorkommen der Akapnie zugestehen, so müssen wir weiter fragen, wie die Akapnie die angenommenen Wirkungen vollbringt? Man kann an zwei Möglichkeiten denken. Erstens, daß das Fehlen von CO_2 per se die Eigenschaften des Körpers beeinflußt, und zweitens, daß unter sonst gleichen Bedingungen die Entfernung der CO_2 aus dem Blute dieses alkalischer macht. Diese Alkalität würde sich ganz allgemein auf die Gewebe übertragen und könnte deren Funktion beeinflussen.

Das für die Ursachen der Bergkrankheit angeführte Schema kann also erweitert werden, und als mögliche Ursachen kommen in Betracht:

Schema II.

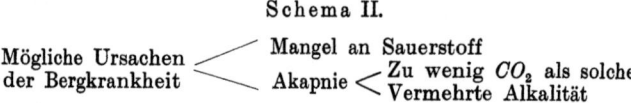

Mögliche Ursachen der Bergkrankheit ⟨ Mangel an Sauerstoff / Akapnie ⟨ Zu wenig CO_2 als solche / Vermehrte Alkalität

So standen die Dinge, als ich anfing mich für die Frage ganz besonders zu interessieren. Der verstorbene Professor Zuntz aus Berlin sandte mir im Jahre 1909 eine sehr erfreuliche Einladung. Sie enthielt die Nachricht, daß er im Begriff sei, für das folgende Jahr eine Expedition nach Teneriffa zu organisieren. Diese Expedition sollte einen internationalen Charakter tragen, und er forderte mich auf, ihn zu begleiten und noch einen anderen englischen Forscher mitzubringen. Ich hatte das Glück, meinen Kollegen Dr. Douglas mitnehmen zu können. Die aus Teneriffa heimgebrachten Ergebnisse warfen einiges Licht auf die beiden möglichen Mechanismen der Akapnie. Betrachten wir zuerst, ob die CO_2-Abnahme im Blut als solche für die Bergkrankheit verantwortlich ist oder nicht.

Ein Mitglied der Expedition zeigte während der ganzen Zeit in Teneriffa niemals auch nur den geringsten Grad von Akapnie — dies war unglücklicherweise ich selbst. Ich sage unglücklicherweise; denn ich war der einzige, der überhaupt durch die Luft auf der Alta Vista-Hütte arbeitsunfähig wurde. Die folgende Tabelle zeigt die partielle Kohlensäurespannung in verschiedenen Höhen in meinem Blut, wie auch in dem von Dr. Douglas. Bei Dr. Douglas zeigten sich keinerlei Symptome, ebensowenig bei Professor Zuntz und Professor Durig, deren CO_2-

Werte ziemlich die gleiche Abnahme aufwiesen, wie die von Dr. Douglas.

CO_2-Spannung in der Alveolarluft.

	Europa Meereshöhe	Cañadas	Alta Vista
Douglas	41 mm	36 mm	32 mm
Barcroft	40 „	41 „	38 „
Zuntz	35 „	29 „	27 „

Die obige Tabelle zeigt, daß die CO_2-Spannungen der Alveolarluft bei Zuntz und Douglas zwischen Meereshöhe und der Alta Vista-Hütte einen Fall von über 20 vH aufwiesen. Dieser Fall blieb bei mir aus. Bei ihnen war der Fall von 7—9 mm in der alveolaren Kohlensäure natürlich durch gesteigerte Gesamtventilation bedingt, dem ein entsprechender Anstieg im alveolaren Sauerstoff parallel ging. Zuntz und Douglas hatten eine alveolare Sauerstoffspannung, die ungefähr 10 mm höher als die meine war. Wäre also die verringerte CO_2-Spannung die Ursache der Bergkrankheit, so hätten Zuntz und Douglas die Leidtragenden sein müssen; war jedoch die verringerte Sauerstoffspannung in der Alveolarluft die Ursache, so mußte ich das Opfer sein, wie ich es ja tatsächlich in gewissem Ausmaße auch war. Dieser Versuch wurde auf dem Monte Rosa, wo meine Kohlensäurespannung in der normalen Weise abnahm, und wo ich überhaupt keine Beschwerden hatte, nachgeprüft. Ich bin darum berechtigt, die „Verringerung der CO_2 als solche" von dem Schema der möglichen Ursachen der Bergkrankheit zu streichen. Das Schema stellt sich dann so dar:

Schema III.

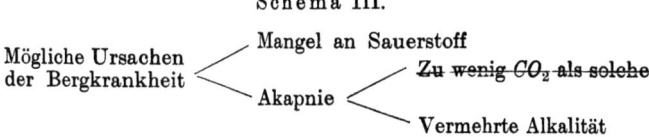

Wenden wir uns nun der anderen Möglichkeit, die die Akapnietheorie bietet, nämlich der vermehrten Alkalität des Blutes zu. Als wir von Teneriffa zurückkamen, war ich vollkommen der Meinung, daß sie ebensogut gestrichen werden könnte. Die Begründung war folgende. Die Affinität des Hämoglobins zum Sauerstoff hängt von den Bedingungen ab, unter denen sich das Hämoglobin befindet; sie nimmt mit einer Temperatursteigerung oder einer Zunahme der Wasserstoffionenkonzentration ab und wird auch durch Salze beeinflußt. Geringe Salzzusätze zum Blut verursachen jedoch keinen merklichen Effekt auf die Affinität des Hämoglobins zum Sauerstoff. Andererseits haben geringe Änderungen in der Wasserstoffionenkonzentration eine sehr ausgesprochene Wirkung. Meine Idee war, daß, wenn (bei konstanter Temperatur) die Alkalität des Blutes zunimmt, die Affinität des Hämoglobins zum Sauerstoff auch in meßbarem Ausmaße zunehmen würde. Das Blut aller Expeditionsmitglieder wurde daraufhin untersucht. Das Ergebnis dieser Untersuchungen war, daß, wenn das in einer bestimmten Höhe entnommene Blut bei einer Kohlensäurekonzentration, die das Blut im Körper in jener Höhe enthielt, einem Standard-Sauerstoffdruck ausgesetzt wurde, sich Schema III in Schema IV umwandelte.

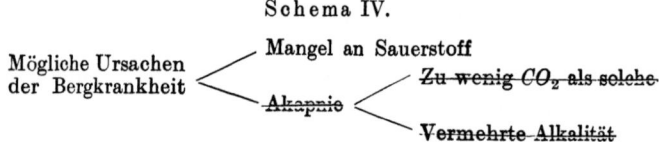

Schema IV.

Mögliche Ursachen der Bergkrankheit ⟨ Mangel an Sauerstoff
Akapnie ⟨ Zu wenig CO_2 als solche
Vermehrte Alkalität

Die von mir angewandte Methode hat wie alle indirekten Methoden gewisse Schwächen. Die wesentlichste ist die Annahme, daß die Reaktion innerhalb der roten Blutkörperchen ein Index für die Reaktion des Plasma ist. Das ganze Wechselspiel zwischen den Körperchen und dem Plasma war zu der Zeit noch nicht bekannt. Diesen Punkt muß ich später in seinen Einzelheiten durchgehen. Hier möchte ich nur hervorheben, daß jede moderne Arbeit hierüber, die nicht die Wasserstoffionenkonzentration des Plasmas direkt mißt, als unzureichend angesehen werden muß. Obgleich unser Schluß von Hasselbalch und Lindhard in einem Versuch in einer Respirationskammer, bei dem sie die p_H des Blutes mit der Platinelektrode maßen, bestätigt wurde, waren diese Messungen ein Punkt unseres Programmes, als wir nach Peru gingen. Aber indem wir dies taten, hatten wir noch andere Gründe, als nur noch einen Nagel mehr zum Sarge der Akapnietheorie zu finden. Die Reaktion des Blutes spielt ebenfalls eine direkte Rolle bei der Gegentheorie,

Die Wasserstoffionenkonzentration des Blutes. 93

die annimmt, daß die Zentren der Medulla durch Sauerstoffmangel, oder wie es heißt, Anoxämie, außer Funktion gesetzt werden. Ich habe dargelegt, daß in Teneriffa die Sauerstoffspannung meiner Alveolarluft in den Lungenzellen vielleicht um 10 mm unter der von Dr. Douglas oder Professor Zuntz lag. Angenommen, die Bergkrankheit kann auf die eine oder andere Weise auf einen zu niedrigen partiellen Sauerstoffdruck in den Lungen zurückgeführt werden, so muß man sondieren, durch welche möglichen Mechanismen die Anoxämie wirken kann. Sie zeigen seltsame Ähnlichkeiten mit den Möglichkeiten, die wir bereits in bezug auf die Kohlensäure kennengelernt haben. Von den beiden möglichen Mechanismen hängt der eine von der Wasserstoffionenkonzentration des Blutes, und der andere von den spezifischen Wirkungen des Gases, — oder besser der Abwesenheit dieses Gases ab. Diese letztere Ansicht bietet eine gewisse begriffliche Schwierigkeit. Wenn ich sagte, daß „man zum Erbrechen gezwungen wird durch den Sauerstoff, der nicht vorhanden ist", würde ich verraten, daß ich Irländer bin; aber gerade die Wiedergabe in dieser Form wird dem Leser eine Seite der Frage näherbringen, die für viele nicht ganz einfach zu erfassen ist. Wir kommen daher zu folgendem Schema:

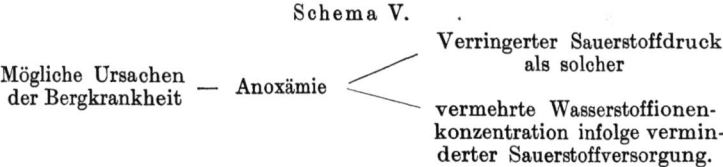

Schema V.

Mögliche Ursachen der Bergkrankheit — Anoxämie — Verringerter Sauerstoffdruck als solcher

vermehrte Wasserstoffionenkonzentration infolge verminderter Sauerstoffversorgung.

Wenden wir uns der zweiten dieser Möglichkeiten zu. Sie hat zum mindesten den Vorteil, die Möglichkeit eines positiven und nicht eines negativen Reizes zu bieten. Haldane und Priestley glaubten, daß die durch körperliche Bewegungen hervorgerufene Atemlosigkeit auf vermehrter CO_2 im Blute beruhe. Daß die CO_2 als solche nicht die Ursache ist, zeigt die Tatsache, daß nach intensiver Muskelarbeit die Atemlosigkeit bestehen bleibt, trotzdem die CO_2-Konzentration im Blut abnorm niedrig wird. Der den beiden Zuständen gemeinsame Faktor ist eine Zunahme in der Wasserstoffionenkonzentration. Lewis, Cotton,

Ryffel, Wolf und ich haben die Ansicht, welche mit modernen Methoden seitdem hauptsächlich von Fraser, Roß und Dreyer bestätigt worden ist, vertreten, daß die Dyspnoe bei verschiedenen Typen von Herzstörungen mit einer Zunahme der Wasserstoffionenkonzentration des Blutes einhergeht und wahrscheinlich auf ihr beruht.

Der wirkliche Beweis für die vermehrte Wasserstoffionenkonzentration im Plasma des ruhenden Körpers in großen Höhen war unbefriedigend. Es ist absolut notwendig zwischen den Bedingungen in der Ruhe und bei Muskelarbeit zu unterscheiden. Man kann mit gutem Rechte annehmen, daß, wie im vorhergehenden Kapitel gezeigt wurde, die Säureproduktion, die durch Muskelarbeit veranlaßt wird, in großen Höhen in größerem Umfange stattfindet. Hier jedoch handelt es sich nur um den Ruhezustand des Körpers, und wie wir sagten, war der Beweis für eine vermehrte Wasserstoffionenkonzentration in der Ruhe sehr unbefriedigend. Es gab reichlich Beweise dafür, daß die Wasserstoffionenkonzentration des CO_2-freien Blutes mit der Höhe zunahm, aber in gleicher Weise nahm die CO_2-Konzentration ab, und die Frage war nun, ob die CO_2-Abnahme durch Alkaliabnahme im Plasma ausgeglichen wurde oder nicht.

Im Jahre 1910 führten Yandell Henderson und später Henderson und Haggard eine Reihe von Untersuchungen aus, die dazu führten, den Sauerstoffmangel als direkte Ursache für die Atemlosigkeit in großen Höhen anzunehmen. Unterwarfen sie Hunde einem Sauerstoffmangel, so zeigte sich folgende Reihenfolge der Symptome, zuerst Dyspnoe, dann CO_2-Verlust im Blute als Wirkung der Überventilation, drittens Zunahme der Hydroxylionenkonzentration des Blutes, und viertens Wiederherstellung der Blutreaktion infolge von Alkaliausscheidung durch die Niere. Diese Theorie, die im Gegensatz zur Acidosistheorie zuweilen „Alkalosis" genannt wird, wurde durch Versuche, die Haldane zusammen mit Kellas und Kennaway anstellte, sehr gestützt. Sie zeigten unter Anwendung einer Kammer mit verdünnter Luft, daß die von Henderson und Haggard an Hunden gefundene Alkaliausscheidung im Urin auch beim Menschen auftritt.

In großen Höhen ist eine direkte Untersuchung der Wasserstoffionenkonzentration im Plasma von Blut, daß mit dem CO_2-

Druck, der dem Orte und der Versuchsperson entsprach, im Gleichgewicht war, nie angestellt worden. Hasselbalch und Lindhard hatten einen Versuch in der Respirationskammer ausgeführt und eine Zunahme in der Wasserstoffionenkonzentration, jedoch innerhalb der experimentellen Fehlergrenzen, gefunden. Diese Untersuchungen waren unter einem Barometerdruck von 589 mm, was ungefähr einer Höhe von 2100 m entspricht, ausgeführt, einer Höhe, die viel zu niedrig ist, um eine Entscheidung zu ermöglichen. Sundstroem hatte mit Indikatoren eine geringe Acidämie gefunden. Diese Versuche sollten einen Teil unseres Programmes in Peru bilden, und vielleicht war es hauptsächlich aus diesem Grunde, daß wir uns ein vollständig eingerichtetes Laboratorium wünschten.

Das Ergebnis unserer Arbeiten war leider bei weitem nicht so vollständig, wie wir gewünscht hätten. Vielleicht am sichersten bewiesen ist, daß eine vollständige und befriedigende Untersuchung über diesen Gegenstand in Cerro von unseren Nachfolgern ausgeführt werden kann, wenn sie bereit sind, so viele Wochen anzuwenden wie wir Tage.

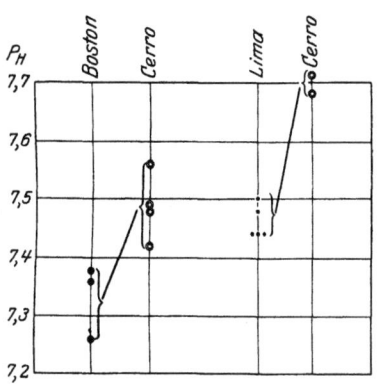

Abb. 23. Gibt die äußersten Grenzen der Reaktionsänderungen in Redfields und Bingers Blut nach der Dale-Evans-Methode wieder. Die wirkliche Änderung kann jeder Wert zwischen Null und den wiedergegebenen Werten sein.

Nichtsdestoweniger kamen wir nicht mit ganz leeren Händen zurück. Drei Methoden zur Untersuchung der Wasserstoffionenkonzentration des Plasmas wurden ausprobiert: 1. die Dale-Evans-Methode, 2. die elektrometrische Methode und 3. die Bestimmung der gebundenen Kohlensäure im Blut.

Das einzige, was über die elektrometrische Methode zu sagen wäre, ist, daß sich mit ihr arbeiten ließ, und wenn die Glaselektrode, die von W. E. L. Brown ausgearbeitet worden ist, sich als geeignet für laufende Messungen erweist, hoffe ich, daß Brown, und wenn nicht er, dann ein anderer sie nach Cerro nehmen und unsere Bestimmungen wiederholen wird.

Die mit der Dale-Evans-Methode ausgeführten Bestimmungen sind in der vorhergehenden Abbildung zusammengestellt. Der unbefriedigende Punkt ist, daß während die verschiedenen Bestimmungen in jeder Gruppe im Durchschnitt sehr nahe beieinander lagen, die Mittelwerte in verschiedenen Plätzen in Meereshöhe für dieselbe Person oft ziemlich auseinander lagen.

Ein Punkt in der Abbildung ist das Mittel von vier Bestimmungen, wie 7,53, 7,56, 7,50, 7,53, Mittel 7,53. Die Bestimmungen mit der CO_2-Methode waren viel zahlreicher. Sie sind in Abb. 24 wiedergegeben.

Das eine, denke ich, läßt sich von diesen Zahlen sagen, daß sie den Gedanken, daß das Blut in großen Höhen saurer sei als in niedrigen, nicht unterstützen. Im übrigen sind sie widersprechend. Es kann sein, daß der experimentelle Fehler so groß ist, daß er die Entscheidung, ob das Blut dieselbe Wasserstoffionenkonzentration hat oder alkalischer ist, unmöglich macht. Es kann aber auch sein, daß das Blut durch eine Phase stärkerer Alkalität hindurchgeht, zum Schluß aber auf die, die der Betreffende in Meereshöhe hatte, zurückgeht. Diese Frage müssen wir zukünftigen Forschern überlassen. In beiden Fällen, glaube ich, kann niemand behaupten, daß die Alkalität des Blutes, sofern sie überhaupt existiert, die Ursache und nicht die Wirkung der Reaktion des Organismus auf die große Höhe sei. Solange nicht neue Faktoren hinzukommen, bin ich meinerseits bereit, mich der allgemeinen Ansicht, die Yandell Henderson und Haldane verfechten, anzuschließen, nämlich, daß die Ursache der Dyspnoe in großen Höhen die direkte und nicht die indirekte Wirkung einer ungenügenden Sauerstoffversorgung der Medulla ist Hierdurch wird das Atemzentrum in einen erhöhten Erregungszustand versetzt.

Dies für die Ruhe. Für Muskelarbeit bestätigen unsere Resultate vollauf die der Monte-Rosa-Expedition von 1911, nämlich, daß

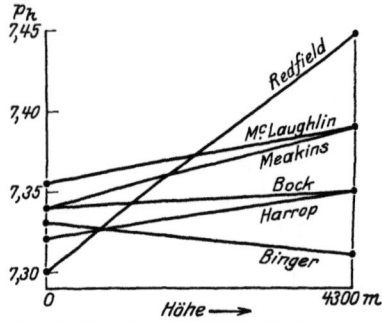

Abb. 24. Die mit der CO_2-Methode gemessenen Änderungen der Wasserstoffionenkonzentration ohne Korrektion für die jeweilige Veränderung in der vorhandenen Hämoglobinmenge.

Die Wasserstoffionenkonzentration des Blutes. 97

in großen Höhen ein geringerer Betrag an Muskelarbeit eine bestimmte Änderung in der Wasserstoffionenkonzentration des Blutes hervorruft als in niedrigen. Dies zeigen die folgenden Zahlen. Sie stimmen mit den in der Respirationskammer unter vermindertem Sauerstoffdruck erhaltenen überein; die Messungen wurden von Parsons mit der Wasserstoffelektrode ausgeführt.

Name	Ort	Arbeit in mkg pro Min.	Zunahme der P_h	Ort	Arbeit in mkg pro Min.	Zunahme der P_h
Redfield	Boston	750	0,12	Cerro	193	0,11
Barcroft	Cambridge	640	0,08	Kammer	370	0,08[1])

Der Mechanismus der gesteigerten Atemlosigkeit bei Muskelarbeit ist also ziemlich klar. Das Atemzentrum ist in großen Höhen infolge des Sauerstoffmangels erregbarer, und reagiert daher stärker auf eine bestimmte Zunahme der Wasserstoffionenkonzentration; außerdem ist die Zunahme der Wasserstoffionenkonzentration nach einer bestimmten Muskelarbeit größer, so daß die Atemnot aus einer doppelten Ursache resultiert.

Mit der Zeit entsteht jedoch eine Abschwächung, da nämlich das Blut in größerem Ausmaße gepuffert wird. Den Beweis hierfür erbrachten eine Reihe von Bestimmungen, die größtenteils von Bock und Binger ausgeführt wurden. Diese Bestimmungen befaßten sich mit der CO_2-Dissoziationskurve des Blutes in niedrigen und in großen Höhen. Beim Studium der Kurve lassen sich die folgenden Überlegungen anstellen:

a) Die Pufferung des Blutes kann als die Säuremenge beschrieben werden, die dem Blut zugeführt werden muß, in diesem Falle die CO_2-Menge, um eine gegebene Säuerungszunahme von zum Beispiel 1×10^{-8} zu erhalten.

b) Die Form der Kurve wird innerhalb der physiologischen Grenzen durch die Gleichung

$$v\,CO_2 = a \times c_h \times 10^8 + b$$

---

[1]) Die Zunahme der c_h ist größer als der von Arborelius und Liljestrand gefundene mittlere Wert, aber nicht größer als einzelne Beobachtungen in ihrer Arbeit.

wiedergegeben, wo a und b konstant sind. Von diesen beiden stellt a die Veränderung der c_h-Konzentration dar, wenn die Veränderung im Volumen von $CO_2 = 1$ ist, und kann daher als der zahlenmäßige Ausdruck des Pufferungsgrades angesehen werden.

Die Abb. 25 und 26 zeigen die Veränderung im CO_2-Gehalt für eine Veränderung der Wasserstoffionenkonzentration von 1×10^{-8} in dem Blut von:

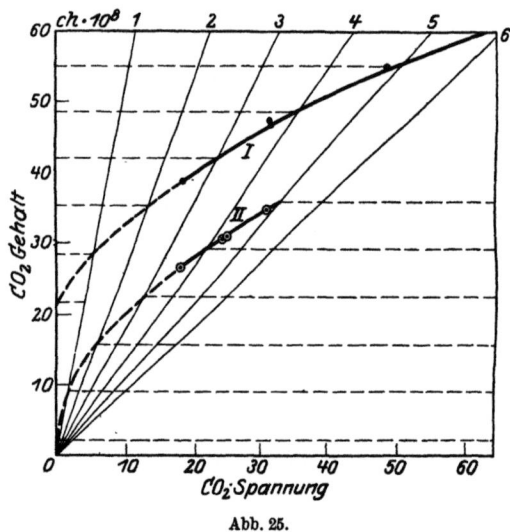

Abb. 25.

a) Meakins in Meereshöhe (Abb. 25 I),
b) „ 1—2 Tage nach der Ankunft in Cerro (Abb. 25 II),
c) Harrop in Meereshöhe (Abb. 26 II),
d) „ nach längerem Aufenthalt in Cerro (Abb. 26 II).

Bei Meakins entspricht der Pufferwert 6,7 ccm CO_2 jeder Steigerung der Wasserstoffionenkonzentration um 1×10^{-8}, sowohl vor wie direkt nach der Ankunft in Cerro. In Harrops Fall, der durch den von Binger nach einem 14 tägigen Aufenthalt in Cerro bestätigt wurde, war die CO_2-Menge, die notwendig war, um die Reaktion des Blutes um eine Wasserstoffionenkonzentration von 1×10^{-8} zu verändern, von 5,5 auf 7,5 ccm gestiegen. Der Anstieg entspricht grob genommen dem Anstieg im Hämoglobingehalt des Blutes.

Wenn man davon ausgeht, daß ein bestimmter Betrag an Muskelarbeit einen bestimmten Grad von Dyspnoe verursacht, hat man es in Wirklichkeit mit einer Verkettung mehrerer Umstände zu tun. Diese Kette besteht mindestens aus drei Gliedern. 1. Der muskuläre Mechanismus kann, um eine bestimmte Aufgabe durchzuführen, mehr oder weniger Säure produzieren, d. h. seine Wirksamkeit kann verschieden sein. 2. Die gegebene Säurezunahme im Blute kann eine größere oder geringere Veränderung in der Wasserstoffionenkonzentration des Blutes hervorrufen, d. h. der Pufferwert des Blutes kann sich ändern; und 3. kann eine be-

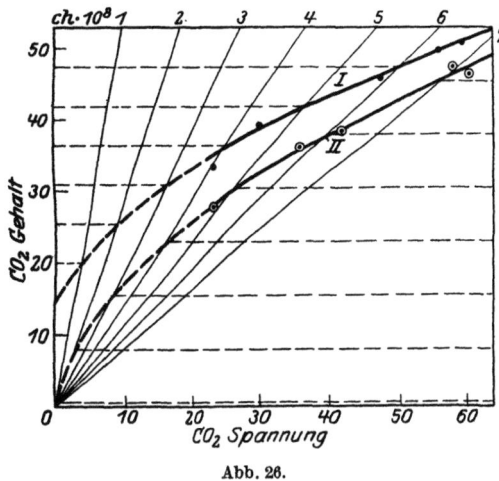

Abb. 26.

stimmte Veränderung in der Blutreaktion eine größere oder geringere Veränderung in der Gesammtventilation verursachen, d. h. die Erregbarkeit des Zentrums kann sich ändern. In Cerro waren all diese Faktoren einer Veränderung unterworfen und zwar änderten sich nicht alle in der gleichen Richtung. Der erste und dritte änderten sich in der Weise, daß sie die Neigung zur Dyspnoe vermehrten, der zweite in der Weise, daß er sie verringerte. Die Akklimatisation wird in einem späteren Kapitel erörtert werden; die Veränderung in der Blutreaktion — die nur ein Faktor der Akklimatisation ist — zeigt aber, daß der Vorgang kein einfacher ist. Er nähert sich mehr einer vollständigen Neueinstellung; wie bei einem Schiff auf der ersten Ausfahrt, wo der ganze Bau sich hier ein wenig dehnt und dort ein wenig zusammenschrumpft, so daß die Beanspruchung gleichmäßig von dem ganzen Bau getragen wird, in der Art, wie es Rudyard Kipling so anschaulich beschrieben hat.

Bisher haben wir nur von der Wasserstoffionenkonzentration des Plasmas gesprochen und nur flüchtig die der Blutkörperchen erwähnt, um anzudeuten, daß die Beziehung zwischen der Wasserstoffionenkonzentration der Körperchen und der des Plasma sich ändern kann. Jede Reaktionsveränderung auf der Innenseite der Blutkörperchen würde, wenn alles andere gleich bliebe, dahin wirken, daß sich innerhalb derselben die Affinität des Hämoglobins zum Sauerstoff ändert. So wird das Hämoglobin mehr Sauerstoff binden, wenn die Innenseite der Blutkörperchen alkalischer wird, und wenn die Innenseite der Blutkörperchen saurer wird, wird das Umgekehrte der Fall sein.

Diese Veränderung in der Affinität des Hämoglobins zum Sauerstoff kann, wie mir Dr. Cecil Murray zeigte, experimentell in folgender Weise demonstriert werden. Wird eine Blutprobe N mit Luft geschüttelt, so daß viel CO_2 ausgetrieben wird, so ist nach der Arbeit von Hamburger zu erwarten, daß ein Teil der Chloride aus dem Innern der Blutkörperchen ins Plasma wandert, während die Basen im Blutkörperchen zurückbleiben. In diesem Zustand wird das Blut zentrifugiert und in zwei Portionen A und B geteilt, von denen die eine reicher und die andere ärmer an Blutkörperchen ist als das ursprüngliche. Wird nun die Portion A mit Luft, welche denselben CO_2-Druck hat wie die, dem das Blut ursprünglich ausgesetzt war, ins Gleichgewicht gebracht, so werden die Chloride aus dem Plasma in die Blutkörperchen zurückkehren. Da aber das Verhältnis von Blutkörperchen zum Plasma viel größer ist als vorher, so ist die Chloridmenge, die in jedes Blutkörperchen zurückkehrt, nicht annähernd so groß wie die, welche austrat und daher wird die Innenseite des Blutkörperchen verhältnismäßig viel alkalischer sein. Würde die Probe B ebenso behandelt, so würde die Reaktion auf der Innenseite der Körperchen saurer als die ursprüngliche sein. Die Folge dieser Veränderungen in der Reaktion wäre, daß, wenn 1. das ursprüngliche Blut N, 2. die Probe A und 3. die Probe B mit einem bestimmten Sauerstoff-Kohlensäuregemisch ins Gleichgewicht ge-

Die Wasserstoffionenkonzentration des Blutes. 101

bracht würden, A eine größere, B eine geringere prozentuale Sauerstoffsättigung enthielte, als das ursprüngliche Blut N.

Das folgende Beispiel zeigt einen Vergleich zwischen A und N, in welchem die Wasserstoffionenkonzentration des Plasmas (mit der Wasserstoffelektrode gemessen) bei beiden nahezu gleich ist, die Affinität der Blutkörperchen zum Sauerstoff jedoch einen großen Unterschied aufweist.

	Hämoglobinwert	p_h des reduzierten Blutes bei 27 mm CO_2-Druck	Sauerstoffdruck	Sauerstoffsättigung in Proz.
Blut A	154	7,39	19	74
Blut N	108	7,36	19	34

Diese beiden Blutproben hätten selbstverständlich sehr verschiedene Dissoziationskurven. Wenn man die Kurven nach einer der angenommenen Gleichungen durch die beiden Punkte, die ich in der obigen Tabelle angegeben habe, zieht, stellen sie sich wie in Abb. 27 dar.

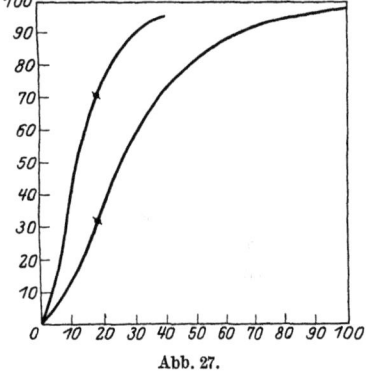

Abb. 27.

Dr. Uyeno und ich erhielten tatsächlich ganz ähnliche Kurven, wenn wir das Blut in der eben beschriebenen Weise vorbehandelten.

Dies war deshalb so interessant, weil unsere eigenen Dissoziationskurven in Cerro de Pasco genau derselben Veränderung unterworfen waren.

In Abb. 28 a bis c sind die wirklichen Sauerstoffmengen, welche das Blut enthält (nicht die prozentualen Sättigungen) als Ordinate, die Sauerstoffspannungen als Abszisse wiedergegeben; a bezieht sich auf eine Probe meines eigenen Blutes, Kurve I ist die normale, Kurve II die bei einer Konzentration der Blutkörperchenzahl, als ob der Hämoglobinwert um 50 vH gestiegen wäre; und Kurve III mein Blut, aber in der oben für Probe A beschriebenen Weise behandelt; und konzentriert, also mit einem Hämoglobinwert von 150. In Abb. 28 b ist Kurve I die normale Dissoziationskurve von Binger, Kurve II wie sie ausfallen würde, enthielte sein Blut genügend Blutkörperchen von normaler Beschaffenheit, um den Hämoglobinwert auf den in Cerro beobachteten zu bringen, und Kurve III seine wirkliche Kurve in Cerro. Kurve III in Abb. 28c ist die eines Eingeborenen in Cerro. Wir haben keine Meereshöhenkurve von derselben Person zum Vergleich. Darum haben wir dieselbe normale Kurve I wie in Abb.28b eingezeichnet und in der Kurve II haben wir sie bis zu dem in Villareals Blut gefundenen Hämoglobinwert aufgewertet.

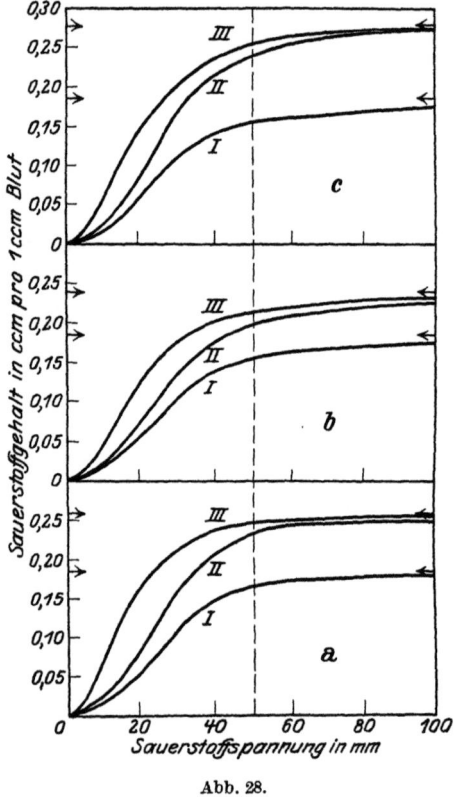

Abb. 28.

In der Abbildung befindet sich bei 50 mm Sauerstoffdruck eine punktierte Linie. Diese entspricht ungefähr dem Sauerstoffdruck der Alveolarluft in Cerro. Die Kurven zeigen, daß bei diesem Druck das arterielle Blut merklich gesättigter ist, als es sonst der Fall sein würde. In Cerro fängt jedoch die Wirkung erst an sich gut auszuprägen; wenn man bis auf 25 mm[1]) Druck heruntergeht, also dem, der ungefähr am Gipfel des Mount Everest zu erwarten wäre, so ist der Unterschied im Sauerstoffgehalt des Blutes in den Kurven II und III der Abb. 28 a b und c sehr groß; und ohne eine derartige Veränderung, durch die die Reaktion

---

[1]) Von Somervell in 7000 m Höhe angestellte Beobachtungen weisen darauf hin, daß 25 mm zu niedrig sind. Siehe Anhang IV.

in den Blutkörperchen alkalischer wird, während die im Plasma annähernd konstant bleibt, wäre der Mensch wahrscheinlich auf viel niedrigere Höhen beschränkt geblieben, als er tatsächlich erreicht hat.

Literatur.

Arborelius und Liljestrand: Skandinav. Arch. f. Physiol. **44**, 215. 1923.
Barcroft (1): Journ. of physiol. **42**, 44. 1911.
— (2), Camis, Mathison, Roberts und Ryffel: Phil. trans. B. **206**, 49. 1914.
— (3), Parsons, T. R. und Parsons, W.: Physiol. Proc. Journ. of physiol. **53**, CX. 1920.
— (4) und Murray: Phil. trans. roy. soc. B. **211**. Anhang 2 u. 3.
— (5) und Uyeno: Journ. of physiol. **57**, 200. 1923.
Bert, Paul: La pression barométrique. 1878.
Brown, W. E. L.: der Physiological society vorgeführt. März 1925.
Dale und Evans: Journ. of physiol. **54**, 167. 1920.
Fraser, Ross und Dreyer: Quart. journ. of exp. med. **15**, 195. 1922.
Hasselbalch und Lindhard: Biochem. Zeitschr. **68**, 294. 1915.
Haldane und Priestley: Journ. of physiol. **32**, 225. 1905.
Henderson, Yandell (1): Zahlreiche Arbeiten im Americ. journ. of physiol. **21—25**.
—, — (2): Science (N. S.) **49**, 431. 1910.
— (3) und Haggard: Journ. of biol. chem. **21**, 1919.
Kellas, Kennaway und Haldane: Journ. of physiol. **53**, 181. 1919.
Lewis, Cotton, Ryffel, Wolf und Barcroft: Heart **5**, 52. 1913.
Mosso, A.: Life of Man in the high Alps, Kap. XXII. London 1898.
Rudyard Kipling: „The Ship that Found Herself." The Day's Work. 1898.

VIII. Der Puls.

Über die Wirkung der Höhe auf den Puls herrschen große Meinungsverschiedenheiten. Einige Beobachter haben behauptet, daß die Pulszahl in großen Höhen beschleunigt ist, andere nehmen das Gegenteil an.

Seit der Veröffentlichung der meisten dieser Beobachtungen ist viel über den Puls und über die Leistungsfähigkeit des Herzens, soweit man sie durch den Puls beurteilen kann, geschrieben worden. Die von uns in Peru angewandten Methoden gehen vielfach auf diese Arbeiten zurück und gründen sich größtenteils auf die Vorstellungen, mit denen uns Sir James Mackenzie und Sir Thomas Lewis vertraut gemacht haben. Angesichts der sich widersprechenden Feststellungen scheint es jedoch gut, diesem Bericht unserer eigenen Befunde eine allgemeine Erörterung über die Wirkung des Sauerstoffmangels auf den Puls voranzuschicken.

Wenn das Herz aus einem Tier herausgenommen wird, kann es bei Aufrechterhaltung einer geeigneten künstlichen Zirkulation durch die Gefäße des Koronarkreislaufes viele Stunden schlagend erhalten werden. Zu den wesentlichen Bestandteilen einer solchen Durchströmungsflüssigkeit gehört der Sauerstoff. Fehlt er, so werden die Herzschläge immer seltener und hören schließlich ganz auf. In keinem Stadium tritt infolge fehlender Sauerstoffversorgung ein beschleunigter Herzschlag auf. Die direkte Wirkung des Sauerstoffmangels auf das Herz ist also Verlangsamung.

Die bemerkenswerten Kurven in Abb. 29 zeigen die Wirkung der Erstickung auf das Herz eines Tieres, welches gerade durch Aussetzen des Atemzentrums stirbt. Man kann hier sehen, daß die Schläge nicht nur „seltener und in größeren Zwischenräumen" auftreten, sondern auch, daß sie ihren Charakter ändern. Die wesentliche Veränderung ist ein Längerwerden des bestimmten, den Kardiologen als $P-R$-Intervall bekannten Teiles, der die Zeitdauer darstellt, die ein Impuls braucht, um vom Sinusauricularknoten zum Auriculoventricularknoten zu gelangen.

Im Zusammenhang mit Untersuchungen über experimentell hervorgerufene Aortenrückströmung zeigte Sands[1]) (Schülerin von Bazett), daß, wenn nach einer langen Chloroformnarkose das Tier erstickt wurde, eine Verlängerung der Überleitungszeit eintrat. Z. B. in Hund Nr. 3.

	$P.$-$R.$	$Q.$-$R.$-$S.$
Normal	0,140 Sek.	0,036 Sek.
Kurz nach Herstellung einer Aortenverletzung	0,123 „	0,026 „
12 Wochen später	0,148 „	0,055 „
Am Anfang der Chloroformnarkose	0,135 „	0,077 „
Nach langer Chloroformnarkose	0,147 „	0,059 „
Nach Aufhören der Atmung	0,176 „	0,078 „
	0,193 „	0,071 „
	0,251 „	0,077 „
	0,284 „	0,087 „
	0,340 „	0,107 „
	0,588 „	0,151 „
	— „	0,229 „

---

[1]) Vorläufige Mitteilung auf dem 11. internationalen Kongreß in Edinburgh. Die Daten sind ihrem Vortrag entnommen.

Diese Verlängerung der Überleitungszeit kann beim Fehlen einer anatomischen Verletzung als Kennzeichen eines asphyktisch gewordenen Herzens angesehen werden. Die Wirkung des Sauerstoffmangels auf den Puls des lebenden Tieres ist von vielen Beobachtern studiert worden, allerneuestens glaube ich, von Charles W. Greene und N. C. Gilbert. Ihre Beobachtungen haben ergeben, daß die Wirkung der Anoxämie auf den Puls des lebenden Tieres eine ganz andere ist, als nach dem Studium am ausgeschnittenen Herzen — sei es nun wirklich oder funktionell ausgeschnitten — hätte vorausgesagt werden können.

Ich möchte hier den Leser zur Vorsicht mahnen. Es ist notwendig, daß er die zeitlichen Verhältnisse der angeführten Versuche ziemlich genau beachtet. Es liegt kein Grund vor, anzunehmen, daß eine plötzliche Sauerstoffverminderung dieselbe Wirkung hat wie eine allmähliche, daß eine Anoxämie, die eine tödliche Wirkung im Verlauf von Stunden hervorruft, mit einer solchen verglichen werden kann, an die der Mensch sich nach Tagen gewöhnt hat,

Greene und Gilbert führten Versuche an Hunden aus, die sie einer allmählichen Sauerstoffentziehung aussetzten, dergestalt, daß sie die Hunde ihre eigne ausgeatmete Luft wieder einatmen ließen. Die CO_2 wurde vorher entfernt. Die auf diese Weise hervorgerufene Anoxämie wirkte derart, daß ungefähr 4 Stunden verstrichen, bevor der Tod eintrat. In den ersten Stunden wurde die Atmung bis zu einem kritischen Punkt immer schneller, danach fing das Atemzentrum an auszusetzen. Diesen Punkt bezeichnen Greene und Gilbert als respiratorische Krise, und ihre Beobachtungen zeigen, daß bei der von ihnen festgelegten Form der Anoxämie Puls und Atmung sich ziemlich gleich verhalten. Im Gegensatz zu dem, was am ausgeschnittenen Herzen stattfindet, tritt hier als Folge der Anoxämie eine Pulsbeschleunigung auf. Die Beschleunigung wird bis zum Augenblick der respiratorischen Krise — aber nur bis zu diesem — ausgeprägter. Danach beginnt der Puls, wie am ausgeschnittenen Herzen, auszusetzen.

Greene und Gilberts Experimente wurden für die amerikanische Luftflotte unternommen. Eine Reihe viel weniger vollkommener Untersuchungen wurde für die englische Gaskriegsorganisation ausgeführt. Sie unterschieden sich von denen von

Greene und Gilbert darin, daß wir die Krisis mit großer Plötzlichkeit und Vollkommenheit hervorriefen — manchmal mit unmittelbar tödlichem Ausgang —, indem wir dem Tier beträchtliche Muskelkontraktionen aufzwangen.

Der wesentliche Unterschied — von unserem gegenwärtigen Gesichtspunkte aus — zwischen einem mit Gas vergifteten und einem nicht vergifteten Tier ist der, daß beim vergifteten Tier in der Ruhe ein geringer Sauerstoffmangel vorhanden ist und ein beträchtlicher Sauerstoffmangel, sobald Muskelarbeit ausgeführt wird. Auf die Theorie hierüber sind wir schon eingegangen (s. Abb. 16). Ich will jetzt von einem Tier sprechen, das schwer aber nicht tödlich vergiftet ist, und zwar durch ein Gas, das ähnlich wie Phosgen nur die Lungen reizt. Bei einem solchen Tier ist die Wirkung gerade entgegengesetzt wie die auf ein normales Tier. Muskelarbeit beschleunigt gewöhnlich den Puls; in einem anoxämischen Tier kann sie jedoch den vorher schnellen Puls verlangsamen und sogar zum Stillstand bringen.

Die Verlangsamung, die bei Muskelkontraktionen des anoxämischen Tieres eintritt, hat nichts mit der bereits beschriebenen und auf Asphyxie des Herzens beruhenden gemein. Die durch Muskelarbeit einsetzende Krisis ist Folge eines im Gehirn stattfindenden Vorganges. Und zwar scheint es eine starke Vagusreizung zu sein. Der Versuch ist aus den Kurven zu ersehen. Abb. 29 a und b sind zwei Elektrokardiogramme eines normalen Kaninchens a) in Ruhe, b) durch elektrische Reizung zum Zappeln gebracht. Der Puls in a ist langsamer (ungefähr 230) als in b (ungefähr 270). Das Kaninchen wurde 6 Tage später mit Gas vergiftet, und am siebenten Tage wurden wieder Filme aufgenommen. Abb. 29 Film c stammt vom ruhenden Kaninchen. Man beachte die Ähnlichkeit zwischen c und b, d. h. zwischen dem ruhenden gasvergifteten Tier und dem normalen bei Muskelarbeit. Die Ähnlichkeit tritt in zwei Einzelheiten besonders hervor: 1. der Frequenz (in b ungefähr 270 und in c 300) und 2. der Übertreibung der T-Zacke in beiden, im Vergleich zu a. Nach Film c waren wir im Begriff, eine neue Aufnahme zu machen, in welchem das Tier wieder gereizt und zum Zappeln gebracht werden sollte; aber das Tier kam uns zuvor. Während der Aufnahme strampelte es, und die Atmung hörte auf. Abb. 29 Film d zeigt, was sich im

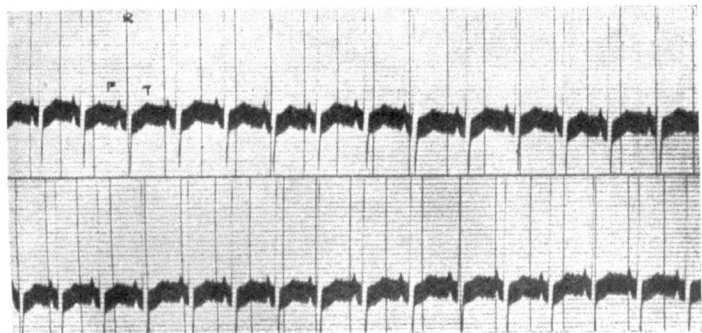

Abb. 29a. Normales Kaninchen, Ruhe.

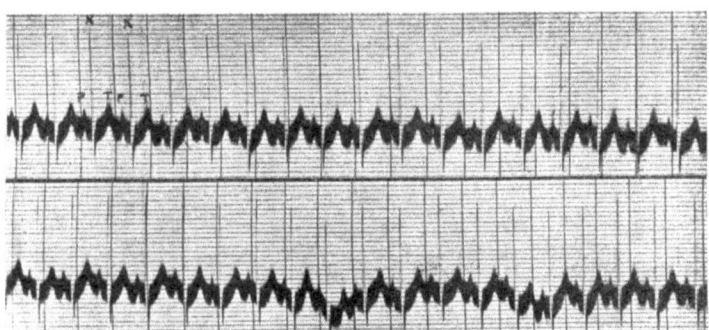

Abb. 29b. Normales Kaninchen, Muskelarbeit.

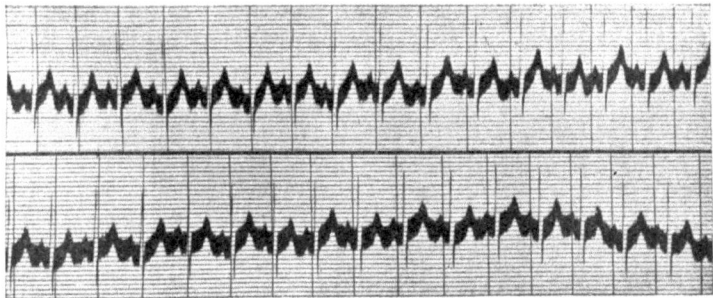

Abb. 29c. Dasselbe Kaninchen, zwei Tage nachdem es mit Gas vergiftet war; Ruhe.

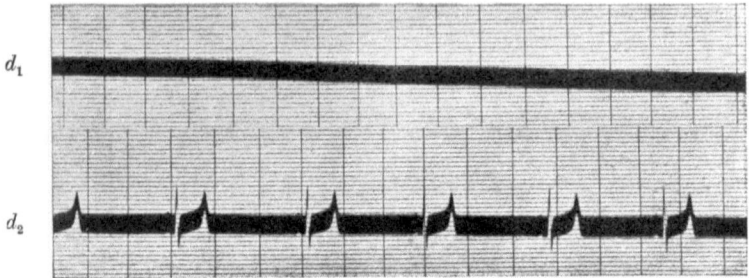

Abb. 29d. Kaninchen gleich dem in a — c. Muskelarbeit wirkt tödlich; $d_1 =$ Augenblick des Todes.

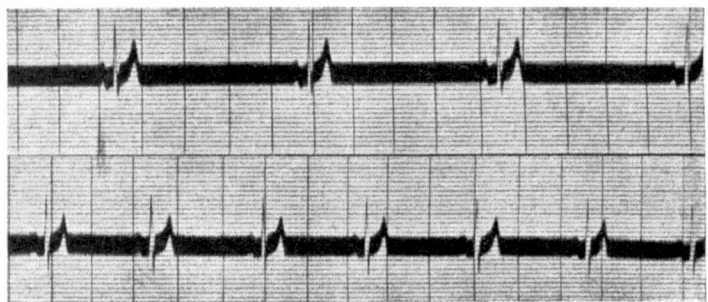

Abb. 29e.

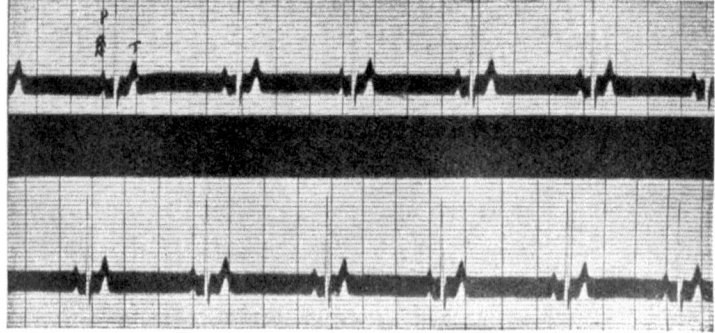

Abb. 29f. Vier Minuten nach dem Tode.

Herzen ereignete — oder vielmehr nicht ereignete —, das Herz hörte eine Zeit lang vollständig auf zu schlagen. Dieser Stillstand dauerte solange, bis das Tier wirklich tot war. Das heißt, als das Herz der Kontrolle des Nervensystems entzogen war, fing es wieder an zu schlagen, und die folgenden Kurven Abb. 29 d_2, e und f wurden in Zwischenräumen bis 7 Minuten nach dem Tode aufgenommen.

Es ist bereits gesagt worden, daß eine Verlängerung der Überleitungszeit ein Zeichen für Erstickung des Herzens ist. Wir wollen die Filme unter diesem Gesichtspunkte betrachten.

Im Vergleich mit a ist in b oder c kein Zeichen von Erstickung festzustellen. In d_1 sind keine Schläge vorhanden, und in d_2 ist

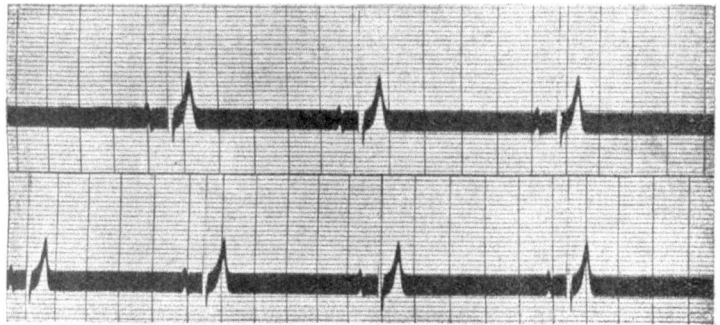

Abb. 29 g. Sieben Minuten nach dem Tode.

das $P-R$-Intervall nicht länger als in a oder e. Daher war also bis zum Tode des Tieres und auch noch nach demselben kein Zeichen eines wirklichen Sauerstoffmangels des Herzens vorhanden. Das Zeichen trat dann jedoch bald auf; denn in den folgenden Kurven verlängert sich das $P-R$-Intervall allmählich, bis es sich in Kurve g bis auf über $1/10$ Sekunde ausdehnt. Zugestanden also, daß in Kurve d_1 (Abb. 29) die Ursache des Stillstandes nicht Sauerstoffmangel des Herzens ist, so kommt als andere Ursache natürlich Vagusreizung in Betracht. Der unabhängige Beweis hierfür ist folgender.

Wenn während der Erstickung das Tier zu strampeln anfängt, führt die damit einhergehende Verlangsamung des Herzens nicht immer zu vollständigem Stillstand. In solchen Fällen ist es möglich, durch Durchschneidung der beiden Vagi den vorherigen schnellen Puls wiederherzustellen. Das Phänomen ist in der unten abgebildeten Kurve wiedergegeben. Es ist eine Blutdruckkurve von einem Kaninchen, das mit Phosgen vergiftet war. Sie besteht aus drei Abschnitten. 1. Vor Beginn des Strampelns, 2. unmittelbar nach dem Strampeln, 3. bei erneutem Strampeln, wo die Gelegenheit wahrgenommen wurde, beide Vagi zu durchschneiden. Man kann sehen, daß sich statt des langsamen Vagusherzrhythmus, der mit den Muskelkontraktionen einherging, der ursprünglich schnelle Puls wieder eingestellt hat.

Ich möchte, bevor ich zur Betrachtung dessen, was sich wirklich in großen Höhen ereignet, übergehe, das bisher Erörterte zusammenzufassen.

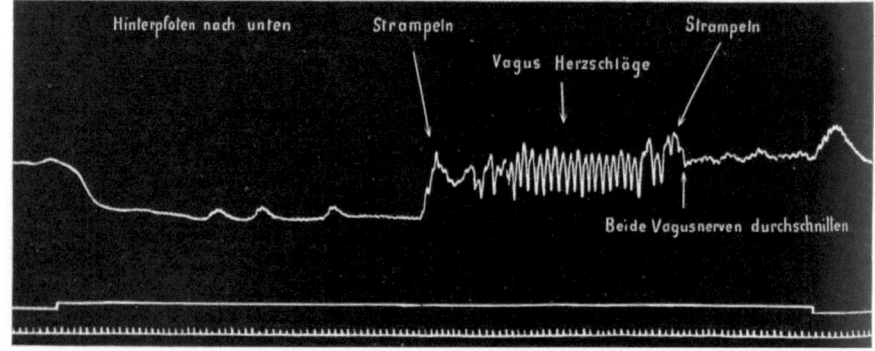

Abb. 30.

Die direkte Wirkung des Sauerstoffmangels auf das Herz ist Verlangsamung und am Ende Stillstand. Diese Wirkung ist, soweit mir bekannt, niemals in großen Höhen beobachtet worden, weil, bevor die Anoxämie einen solchen Grad erreichen würde, das Zentralnervensystem „down and out" wäre. Sicherlich kommt bei kräftigen Menschen die direkte Wirkung nicht in Frage. Wir müssen also die Wirkung des Sauerstoffmangels auf das oder die Herzzentren in der Medulla betrachten. Diese würde im ruhenden Tier vollkommen im Sinne einer Herzbeschleunigung ausfallen, und zwar solange bis der Einfluß des Zentralnervensystems anfängt nachzulassen. Ich bin nicht in der Lage zu erörtern, in wieweit die Beschleunigung auf Abnahme des Vaguseinflusses oder auf Zunahme des Sympathicuseinflusses beruht.

Bei allen mäßigen Anoxämien kann man also eine Herzbeschleunigung erwarten. Es gibt keinen Grund, warum sich dies nicht ebenso gut auf Muskelarbeit wie auf Ruhe anwenden lassen sollte; aber Muskelarbeit kann unter wenn bis jetzt auch schlecht bestimmbaren Umständen eine Vagusreizung hervorrufen und zwar eine Vagusreizung, die bei starker Anoxämie am stärksten ausgeprägt zu sein scheint, und welche in Fällen, wo das Atemzentrum „in den letzten Zügen" ist, sich als verhängnisvoll erweisen kann.
Um nun auf die Berge zurückzukommen.

Das folgende sind einige Pulsaufzeichnungen, die im bergauf fahrenden Zug der Zentraleisenbahn von Peru gemacht wurden:

Ort	Höhe	Puls
Tamborague	2995 m	64
San Matteo	3208 „	74
Rio Blanco	3484 „	78

Es entspricht vollkommen der geistigen Verfassung im Hochgebirge, daß oberhalb von Casapalca (4208 m), in einer Höhe, wo der Patient „sich wirklich schlecht zu fühlen beginnt, heftige Kopfschmerzen und ein leichtes Übelkeitsgefühl hat", und wo der Puls daher von Interesse gewesen wäre, keine Aufzeichnungen gemacht wurden. Wir können sie jedoch aus den Arbeiten von Schneider und Truesdell entnehmen, die zeigen, daß die Herzschlagfolge um 20 Schläge zunimmt, wenn der Druck entsprechend einer Höhe von 5500 m fällt.

Zweifellos drückt sich also in Höhen über 3000 m die Höhenwirkung beim ruhenden nicht akklimatisierten Menschen in einer Beschleunigung des Pulses aus. Der Akklimatisierte stellt ein etwas anderes Problem dar. Wir wollen mit seinem Pulse „im Ruhezustand" beginnen, nachdem er eine für die Akklimatisation genügend lange Zeit in Cerro gewesen ist. Nichts weist darauf hin, daß die Höhe bis zu 4300 m irgendeine Wirkung auf seinen Puls hat.

In den ersten beiden Fällen wurde sorgfältig darauf geachtet, daß die Bedingungen genau dieselben waren. Der Puls wurde immer von jemand anderem gezählt. Unser Gedanke war, daß nicht nur der Körper ganz unangestrengt, sondern auch der Geist möglichst von allem Denken befreit sein sollte. Der Versuch fand daher um 7 Uhr morgens statt. Alles wurde von dem Beobachtenden vorbereitet; dann wurde die Versuchsperson, falls sie noch schlief, (was gewöhnlich der Fall war) geweckt, und das Experiment begann ohne geistige oder körperliche Anstrengung von seiten der Versuchsperson. Die angeführten Zahlen sind das Mittel aus 3 oder 4 Zählungen.

Pulse im Ruhezustand.

Name	Ort	Puls	Puls in Cerro
Meakins . . .	Dampfer Victoria	63	60—63
	,, ,,	63	—
Barcroft . . .	,, ,,	60	58
	,, ,,	64	—
Bock	Lima	60	61
Binger	,,	60	60
Redfield . . .	,,	57	65
	—	—	59
Harrop	Lima	58	62

Es läßt sich nur ein Schluß ziehen, nämlich der, daß die Tatsachen in nichts die Feststellung rechtfertigen, daß der Puls in Cerro de Pasco beschleunigter als in Meereshöhe ist. In ein oder zwei Fällen war er schneller, aber nicht besonders ausgesprochen, in einigen anderen Fällen war das Gegenteil der Fall. Man beachte, daß wir jetzt von dem Puls unter absoluter Ruhe, im Unterschied zu dem gewöhnlichen Puls in der Ruhe sprechen.

Ob dasselbe für Höhen über 4300 und 4600 m gelten würde, wissen wir nicht[1]). Es ist aber anzunehmen, daß, wenn wir ähnliche Untersuchungen in größeren Höhen angestellt hätten, jeder von uns schließlich eine Höhe erreicht hätte, in welcher der Sauerstoffmangel eine Pulsbeschleunigung verursacht hätte, und zwar selbst unter den Bedingungen der äußersten Ruhe, der der menschliche Körper fähig ist. Durch den Mangel exakter Feststellungen der wirklichen Höhe, in welcher Veränderungen aufzutreten beginnen, ist viel Verwirrung entstanden; ebenso durch die mangelnde Erkenntnis, daß die kritische Höhe für verschiedene Menschen eine verschiedene ist. Wie wirken nun Anstrengungen, wenn wir den Puls „im Ruhezustand" als Ausgangspunkt nehmen?

---

[1]) Siehe Anhang I.

Der Puls. 113

Um den Einfluß der Muskelarbeit auf den Puls zu messen, wandten wir eine andere als die bisher von den alpinen Beobachtern benutzte Methode an. Es war dieselbe, die kürzlich für Tauglichkeitsuntersuchungen bei Soldaten eingeführt ist und jetzt im weitesten Maße von den Versicherungsgesellschaften in England angewandt wird.

Die genauen Einzelheiten der Untersuchung teilte uns Dr. G. H. Hunt vom Guy's-Hospital mit. Hunt läßt die Versuchsperson eine bestimmte Anzahl von Malen auf einen 30 cm hohen Schemel steigen. Dies wiederholt er mehrere Male und steigert jedesmal die Zahl der Schritte, um die Übung anstrengender zu machen. Die Übung dauert jedesmal 3 Minuten. Der Puls wird in der Ruhe vor jeder Übung und während der zwei Minuten unmittelbar nach jeder Übung gezählt. Die nach der Übung erhaltene Pulszahl wird durch die in der Ruhe erhaltene Pulszahl dividiert und man erhält einen Index. Zum Beispiel:

	Zahl der Schritte in 3 Minuten	mkg	Puls in der Ruhe (2 Minuten gezählt)	Puls nach der Übung	Index
I	36	1800	146	84+78	1,11
II	54	2700	140	89+78	1,19
III	72	3600	138	108+83	1,38
IV	90	4500	140	130+105	1,67

Dann wird eine Kurve gezeichnet, in welcher der Index die Ordinate und die Größe der Muskelarbeit, entweder in Schritten oder in Meterkilogramm ausgedrückt, die Abszisse darstellt. Auf diese Weise kann die Arbeit, die geleistet wird, bevor ein bestimmter Index erreicht wird, ermittelt werden.

In Cerro variierten wir die Methode in der Weise, daß wir anstatt des Pulses in Ruhe, wie er beim sitzenden Menschen erhalten wird, den Puls „im Ruhezustand" als Nenner des Index benutzten. In der folgenden Kurve ist 62 der Puls „im Ruhezustand" in Meereshöhe und 58 der in Cerro de Pasco.

Die schwarzen Punkte, welche Beobachtungen auf dem Dampfer Victoria darstellen, zeigen, wie der Puls auf die angegebene Muskelarbeit in Meereshöhe antwortet. In Chosica (950 m) unterscheidet sich die Kurve nicht wesentlich von der in Meereshöhe. In Cerro de Pasco antwortet der Puls jedoch ganz anders; ein viel geringerer Grad von Muskelarbeit (ungefähr zwei Drittel des Betrages) ist nötig, um die gleiche Beschleunigung hervorzurufen.

Ganz ähnliche Ergebnisse wurden für Meakins' Puls erhalten. Wäre die Abbildung mit Indices gezeichnet worden, in welchen an Stelle des Pulses „im Ruhezustand" der gewöhnliche Puls als Divisor genommen worden wäre, so bestände zwischen den Kurven in Cerro und denen in Meereshöhe nur ein geringer Unterschied, da der gewöhnliche Puls in ungefähr gleichem Maße wie der bei Muskelarbeit beschleunigt wurde.

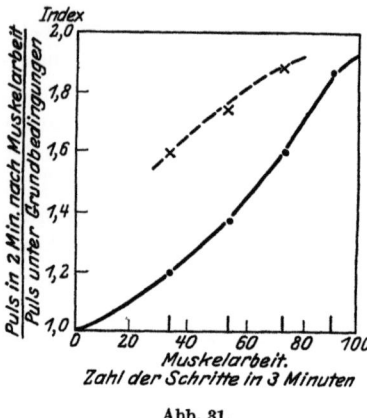

Abb. 31.

Interessant sind einige scheinbar abnorme Beobachtungen über eine bestimmte Eigenart des Pulses. Ob diese zufällig war, oder ob sie immer auftreten würde, wenn der Betreffende vom Meeresspiegel aus auf die gleiche Höhe steigt, könnte nur durch eine größere Reihe von Versuchen entschieden werden. In Matucana (2350 m) trat bei Barcroft in der 2. Minute nach der Übung eine deutliche Pulsverlangsamung auf. Die folgenden Zahlen ergaben sich bei aufeinander folgenden Übungen.

Zahl der Schritte	I 36	II 54	III 72
Matucana Puls in Ruhe	67 66	66 67	65 66
Puls nach Muskelarbeit In der 1. Minute	75	80	80
In der 2. „	62	67	74
Dampfer Victoria Puls in Ruhe	64 64	64 65	68 68
Puls nach Muskelarbeit In der 1. Minute	79	98	—
In der 2. „	69	79	—

Zwei Mitgliedern der Everest-Expedition von 1924 verdanke ich Auskünfte über die Pulszahlen ihrer Expedition in weit größeren Höhen als ich sie erreichte. Die folgenden Daten stammen von Major Hingston:

Pulszahl eines Teilnehmers.

Höhe in Metern	sitzend	stehend	Nach Muskelarbeit	Zeit in Sekunden, bis der Puls wieder die normale Zahl erreicht hat.
Meereshöhe	72	72	84	20
2150	72	84	96	15
4450	72	84	105	40
5000	72	96	120	20
6400	108	120	144	20

Eine interessante Bestätigung unserer eigenen Beobachtungen scheinen mir folgende Punkte in der obigen Tabelle zu sein: 1. Aus der ersten Spalte geht hervor, daß beim Sitzen keine Pulsbeschleunigung bis zu einer Höhe von 5100 m auftrat, in Höhen über dieser fand eine Beschleunigung statt. 2. Die Wirkung der Höhe auf den Puls machte sich in um so geringeren Höhen bemerkbar, je größer die Muskelarbeit war. 3. In der letzten Spalte fand in 2150 m Höhe eine abnorm schnelle Rückkehr zum normalen Pulse statt, ohne Zweifel handelt es sich um das Vagusphänomen, das wir in gleicher Höhe beobachtet hatten.

Dr. Somervell schreibt in einer mir zugesandten Denkschrift: „Zwischen 8200 und 8500 m fanden wir, daß der Puls beim Bergaufgehen 160—180 mal in der Minute schlug, manchmal sogar mehr, regelmäßig im Rhythmus und gut gefüllt war."

Literatur.

Die Literatur über die älteren Arbeiten findet sich in Mossos „Leben im Hochgebirge"; Zuntz, Loewy, Müller und Casparis „Höhenklima und Bergwanderungen", Berlin 1906; Schneiders Aufsatz im 1. Band der Physiological Reviews.
Barcroft, Binger, Book, Doggart, Forbes, Harrop, Meakins und Redfield: Phil. Trans. B. 211, 351. 1923.
Chemical Warfare Medical Committee Report Nr. 14.
Greene und Gilbert: Americ. journ. of physiol. 60, 155. 1922.
Schneider: Physiol. Reviews. 1, 652. 1921.

IX. Die Strömungsgeschwindigkeit des Blutes.

Oft findet man in Ankündigungen eine Behandlungskur mit folgender Begründung empfohlen: Sie rötet die Wangen, sie läßt den Puls schneller schlagen und das Blut in den Gefäßen schneller zirkulieren. Einer meiner Freunde bemerkte einst, daß die Kunst erfolgreicher Ankündigungen darin bestünde, daß man irgendeine vollkommen wahre aber ganz unwichtige Feststellung über die angekündigte Ware macht. Seitdem mir diese Weisheit zu Ohren kam, habe ich es nicht mehr unterlassen können, Ankündigungen unter diesem besonderen Gesichtspunkte zu prüfen. Ich sage mir, hat die Anpreisung in dieser oder jener Ankündigung, selbst wenn man zugesteht, daß sie wahr ist, wirklich etwas zu bedeuten? Wird der Betreffende sich irgendwie besser befinden, weil seine Wangen sich röten, oder weil er einen schnelleren Puls hat, oder weil eine größere Menge Blut durch seine Gefäße fließt? Oder um es in eine wissenschaftlichere Ausdrucksform zu bringen: fühlt man sich besser, wenn man ein erhöhtes Minutenvolumen hat, womit gemeint ist, daß in jeder Minute ein erhöhtes Blutvolumen durch die Lungen vom rechten zum linken Herzen und durch die allgemeine Zirkulation vom linken zum rechten Herzen gelangt?

Die drei Ausdrücke — die Rötung der Wangen, die Beschleunigung des Pulses und die Zunahme des Minutenvolumens — werden gebraucht, als ob sie nur drei verschiedene Ausdrucksformen für dieselbe Sache seien. Eine solche Hypothese kann man nicht ohne Nachprüfung hinnehmen — und wir wollen später untersuchen, ob die Annahme, daß eine Zunahme der Pulsfrequenz eine Zunahme im Minutenvolumen bedingt, berechtigt ist. Im Augenblick möchte ich jedoch auf die Frage eingehen, ob ein großes Minutenvolumen für das Individuum als ein Vorteil angesehen werden kann und im besonderen, ob es in 4000 m Höhe von Vorteil ist.

Nehmen wir die allgemeine Frage zuerst. Wir können die den Kreislauf in der Minute durchströmende Blutmenge messen, wenn auch vielleicht grob, so doch genau genug, um den Wert dieser Behauptung prüfen zu können. Das Prinzip der Methode läßt sich am besten durch Besprechung von Tierversuchen veranschaulichen, da die Methoden an Tieren einfacher sind, und die Beschreibung der Grundlagen weniger durch Einzelheiten kompliziert wird.

Der Grundgedanke ist folgender: Das Tier nimmt jede Minute eine bestimmte Menge Sauerstoff in seinen Kreislauf auf. Der Sauerstoff aus seiner Lungenluft passiert das Lungenepithel und wird vom Blut absorbiert. Wenn man die Sauerstoffmenge, die jeder Kubikzentimeter Blut aufnimmt, mit der Zahl der Kubikzentimeter Blut, die die Lunge jede Minute passieren, multipliziert, so ist klar, daß das Produkt die gesamte aufgenommene Sauerstoffmenge ergeben muß. In derselben Weise können wir aber auch die gesamte aufgenommene Sauerstoffmenge (die wir Q nennen wollen) durch die von 1 ccm Blut absorbierte Menge teilen. Der Quotient ergibt dann die Zahl der Kubikzentimeter Blut, die die Lungen in der Minute passieren.

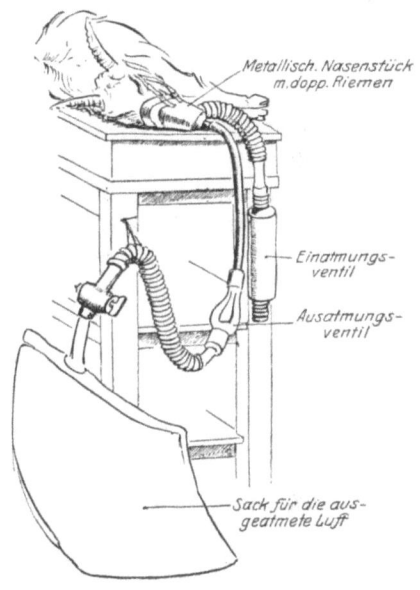

Abb. 32. Respirationsapparat für Ziegen; Lage zur Herzpunktion.

Zwei Zahlen braucht man also; erstens die Sauerstoffmenge, die das Tier in der Minute verbraucht, und zweitens die Menge, die jeder Kubikzentimeter Blut absorbiert. Es ist dies die Ficksche Methode.

Beide Zahlen sind verhältnismäßig leicht zu erhalten. Für den vom Tiere verbrauchten Sauerstoff ist das Verfahren folgendes: Eine Maske in der Art, wie sie in der französischen Armee verwandt wurde, und wie sie, glaube ich, am Ende des Krieges die amerikanische Armee bevorzugte, wird dem Gesichte angepaßt. Abb. 32 zeigt eine liegende Ziege mit aufgesetzter Maske. Die Einatmungsluft geht an einem Ende in die Maske hinein; die ausgeatmete Luft verläßt sie an einem anderen (beide Öffnungen sind durch einfache Ventile geschützt). Die ausgeatmete Luft wird in einem Sack gesammelt. Hat man eine Probe der ausgeatmeten Luft, so braucht man nur einfach gasanalytisch zu bestimmen, wieviel Sauerstoff aus jedem Liter atmosphärischer Luft aufgenommen worden ist; mit einer Gasuhr stellt man die Anzahl Liter, die in den Sack gelangt sind, fest. Aus diesen beiden Werten erhält man die Sauerstoffmenge, die die Ziege in jeder Minute verbraucht. — Dies ist die erste Zahl Q. Die zweite Zahl wird auf sehr einfache Weise erhalten. Die Sauerstoffmenge, die von jedem Kubikzentimeter Blut absorbiert wird, wird durch den Unterschied in der Sättigung des arteriellen und venösen Blutes wiedergegeben; Blutproben können durch Herzpunktion erhalten werden, indem man mit einer Spritzennadel in den rechten oder linken Ventrikel einsticht. Es ist dann möglich, den Sauerstoffgehalt in beiden zu messen. Ist A das Sauerstoffvolumen des arteriellen und V das des venösen Blutes, so ist die Differenz $A - V$ die von einem Kubikzentimeter Blut absorbierte Sauerstoffmenge; dies ist die Bestimmung von R.

Um ein Beispiel zu geben: eine der Ziegen nahm 160 ccm Sauerstoff in der Minute auf (das heißt $Q = 160$).

1 ccm arterielles Blut enthielt 0,117 ccm Sauerstoff
1 ccm venöses   ,,   ,,   0,060 ,,   ,,

Ein Kubikzentimeter Blut absorbierte also 0,057 ccm $O_2 = R$.

$$\frac{Q}{R} = \frac{160}{0,057} = 2632 \text{ ccm oder } 2,6 \text{ l.}$$

Beim Menschen ist die Anwendung der Methode deshalb schwieriger, weil das an sich außerordentlich einfache Verfahren zur Gewinnung einer Probe des gemischten venösen Blutes gefährlich sein kann, wenn es falsch gehandhabt wird. Darum wurde eine ziemlich komplizierte Methode eingeführt, um den Sauerstoffgehalt des venösen Blutes indirekt zu messen.

Ich wendete die, wie ich glaube, damals beste Methode an, die von Dr. Redfield, Dr. Bock und Prof. Meakins ausgearbeitet war, und die auf früher gebräuchliche Methoden fußte.

Das Prinzip ist folgendes: die Luft in den Lungen kommt mit dem Blut aus dem Herzen in ein Gleichgewicht, und die Zusammensetzung dieser Luft kann untersucht werden. Aus bekannten Daten läßt sich dann die Zusammensetzung des Blutes, mit dem die Luft im Gleichgewicht war, berechnen. Die Schwierigkeit liegt jedoch darin, daß das vom Herzen kommende venöse Blut nicht in ein vollständiges Gleichgewicht mit der Lungenluft kommt. Die Autoren überwinden die Schwierigkeit auf folgende Weise: Wenn man aus einem Sack eine Luftprobe einatmet, die Hälfte davon wieder ausatmet und nach 10 oder 15 Sekunden die andere Hälfte ausstößt, so wird die letzte Probe mehr im Gleichgewicht mit dem venösen Blut sein als die erste. Wenn man die Sauerstoff- und Kohlensäuremengen der beiden Proben als Ordinate und Abszisse auf eine Kurve aufträgt, so erhält man zwei Punkte. Zieht man ihre Verbindungslinie weiter, so wird auf ihr der Punkt liegen, wo sich die Alveolarluft und das venöse Blut im Gleichgewicht befanden. Das Verfahren wird wiederholt, der Sack wird mit einem Luftgemisch von ganz anderer Zusammensetzung gefüllt, und man erhält nun eine andere Linie, die auch auf die endgültige Gleichgewichtslage hindeutet. Wenn man die Zusammensetzung der eingeatmeten Luft erneut ändert, so erhält man eine dritte Linie.

Dr. Redfield, Dr. Bock und Prof. Meakins fanden, daß sich die verschiedenen Linien häufig in einem Punkte schnitten. In diesem Falle war nur die Schlußfolgerung möglich, daß dieser Punkt die Luft bezeichnete, die mit dem venösen Blut im Gleichgewicht gewesen war. Hat man diesen Punkt gefunden, und kennt man weiter den Hämoglobinwert des Betreffenden, so kann man mit Hilfe der Capillar-Dissoziationskurve die Sauerstoffmenge bestimmen, die 1 ccm Blut enthält, das mit solcher Luft im Gleichgewicht ist. Diese Methode ist etwas ausführlicher beschrieben worden, weil sie von uns angewandt wurde; aus ihr entwickelte sich die von E. K. Marshall und mir angegebene, die viel einfacher ist, und die ich heute benutzen würde[1]).

---

[1]) Diese Methoden haben eine interessante Entwicklungsgeschichte. Auf der Arbeit von Christiansen, Douglas und Haldane fußend, wurde von Haldane und Douglas eine Methode angegeben, in welcher eine Probe eines Sauerstoff, Kohlensäure und Stickstoff enthaltenden Gasgemisches eingeatmet wurde; gleich darauf wurde eine Alveolarprobe ausgeatmet, und kurze Zeit später eine zweite. Wenn diese beiden sowohl in ihrem Sauerstoff wie CO_2-Gehalt gleich waren, wurde

Das arterielle Blut kann durch Punktion der Radialarterie erhalten werden, und in großen Höhen muß man es auf diese Weise gewinnen. Man kann annehmen, daß es in Meereshöhe zu 95 vH gesättigt ist. Jetzt haben wir die Daten zur Berechnung von R. Q wird genau so wie bei der Ziege erhalten. Nach dieser Erklärung der Methode möchte ich auf die Frage zurückkommen, ob es wünschenswert ist, ein großes Minutenvolumen zu haben. Was wir über den Gegenstand wissen, entstammt den Schriften von Professor Krogh in Kopenhagen. Professor Krogh ist der Ansicht, daß bei Personen von guter körperlicher Entwicklung und überlegener körperlicher Leistungsfähigkeit, wie z. B. Athleten, die Blutströmungsgeschwindigkeit im Verhältnis zum Stoffwechsel langsam ist. So betrug die Strömungsgeschwindigkeit bei einem athletischen Mann in der Ruhe 3,4 l in der Minute, während sie bei seiner Frau einhalbmal größer war. Der Sinn, den Krogh diesem ziemlich überraschenden Phänomen unterlegte, ließ sich aus den von uns bereits angeführten Grundlagen direkt ableiten. Für einen bestimmten Wert Q muß der Wert von R in der Gleichung

$$\text{Min. Vol.} = \frac{Q}{R}$$

um so größer sein, je kleiner das Minutenvolumen ist.

---

angenommen, daß die Probe mit dem gemischten venösen Blut im Gleichgewicht war. Praktisch konnten gegen die Methode dieselben Einwände erhoben werden wie gegen die der dreifachen Extrapolation, nämlich daß in den Zwischenräumen, in denen man die verschiedenen Gasgemische ausatmet, das Minutenvolumen sich ändern kann. Haldane und Douglas brachten daher eine empirische Korrektur an, die darin bestand, daß, wenn die Sauerstoffablesungen ihrer beiden Proben sich nur ein wenig unterschieden, sie die richtige Ablesung dadurch erhielten, daß sie die Differenz zu dem Sauerstoff der zweiten Probe addierten. Wenn die Sauerstoffablesungen z. B. 32 und 34 mm waren, würde die richtige Ablesung 36 mm sein. Wenn man Barcrofts und Marshalls Zahlen (siehe Abb. 1 u. 3 der Originalarbeit) daraufhin ansieht, wird man finden, daß dasselbe für ihre Sauerstoffablesungen gilt. So sind die Untersuchenden, obgleich sie von verschiedenen Voraussetzungen ausgingen, bei ein und derselben Methode angekommen. Daher kann die richtige Ablesung mit der einfachen Technik von Barcroft und Marshall erhalten werden, indem man zu der zweiten Sauerstoffablesung die Differenz zwischen der ersten und zweiten addiert.

Das heißt, je geringer die Strömungsgeschwindigkeit, um so mehr Sauerstoff wird bei jedem Male, wo das Blut den Körper durchläuft, aufgenommen, und daher ist das System um so wirksamer je langsamer die Zirkulation ist, die ausreicht, den Körper mit einer bestimmten Sauerstoffmenge zu versorgen. Ohne Zweifel unterstützen die bei den Mitgliedern unserer Expedition erhaltenen Resultate die von Prof. Krogh. Unglücklicherweise mußte ich, was körperliche Leistungsfähigkeit anging, die Siegespalme kampflos Dr. Redfield und Professor Meakins überlassen. Unser Minutenvolumen war nach der Methode der dreifachen Extrapolation folgendes:

Barcroft	Meakins	Redfield
6,8 ⎫	4,9 ⎫	
5,4 ⎬ 6,1	4,4 ⎬ 5,1	4,2
6,0 ⎭	5,5	
	5,4 ⎭	

Ich persönlich sehe das Problem von einem etwas anderen Gesichtspunkt aus an, nämlich dem, welchen Spielraum das Herz und der Kreislauf im Bedarfsfalle, z. B. bei schwerer Muskelarbeit, zur Verfügung haben.

Angenommen, Prof. Meakins' Herz und meines können beide in der Minute 19 l auswerfen. In der Ruhe wirft dann mein Herz ungefähr ein Drittel und seins ungefähr ein Viertel dieser Menge aus, d. h. er kann seine Zirkulation auf das Vierfache seines gegenwärtigen Minutenvolumens und ich das meinige nur auf das Dreifache steigern.

Zwei Einwände können mit Recht gegen diese Begründung erhoben werden.

1. Ist die Annahme gerechtfertigt, daß Prof. Meakins' Herz in der Minute ebensoviel auswerfen kann wie mein eigenes? Es ist schwierig zu sagen, wessen das Herz eines Menschen fähig sein kann, wenn es von dem Körper, dem es angehört, isoliert wird. Zieht man Meakins' Alter und Körperzustand in Betracht, so kann kein Zweifel darüber bestehen, daß er weit größerer körperlicher Anstrengung fähig ist, d. h. eines viel größeren Sauerstoffverbrauches in der Minute. Ich habe von 19 l Blut in der Minute gesprochen; die gesamte Sauerstoffmenge in demselben würde etwas über 3 l ausmachen.

Ich glaube, daß dies Meakins' Leistungsfähigkeit unterschätzen heißt. Ich würde mich heute nicht gerne mehr selber der Probe unterziehen.

2. Der Fall, daß jemand in der Ruhe nur ein geringes, in keiner Weise steigerungsfähiges Schlagvolumen hatte, wurde mir mit folgenden Worten entgegengehalten: ,,Auch das Gegenteil ließe sich denken. Ein Zusammentreffen von Bedingungen wäre möglich, unter denen sich ein geringes Schlagvolumen in der Ruhe annehmen ließe, welches bei Muskelarbeit nur wenig zunähme — sagen wir z. B. von nur 3 l pro Minute in der Ruhe auf 4,5 bei Muskelarbeit. Weil die Ausnutzung bereits groß und die Zunahme der Blutgeschwindigkeit nur gering ist, wird die Sauerstoffschuld relativ größer sein. Auch wenn man zugibt, daß Prof. Meakins vielleicht leistungsfähiger ist als Sie, so werden Sie doch immerhin noch leistungsfähiger sein als ein solcher Fall." Das gebe ich natürlich zu, aber ein Mann von Meakins' oder selbst von meinem Körperbau, dessen Herz nur ein Minutenvolumen von 4,5 l bewältigen könnte, würde nur 750 ccm Sauerstoff in der Minute absorbieren und wäre pathologisch. Ich werde später den Fall eines Patienten anführen, der in Anfällen von paroxysmaler Tachycardie einen Puls von etwa 200, verbunden mit einem Minutenvolumen von 2 bis 3 l, hatte. Er war unfähig zu jeder etwas größeren Anstrengung; wahrscheinlich weil sein Herz so unwirksam arbeitete.

Die oben von mir entwickelte Begründung bezog sich auf wirklich Leistungsfähige. Ruskin hat gesagt, daß die Armen dieser Welt die vollkommen Guten und vollkommen Schlechten sind — oder Worte in diesem Sinne. Möglicherweise sind die Menschen mit sehr niedrigem Minutenvolumen die wirklich Leistungsfähigen und die wirklich Leistungsunfähigen. Auf alle Fälle muß ich mit den Anpreisungen brechen, die mich zu überzeugen versuchen, daß ein großes Minutenvolumen in der Ruhe eine wünschenswerte Zugabe ist — es scheint eher ein unnötiges Übel zu sein. Selbst wenn unter gewöhnlichen Umständen ein großes Minutenvolumen nicht von Vorteil ist, so könnte vielleicht unter Bedingungen, wo die Sauerstoffspannung im Blut abnorm niedrig ist, ein Schnellerwerden der Zirkulation dennoch äußerst günstig wirken. Wir wollen untersuchen, ob eine solche Beschleunigung in großen Höhen stattfindet oder nicht.

Wir haben gesehen, daß dem Blut, wenn es die Lungen verläßt, der volle Sauerstoffgehalt fehlt. Ein Mittel, diesen Mangel auszugleichen, wäre möglicherweise eine größere Menge Blut durch die Gewebe zu treiben. Natürlich wäre das ein Versuch Qualität durch Quantität zu ersetzen, was immer unbefriedigend bleibt. Aus allgemeinen Gründen war es jedoch zu erwarten, und neben diesen gab es auch experimentelle Angaben, welche in dieselbe Richtung wiesen. Vor einigen Jahren unternahmen Dixon und ich, wie auch Starling und Markwalder einige Experimente, in denen die Zirkulation in den Blutgefäßen des Herzens gemessen wurde, während gleichzeitig der Sauerstoff in dem zu dem Herzen gelangenden Blut verringert wurde.

Wurde der Sauerstoff im arteriellen Blut genügend reduziert, so nahm die die Gefäße des Herzmuskels (Coronargefäße) durchströmende Blutmenge zu, so daß trotz großer Abweichungen in der Sauerstoffmenge des arteriellen Blutes, die das Herz tatsächlich erreichende Sauerstoffmenge ziemlich unverändert blieb.

	O_2 im arteriellen Blut (in 100 ccm Blut)	Blutmenge, die durch die Herzgefäße in der Minute strömt	Sauerstoff, der zum Herzen gelangt
I.	16 ccm	11 ccm	1,76
	14 „	11 „	1,54
	8 „	23 „	1,74
II.	12 „	1,8 „	0,21
	5,4 „	5,7 „	0,31
III.	15 „	8 „	1,20
	2,1 „	48 „	1,0

Abb. 33 ist das Krankenblatt einer Ziege, die einige Tage vorher mit Phosgen vergiftet worden war. Anders als bei den meisten Krankenblättern beziehen sich die Eintragungen nicht auf die Temperatur, Atmung und Puls, sondern auf den Sauerstoff im arteriellen Blut, den Sauerstoff im venösen Blut und auf das Minutenvolumen.

Der obere Rand der oberen schraffierten Fläche gibt den Sauerstoffgehalt des arteriellen Blutes, der untere Rand den des venösen Blutes wieder. Die vertikale Höhe der Fläche stellt die

124   Die Strömungsgeschwindigkeit des Blutes.

Sauerstoffausnutzung dar, d. h. die Differenz zwischen den beiden. Dies ist die Zahl, die auf S. 118 als R angeführt ist. Der gesamte in der Minute verbrauchte Sauerstoff ist nicht wiedergegeben. Aus diesen Daten wird das Minutenvolumen berechnet, das durch die untere schraffierte Fläche dargestellt ist. Das Resultat ist typisch für sehr viele, wenn auch nicht für alle Fälle akuter Phosgenvergiftung. Das außerordentlich interessante Problem, warum einige Ziegen, ähnlich wie manche Menschen, viel stärker

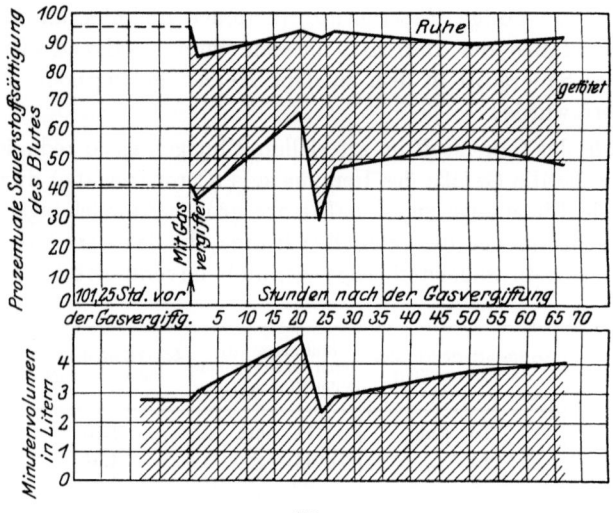

Abb. 33.

auf Gifte reagieren und ein viel typischeres Bild geben, müssen wir beiseite lassen. Uns beschäftigt hier folgendes. Sind die aufeinander folgenden Veränderungen im Minutenvolumen durch mangelnden Sauerstoff im arteriellen Blut bedingt? War die anfängliche Steigerung des Minutenvolumens eine Kompensation, um die Gewebe mit einer größeren Sauerstoffmenge zu versorgen und um so den mittleren Sauerstoffdruck in den Capillaren trotz des gesunkenen Sauerstoffdruckes im arteriellen Blut aufrecht zu erhalten? War der nachfolgende Fall im Minutenvolumen durch Nachlassen der Herzkraft bedingt, und war dieses Nachlassen des Herzens durch Sauerstoffmangel im Blut verursacht? Diese Fragen waren während des Krieges von äußerstem Interesse,

Die Strömungsgeschwindigkeit des Blutes. 125

weil, wenn Sauerstoffmangel die Ursache war, die gegebene Behandlung Einatmen von Sauerstoff unter hohem Druck war. Sie verloren mit dem Ende des Krieges nicht an Interesse, denn schließlich war die Phosgenvergiftung nur eine durch keine Bazillengifte komplizierte Lungenentzündung. Darum blieb die Frage offen, ob das für den Sauerstoffeintritt ins Blut durch das Ödem dargestellte mechanische Hindernis für die im Minutenvolumen beobachteten Veränderungen verantwortlich war.

Man vergleiche zum Beispiel Abb. 33 am Ende des Experimentes mit Ziege 2150

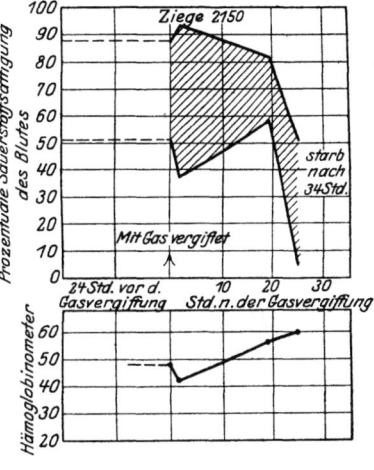

Abb. 34.

(Abb. 34), die nach 34 Stunden starb. Gemeinsam ist beiden Krankenblättern das Schmalerwerden des schraffierten Bezirkes, der die Ausnutzung für ungefähr 18—19 Stunden wiedergibt. Danach erfolgte bei beiden Ziegen der plötzliche starke Fall im Sauerstoffgehalt des venösen Blutes. Aber in dieser kritischen Periode besteht folgender großer Unterschied: Der Sauerstoffgehalt des arteriellen Blutes blieb bei der Ziege Abb. 33 derselbe, bei Ziege 2150 jedoch nicht. Hätte die Ziege 2150 gerettet werden können, wenn man

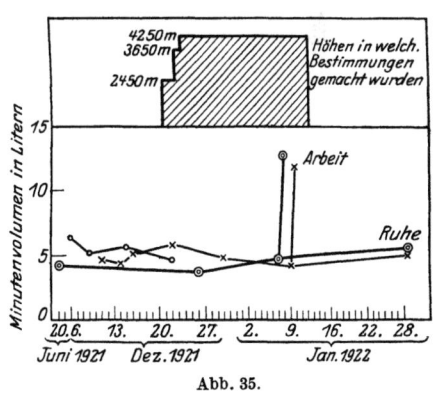

Abb. 35.

ihr in der 18. Stunde künstlich Sauerstoff zugeführt hätte?

Es schien äußerst wünschenswert, direkt zu untersuchen, ob das Minutenvolumen zunimmt, wenn man durch Herabsetzen des

126   Die Strömungsgeschwindigkeit des Blutes.

Sauerstoffprozentgehaltes in der Atmungsluft den Sauerstoff im arteriellen Blut verringert. Dr. Doi führte diese Untersuchungen mit größter Sorgfalt aus. Für mich ist sein Resultat um so überzeugender, als es angesichts des größten Skeptizismus meinerseits erhalten wurde.

Die wesentlichen Tatsachen sind in Abb. 37 wiedergegeben. In ihr sind bei einem Tier der Puls (ein Kreis), das Minutenvolumen (ein Punkt) und das Schlagvolumen (ein Kreuz) als Prozente der Normalwerte (Einatmen von atmosphärischer Luft mit 21 vH Sauerstoff) wiedergegeben.

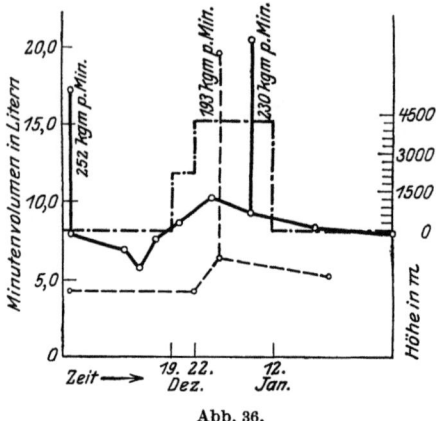

Abb. 36.

Wenn die Katze in sauerstoffarmer Atmosphäre atmete, erhielt Doi in keinem Falle ein erhöhtes Minutenvolumen. Die Resultate wiesen vielmehr, wenn auch nicht sehr ausgeprägt, in die entgegengesetzte Richtung. Wurde der Sauerstoff in der eingeatmeten Luft bis zu 13 vH (entsprechend einer Höhe von etwa 4000 m) verringert, so betrug das Minutenvolumen über 90 vH seines ursprünglichen Wertes. Die Frage war jetzt in ein akutes Stadium getreten.

Die von Doi an urethanisierten Katzen erhaltenen Resultate konnten nicht als gültig für nicht narkotisierte Ziegen angesehen werden, sonst könnte die an Ziegen bei Phosgenvergiftung gelegentlich erhaltene Vermehrung der Strömungsgeschwindigkeit nicht durch Anoxämie verursacht und nicht als direkter kompensatorischer Mechanismus angesehen werden. Da dies ein Problem ist, das man nicht leicht fallen läßt, so blieb nur die Möglichkeit, die Wirkung des Sauerstoffmangels am Menschen selber nachzuprüfen. Also auf in die Anden.

Die Resultate, die wir von Cerro heimbrachten, waren alle sehr dürftig und waren in der Tat, je nach der angewandten Methode, ein wenig verschieden. Zwei Methoden wurden angewandt:

die Methode, die ich als die der dreifachen Extrapolation beschrieben habe und eine andere, die unabhängig davon von Meakins und Davies ersonnen wurde. Ich muß es dem Leser überlassen, sich eine eigene Meinung zu bilden, welche Methode den Tatsachen am nächsten kommt, und will darum die erhaltenen Resultate ohne Voreingenommenheit wiedergeben. Ich persönlich gebe natürlich der Methode der dreifachen Extrapolation den Vorzug, denn ich glaube nun einmal nicht, das man ein eingeatmetes Gasgemisch in einer Zeit von etwa 15 Sekunden mit dem venösen Blut ins Gleichgewicht bringen kann. Man kann ein Gemisch von Luft und Kohlensäure erhalten, das man ein- und ausatmen kann, ohne daß sich die CO_2-Menge in dem Gemisch ändert. Darauf beruht das Prinzip von Meakins' Methode; ich glaube aber, sie bedeutet

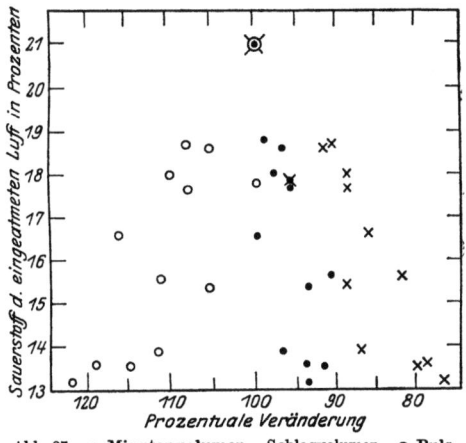

Abb. 37.   • Minutenvolumen, Schlagvolumen, ○ Puls.

nur, daß die in dem eingeatmeten Gas enthaltene Kohlensäure in der Lunge mit Luftgemischen wechselnder Zusammensetzungen durchmischt wird und so das Aussehen eines künstlichen Gleichgewichts hervorgerufen wird. Zweitens ist es fraglich, inwieweit, wenn überhaupt, Korrektionen an der erhaltenen CO_2-Ablesung angebracht werden sollen. Der Leser mag jedoch anderer Meinung sein, wie es Meakins in der Tat ist, und schließlich hat Meakins ungeheuer viel mehr Erfahrung in der Methode als ich. Um nun auf unsere Resultate zurückzukommen. Sie sind in Abb. 35 und 36 wiedergegeben. Nach der einen Methode war das Minutenvolumen zwischen Meereshöhe und Cerro de Pasco nicht merklich verändert, nach der anderen hatte es ein wenig zugenommen. Die Zahlen sind, wenn man die mittleren Werte nimmt, folgende:

	Methode der dreifachen Extrapolation		Meakins' Methode	
	Redfield	Meakins	Redfield	Meakins
Meereshöhe	5,1	5,2	5,3	7,8
Cerro	4,1	4,7	6,4	9,6

Nach unserer Methode fiel das Blut um 20 vH und weniger, nach der anderen stieg es um denselben Betrag. Es scheint wahrscheinlich, daß nur eine geringe Veränderung stattfand und sicher, daß keine große kompensatorische Veränderung vorhanden war. Dasselbe fanden Hasselbalch und Lindhard in ihren Versuchen in der Respirationskammer. Wie geringfügig die Änderung war, wenn überhaupt eine stattfand, kann man aus der Beeinflussung der Werte infolge ganz leichter Arbeit auf dem Zweiradergometer ersehen.

So verursachten nach Meakins' Methode 252 kgm in der Minute in Edinburg eine Steigerung von 9—10 l in der Minute, während 230 kgm in der Minute in Cerro eine Steigerung um 12 l verursachten.

Es wird dem Leser natürlich klar sein, daß, selbst wenn keine Steigerung in der Blutmenge, die in dem „ganzen Körper" kreist, stattfindet, daraus keineswegs folgt, daß bestimmte Organe nicht eine vermehrte Versorgung haben können. Es kann eine andere Verteilung stattfinden, und das Hirn könnte z. B. auf Kosten der Haut eine erhöhte Versorgung empfangen. Sicher kann die Blutversorgung des Hirns sehr erhöht werden, ohne daß dabei eine Änderung im Minutenvolumen des Körpers, die nicht innerhalb der experimentellen Fehlergrenze liegt, stattfindet.

In Cerro stellten wir mit Stewarts Methode einige Beobachtungen über die Strömung des Blutes in den Hautgefäßen der Hand an. Sie wurden von Forbes mit großer Sorgfalt ausgeführt. Er maß die Zeit, in welcher die Hand eines im Bette liegenden Menschen sich abkühlte, aber die Resultate ergaben nur geringe Aufklärung, da die etwaige Wirkung der Höhe von der Zahl der Wolldecken auf dem Bett der Versuchsperson und ähnlichen Umständen abhängig war.

Dr. Schneider machte in seinem ausgezeichneten Artikel über die Physiologie in großen Höhen in den Physiological Reviews eine Bemerkung über Dois Arbeit, welche mir in Erinnerung geblieben ist. Er sagte, daß, wenn Dois Arbeit stimmt, die Beschleunigung des Herzens in großen Höhen kein kompensatorischer Mechanismus ist, sondern ein Alarmsignal. Weil, wenn die vom

Herzen ausgetriebene Blutmenge nicht größer wird, das Organ nichts zum Nutzen des Organismus beiträgt. In Dois Experimenten war das Herz beschleunigt, die in der Systole ausgetriebene Blutmenge aber entsprechend vermindert (s. Abb. 31).

Die 20 proz. Zunahme der Pulszahl, die den Ausdruck „Alarmsignal" veranlaßte, ist jedoch nichts im Vergleich mit sonst am Menschen beobachteten Wirkungen. So berichten Haldane, Kellas und Kennaway von Pulsfrequenzen bis zu 120 unter vermindertem atmosphärischem Druck in der Stahlkammer im Bromptonhospital. Aber das bei weitem Bemerkenswerteste und Bezeichnendste, was mir hierüber begegnet ist, wurde von Dr. Somervell gelegentlich einer Sitzung der Royal Society of Medicine berichtet. Soweit ich mich erinnere, sagte er über seine Erlebnisse der Mount-Everest-Expedition 1922[1]) unter anderem: „Am Tage meines höchsten Aufstieges" (er erreichte 8200 m ohne Sauerstoff) „schlug mein Puls fast die ganze Zeit um 200." Dies war in der Tat ein Alarmsignal. Wir wissen nur wenig darüber, was mit dem Minutenvolumen geschieht, wenn das Herz mit solcher Geschwindigkeit schlägt. Das wenige, was wir wissen, kann man in einer Arbeit über einen Fall von paroxysmaler Tachycardie finden. Der Patient, ein Student, war zufällig ein guter Physiologe und ein ausgezeichneter Beobachter, so daß er imstande war, ziemlich zuverlässige Angaben zum Studium seines eigenen Falles zu machen. Die Beobachtung des Minutenvolumens während zweier Anfälle zeigte nicht nur, daß die kolossale Pulsbeschleunigung sein Minutenvolumen nicht steigerte, sondern, daß dasselbe beinahe in demselben Maße fiel wie der Puls zunahm — so unwirksam wurde das Herz.

	1. Anfall	2. Anfall	Nach dem Anfall	Normal
Puls	175	198	82	64
Minutenvolumen (Liter)	2,8	2,5	6,1	5,0
Schlagvolumen (ccm)	16,5	12,9	75	77,5

Daß der Hauptteil dieser Störung von der Haut getragen wurde, zeigte die Analyse einer Blutprobe aus einer der Armhautvenen. Das Blut war beinahe vollkommen sauerstofflos,

---

[1]) Man beachte jedoch, daß Somervell über die Expedition von 1924 berichtet, daß der Puls „gut gefüllt war" (siehe S. 115).

während das zum Herzen gelangende gemischte venöse Blut selbst im Anfall ungefähr zu 40 vH anstatt zu 55 vH (sein normaler Wert) gesättigt war. Es ist unnötig zu sagen, daß der Mann stark cyanotisch war. Die in den Hautgefäßen beobachtete Stauung gibt mir die Antwort auf eine Frage, die jemand von der Mount-Everest-Expedition 1922 — ich glaube es war Somervell selber — stellte. Sie lautete: „Warum hatten wir nach unserer Rückkunft ins Lager, unmittelbar als wir Sauerstoff einzuatmen begannen, ein Gefühl der Wärme in der Haut?" Ich glaube, die Antwort ist die, daß ihre Herzen unmittelbar, nachdem sie sauerstoffhaltiges Blut zugeführt bekamen, imstande waren, ein normales Minutenvolumen auszutreiben und daß darum die Hautgefäße ihren gewöhnlichen tonischen Zustand wieder erlangten.

Während ich die Schlußworte dieses Kapitels schreibe, tauchen vor mir zwei Bilder auf, ein Bild aus meiner Erinnerung und eins aus meiner Einbildung. Ich denke an ein bequemes Schlafzimmer im Trinity College in Cambridge, der Student, den wir auf Tachycardie hin untersuchten, war, da er Bewegung „unmöglich" und das Leben anderswo „unerträglich" fand, ins Bett gekrochen, und trotz aller möglichen äußerlichen Versuche ihn zu wärmen, lag er da mit cyanotischer und kalter Haut. Dann wenden sich meine Gedanken irgendwohin innerhalb 300 m unterm Gipfel des Everest, und ich sehe im Geiste vor mir zwei Gestalten, deren Herzen vielleicht um 200 in der Minute schlagen, deren Blut in der Haut erstarrt, aber an einem Orte, wo Stauung unvermeidlich Erfrieren bedeutet; auch sie fanden das Leben unmöglich und unerträglich, aber in ihrem Falle hatte diese Redensart eine wörtliche Bedeutung — eine wie wörtliche, weiß die ganze Welt.

Literatur.

Barcroft (1): Royal Army Medical Corps Journ. 10. Jan. 1921.
— (2) und Marshall: Journ. of physiol. 58, 148. 1923.
— (3), Bock und Roughton: Heart 9, 7. 1921.
— (4), Boycott, Dunn und Peters: Quart. journ. of med. 13, 35. 1919.
Christiansen, Douglas und Haldane: Journ. of physiol. 48, 262. 1914.
Doi: Journ. of physiol. 55, 43. 1921.
Douglas und Haldane: Journ. of physiol. 56, 69. 1922.
Fick: Verhandl. d. physik.-med. Ges. in Würzburg, Sitzungsber. 1870. 16, II. 1872.
Haldane, Kellas und Kennaway: Journ. of physiol. 53, 183. 1919.

Krogh: Skand. Arch. **27**, 125. 1912.
Meakins und Davies: Heart **9**, 192. 1922.
Redfield, Bock und Meakins: Journ. of physiol. **57**, 76. 1922.
Schneider: Physiol. Reviews **1**, 655. 1921.
Starling und Markwalder: Journ. of physiol. **47**, 275. 1913.
Stewart, G. N.: Heart **3**, 33. 1911.
Hasselbalch und Lindhard: Bioch. Zeitschr. **68**, 265. 1914.

X. Die Beanspruchung des Herzens.

Nachdem wir festgestellt haben, daß die Pulsbeschleunigung bei Muskelarbeit, selbst bei der gewöhnlichen Muskelarbeit einer ziemlich sitzenden Lebensweise, in Cerro größer als in Meereshöhe ist, taucht natürlich die Frage auf, wie groß die an das Herz gestellte Extrabeanspruchung ist. Die Antwort auf diese Frage ist für den Physiologen deshalb von größtem Interesse, weil sie eine Art Definition in sich schließt, was mit einer an das Herz gestellten Beanspruchung gemeint ist. Es ist leicht einen Ausdruck zu gebrauchen, um aber diesen Ausdruck in Maßen und Zahlen auszudrücken, muß man festlegen, was eigentlich gemessen werden soll.

Stellen wir die Frage folgendermaßen: „Wie groß ist der Grad der Extraanstrengung, der das Herz in Cerro de Pasco ausgesetzt ist?" Ich vermeide den Ausdruck: „Wie groß ist die Extraarbeit, die das Herz leistet?", weil ich, wenn ich die Frage in dieser Form stelle, gezwungen bin, sie auf eine bestimmte Weise zu beantworten. Die Berechnung der „vom Herzen geleisteten" Arbeit steht in jedem Lehrbuch der Physiologie und sie ist sicherlich ein Weg, diese Frage zu beantworten. Das können wir sofort tun.

Es geschieht auf folgende Weise: Man nimmt an, daß das Herz bei jedem Schlage eine bestimmte Blutmenge austreibt und zwar entgegen einem bestimmten Druck. Diesen Druck kann man sich von der Größenordnung einer Blutsäule von 160 cm Höhe vorstellen. Unsere Messungen ergaben, daß der arterielle Druck, und daher die Höhe der Säule, in Cerro wie in Meereshöhe annähernd gleich war. Die bei jedem Schlag vom linken Ventrikel geleistete Arbeit ist dieselbe, als ob die bei jedem Herzschlag ausgetriebene Blutmenge 160 cm oder 1,60 m hochgehoben würde. Um ein Maß für diese Arbeit zu erhalten, muß man das Gewicht des Blutes mit der Höhe, auf die es gehoben wird, multiplizieren. Wir kennen jedoch nicht das Gewicht des Blutes, das mit jedem Schlage ausgeworfen wird. Es ergibt sich jedoch aus folgendem. Benutzen wir die von mir in Kapitel IX für das den Körper in der Minute durchfließende Blut angeführten Zahlen, wie sie mit der Methode der dreifachen Extrapolation erhalten wurden, so erhalten wir in Verbindung mit der Pulszahl das Schlagvolumen des linken Ventrikels.

	Ort	Durchschnittliches Minutenvolumen in Ruhe (Liter)	Durchschnittliche Pulszahl	Schlagvolumen	
				ccm	g
Meakins	Meereshöhe	5,2	69	75	79
	Cerro	4,7	81	58	62
Redfield	Meereshöhe	5,1	60	85	90
	Cerro	4,1	78	53	57

Durch Multiplikation des Schlagvolumens mit dem Blutdruck erhält man:

	Ort	Schlagvolumen in g	Höhe der Blutsäule in Metern[1]	Mittlere Arbeit in mkg	Arbeit pro Minute in mkg
Meakins	Meereshöhe	79	1,6	0,126	8,8
	Cerro	62	1,6	0,099	8,0
Redfield	Meereshöhe	90	1,6	0,144	8,6
	Cerro	57	1,6	0,091	7,1

Der linke Ventrikel leistet also in Cerro bei jedem Herzschlag nur Dreiviertel der Arbeit, die er in Meereshöhe leistet. Um die Arbeit pro Minute zu erhalten, muß man die Arbeit des einzelnen Herzschlages mit der Pulszahl multiplizieren. Sie ist nach der eben angegebenen Berechnung in Cerro um eine geringes kleiner als in Meereshöhe. Da der Blutdruck konstant bleibt, sind die Verhältnisse natürlich einfach die des Minutenvolumens.

Können wir aber darum, weil das Herz weniger Arbeit leistet, annehmen, daß es sich ausruht? Augenscheinlich kann ein großer

---

[1]) Die systolischen Drucke für die Mitglieder der Everestexpedition 1924 hat Major Hingston angegeben. Auffallenderweise zeigen sie eine beträchtliche Drucksenkung, sobald der Betreffende von 5000 auf 6500 m steigt. Es ist möglich, aber nicht sicher, daß es zwischen 2000 und 5000 m einen maximalen Wert gibt.

Unterschied bestehen zwischen dem, was das Herz leistet und der Anstrengung, die es braucht, um sie auszuführen. Wir müssen irgendeine andere Methode zur Berechnung der Anstrengung finden. Nehmen wir den Stoffwechsel des Herzens als ein Maß für die Anstrengung, und überlegen wir, ob wir irgendwelche Messungen besitzen, die wir mit dem Stoffwechsel des Herzens in Beziehung bringen können.

Die Faktoren, die den Sauerstoffverbrauch des Herzens bestimmen, sind in verschiedenen Laboratorien studiert worden. Ich möchte hier nur auf das Säugetierherz verweisen, das Gegenstand von Untersuchungen durch Rhode in Heidelberg und durch Evans im University College in London gewesen ist. Mit der Voraussetzung, daß das ausgeschnittene Herz zum normalen, regelmäßigen und ausreichenden Schlagen gebracht werden konnte, stand Rhode der Möglichkeit gegenüber, den vom Herzen verbrauchten Sauerstoff und gleichzeitig die bei seiner Tätigkeit maßgebenden Faktoren zu bestimmen.

Der Stoffwechsel hängt durchaus nicht von der Blutmenge ab, die das Herz auswirft, sondern von der der Kontraktion vorhergehenden Spannung der Herzmuskelfasern, gleichgültig ob eine Kontraktion folgt oder nicht.

In einer Reihe sehr schöner Untersuchungen kam Rohde zu folgendem sehr einfachen Schluß: Die Sauerstoffmenge, die das Herz braucht, ändert sich direkt proportional 1. der Pulszahl und 2. dem größten Druck, der ihm auferlegt wird, d. h. dem systolischen Druck.

Wenn Q die in der Minute verbrauchte Sauerstoffmenge ist, T die bestehende Spannung und R die Pulszahl, dann ist

$$\frac{Q}{RT} = \text{konstant.}$$

Auch Evans fand, daß sich der Stoffwechsel des Herzens mit der Pulszahl änderte, wenn der Puls durch Temperatursteigerung zunahm.

Kommen wir nun auf das Beispiel zurück, welches oben von Professor Meakins' Puls gegeben wurde. Nehmen wir an, wie es auch annähernd der Fall war, daß der Blutdruck in Cerro und in Meereshöhe der gleiche war.

Anstatt zu schreiben:
Die Beanspruchung (= Stoffwechsel) ändert sich proportional dem Druck × der Pulszahl,
können wir dann schreiben:
Die Beanspruchung (= Stoffwechsel) ändert sich proportional der Pulszahl.

In Meereshöhe war die Pulszahl in der Ruhe 69
„ Cerro „ „ „ „ „ „ 81,
so daß die Beanspruchung um etwa 20 vH zunahm, während die wirkliche pro Minute geleistete Arbeit um 10 vH abnahm. Es scheint danach, als ob das Herz in Cerro weniger ökonomisch arbeitete als in Meereshöhe.

Schließen wir uns Rohdes und Evans' Ansichten an, so können wir bei konstantem Blutdruck das Minutenvolumen als Maß der Leistung und die Pulszahl als Maß der für diese Leistung aufgewendeten Anstrengung annehmen; dann ist:

$$\frac{\text{Minutenvolumen}}{\text{Pulszahl}} = \text{Schlagvolumen} = \text{Maß der Herzwirksamkeit.}$$

Es kommen aber noch andere Überlegungen hinzu. Eine Reihe von Untersuchungen von A. V. Hill am Muskel und von Starling und seinen Schülern am Herzen — Untersuchungen, die ich nicht erst zu loben brauche —, haben zu der Annahme geführt, daß die Ausdehnung des Ventrikels in der Diastole ein Maß für die Beanspruchung des Herzens bei jedem Herzschlag ist. Rohdes Ansicht würde dann nur unter der Bedingung stimmen, daß die Ausdehnung in der Diastole bei jedem Herzschlag dieselbe bleibt. Hier gelang es uns wieder, ein kleines Stückchen Aufklärung heimzubringen, vielleicht gerade groß genug, um uns instand zu setzen, die bei dem Problem in Frage kommenden Faktoren zu konstatieren, aber nicht viel mehr. Unsere Kenntnisse stammen aus Röntgenaufnahmen.

Abb. 38 zeigt die Konturen von Meakins' Herzschatten in Cerro (B) und in Edinburgh (A). Es ist deutlich, daß der in Cerro der kleinere von beiden ist, und da nichts darauf hindeutete, daß der fronto-dorsal-Durchmesser zugenommen hatte, können wir annehmen, daß die Verkleinerung des Schattens eine Verkleinerung des Ventrikels bedeutet. Ich bin bestimmt keine Autorität in der Deutung von Röntgenaufnahmen des Herzens, und ich fand, daß die Autoritäten verschiedener Ansicht darüber waren, ob der Schatten die Systole oder Diastole oder keine von beiden darstelle. Zum Glück ist dies aber, wie wir im folgenden sehen werden, für unseren Zweck ziemlich gleichgültig. Stellt der Schatten die Systole dar, so wissen wir, daß das Herz in der Systole ein kleineres Volumen als in Edinburgh hat. Das Ventrikelvolumen in der Diastole ist nun gleich dem Ventrikelvolumen in der Systole plus dem Schlagvolumen. Die bereits angeführten Zahlen zeigen, daß nach der Methode der dreifachen Extrapolation, die in der Systole ausgeworfene Blutmenge in Cerro kleiner ist als in Edinburgh, und nach der Methode von Meakins und Davies ist das Schlagvolumen zum mindesten nicht größer. Wie dem also auch sei: stellt der Schatten die Systole dar, so besagt dies, daß das diastolische Volumen in Cerro kleiner ist als in Meereshöhe, und stellt er die Diastole dar, so ist dasselbe der Fall. Die Röntgenschatten von Redfields und Forbes' Herzen zeigten genau dasselbe. Bei Bock und mir war es anders; unglücklicherweise wurden unsere Schatten nicht kleiner, auf

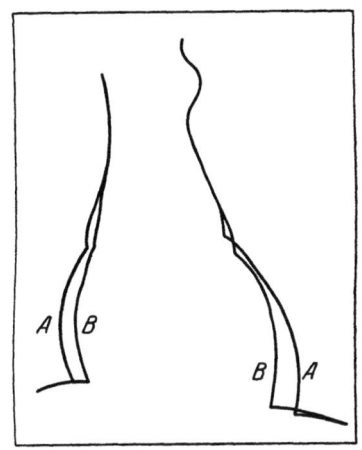

Abb. 38. Umrisse des Herzschattens von Prof. Meakins. *A* in Edinburg, *B* in Cerro.

der anderen Seite aber auch nicht größer. Es scheint, als könnte man die Herzen nach den Röntgenschatten in zwei Gruppen einteilen; eine Gruppe, in welcher die diastolische Spannung der Herzmuskelfasern in Cerro bestimmt geringer war als in Meereshöhe, und eine andere Gruppe, wo sie wahrscheinlich ungefähr dieselbe blieb.

Bei der ersten Gruppe brauchte die Pulsbeschleunigung nicht notwendig ein Alarmzeichen zu sein; oder vielleicht sollte ich mich so ausdrücken, daß das Zeichen bereits da war, daß aber noch nichts Alarmierendes geschehen war. Denn die durch die vermehrten Herzschläge gesteigerte Energieumwandlung im Herzmuskel konnte durch verringerte Umwandlung bei jedem Schlage infolge der verminderten diastolischen Spannung der Herzmuskelfasern ausgeglichen werden.

In der zweiten Gruppe war nicht nur das Zeichen, sondern in geringem Grade auch etwas Alarmierendes vorhanden. Sehr wahrscheinlich gab die Veränderung des Schlagvolumens sehr genau die Veränderung in der Leistungsfähigkeit des Herzens wieder.

Es ist natürlich klar, daß Bock und ich mehr unter der Höhe zu leiden hatten als Meakins, Redfield und Forbes. Was wir meiner Meinung nach in Cerro fanden war, daß beim Sitzen auf einem Stuhl in 4300 m eine sehr taugliche Person mit einem sehr guten Herzen ihr Herz nicht beansprucht, und eine taugliche Person mit einem guten Herzen es nicht sehr beansprucht; hier endet jedoch schon unsere Erfahrung. Ich möchte eine Warnung hinzufügen: sobald das Zeichen in Form eines beschleunigten Pulses auftritt, muß man so vorsichtig weitersteigen, wie es durch dieses Zeichen angezeigt erscheint. Keinesfalls darf der Leser annehmen, daß ich auf Grund des oben Gesagten leicht über die Anforderung, die selbst eine geeignete Person in großen Höhen an ihr Herz stellt, denke, und selbstverständlich sagen die ihm vorgelegten Angaben nichts über ein ungeeignetes Herz. Alles, was wir vom Gegenteil wissen, ist, daß es Herzen gibt, die sich bis zu einem gewissen Grade in Cerro erweitern können, was wir in der Tat auch eigentlich für unsere Herzen erwarteten.

Einer unserer Gründe für diese Erwartung war die bekannte Tatsache, daß Anoxämie eine Dilatation des Herzens verursacht. Jeder Mensch außerhalb Großbritanniens[1]) kann sich davon überzeugen, wenn er das Herz einer urethanesierten Katze bei geöffnetem Thorax (die Katze muß natürlich künstliche Atmung erhalten) besichtigt und allmählich den Sauerstoffgehalt in der Atemluft der Katze verringert. Die Demonstration ist sehr überzeugend. Abb. 39, die ich Dr. Takaeuchi verdanke, zeigt annähernd die Größe des Katzenherzens in ventraler Ansicht, wenn die Lungen a) Sauerstoff, b) in ziemlich unzureichender Weise Luft und c) Stickstoff, in dem ein Sauerstoffdruck von 10 mm

---

[1]) In Großbritannien ist durch Gesetz Vivisektion ohne besondere Erlaubnis verboten. (Der Übersetzer.)

herrscht, atmen; dies natürlich nur für wenige Minuten. Die Abbildungen wurden erhalten, indem man eine Glasplatte über das Herz legte und die Umrisse auf das Glas aufzeichnete[1]). Indem man dies dann als Negativ benutzte und Abzüge davon machte, konnte man die Aufzeichnung für dauernd festhalten. Es scheint danach sicher, daß man die Anoxämie nur weit genug zu treiben braucht, um das Herz in einem im Verhältnis zu der zu leistenden Muskelarbeit unnatürlichen Maße auszudehnen. Die Anoxämie kann sowohl auf die eine wie auf die andere Weise erreicht werden, indem man entweder 1. in eine größere Höhe geht[2]) oder 2. indem man genügend Muskelarbeit in Cerro ausführt.

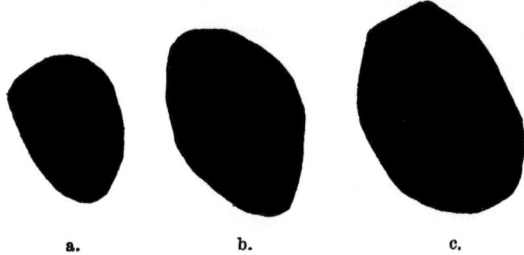

a.   b.   c.

Abb. 39 a—c. Herz einer Katze bei geöffnetem Thorax, von ventral gesehen: a Sauerstoff einatmend; b Luft, Atmung ziemlich mangelhaft; c Stickstoff mit einem Sauerstoffgehalt von 10 mm Spannung.

Die Empfindlichkeit des Herzvolumens gegen Sauerstoffmangel hängt von der Unversehrtheit des Nervensystems ab. Während die Beobachtungen von Takaeuchi durch A. Loewy am Menschen bestätigt wurden, konnte Starling im Herzlungenpräparat zeigen, daß eine Erweiterung erst bei extremem Sauerstoffmangel stattfindet. Dasselbe zeigten Jarrisch und Wastl an der Katze mit durchschnittenen Vagusnerven. Bei intakten Vagusnerven reagierten die Tiere genau wie in Takaeuchis Versuchen[3]).

---

[1]) Genauere Wiedergaben sind seitdem mit dem Kinematographen erhalten worden.
[2]) Eine solche Erweiterung findet in größeren Höhen statt. Somervell schreibt: „Bei allen, die über 8000 m hoch gewesen waren, fand Major Hingston I. M. S., der offizielle Arzt der Expedition, daß ihre Herzen dilatiert waren. Die Genesung dauerte 3 Wochen."
[3]) Dieser Absatz ist auf Wunsch von Professor Barcroft in die deutsche Ausgabe neu aufgenommen. (Der Übersetzer.)

Nach der Diffusionstheorie ist theoretisch zu erwarten (siehe V. Kapitel), daß vermehrte Muskelarbeit, d. h. vermehrter Sauerstoffverbrauch des Körpers, den Unterschied zwischen dem Sauerstoffdruck in der Alveolarluft und dem im arteriellen Blut vergrößert. Unter gewöhnlichem Barometerdruck ist die Sauerstoffspannung in den Alveolen so hoch, daß der Sauerstoffdruck im arteriellen Blut bei Muskelarbeit viele Millimeter hinter dem der Alveolarluft zurückbleiben kann, ohne daß das arterielle Blut merklich sauerstoffärmer als gewöhnlich ist. Aber in Cerro ist es anders: jeder Mangel im Gleichgewicht äußert sich sofort in einer mangelhaften Sättigung, und das arterielle Blut nimmt eine dunklere Farbe an. In England wird man nicht cyanotisch, wenn man auf einem Radergometer 190 Meterkilogramm Muskelarbeit in der Minute leistet. Meakins unternahm dies in Cerro und seine Gesichtsfarbe war ein schöner Maßstab für die Sättigung seines arteriellen Blutes. Vor der Muskelarbeit war seine arterielle Sättigung 91 vH; als er auf dem Rade saß, sank sie auf 78 vH. Sein Radialispuls war nicht zu fühlen. Man hätte gerne einen Röntgenschatten seiner Brust unter diesen Umständen gehabt, denn bei Muskelarbeit in großen Höhen war ein Grad von Erweiterung zu erwarten, wie sein Herz ihn in niedrigen Höhen nicht aufgewiesen hätte. Muskelarbeit in Cerro beansprucht das Herz in doppelter Weise: 1. weil für eine bestimmte Arbeitsleistung mehr Schläge erforderlich sind und 2. weil das Herz infolge der Muskelarbeit mehr dilatiert wird, und die Fasern sich daher stärker dehnen.

Hier gehen meine Gedanken wieder auf die von mir bereits angeführte Äußerung Somervells zurück. Wenn sich die Beanspruchung direkt mit der Zahl der Schläge und dem Grad der Erweiterung ändert, was muß es dann bedeutet haben, wenn der Puls schneller als bei stärkster Muskelarbeit schlug, und die Erweiterung so war, wie sie nur durch den größten Grad von Anoxämie, die der Mensch ertragen kann, hervorgerufen werden kann!

Literatur.

Evans, C. L.: Journ. of physiol. **45**, 213. 1912.
Gremels und Starling: Journ. of physiol. **61**, 297. 1926.
Hill, A. V.: Journ. of physiol. **46**, 435. 1913.
Jarrisch und Wastl: Journ. of physiol. **61**, 583. 1926.
Loewy, A.: Erg. d. Hygiene, Bact., Immunitsf. u. exp. Therapie **8**, 111. 1926.
Patterson, Piper und Starling: Journ. of physiol. **48**, 465. 1914.
Rohde: Arch. f. exp. Path. u. Pharm. **68**, 401. 1912.

XI. Zahl und Eigenschaften der roten Blutkörperchen.

Seit meiner Rückkehr von Peru wurde mir vielleicht am häufigsten die Frage gestellt: „Fanden Sie eine Zunahme in der Zahl der roten Blutkörperchen?" Dies scheint ein wenig überraschend, denn ich hatte angenommen, daß die Frage im vergangenen Jahrhundert über jeden Zweifel hinaus beantwortet worden wäre. Alle Forscher, die Zählungen in Höhen über 3000 m und viele, die Blutuntersuchungen in geringeren Höhen ausgeführt hatten, haben eine Vermehrung in der Zahl der roten Blutkörperchen pro Kubikmillimeter Blut erhalten.

Es hat ein gewisses rein örtliches Interesse, daß die durch die Höhe bedingte Zunahme in der Zahl der roten Blutkörperchen gerade an dem Ort und in der Höhe, wo wir arbeiteten, entdeckt wurde. „Viault beobachtete während seines dreiwöchigen Aufenthaltes in Peru in einer Höhe von 4400 m eine Zunahme in der Blutkörperchenzahl pro Kubikmillimeter Blut sowohl an sich selbst und seinen Begleitern, wie auch an den an Ort und Stelle lebenden Menschen und Tieren." Major Hingston erhielt ganz ähnliche Zahlen bei den Eingeborenen des Pamir-Plateaus bis zu 5550 m Höhe:

Datum	Höhe in 100 Metern	Blutkörperchen in Millionen pro cmm Blut
10. April	2	4,5
12. Mai	13	5,2
21. „	24	6,0
28. „	31	6,6
30. „	37	6,8
1. Juni	38	6,8
21. „	41	7,5
23. „	48	7,8
26. „	52	7,6
27. Juli	56	8,3

Wenn in der obigen Tabelle x die Zunahme in der Zahl der Blutkörperchen über dem Meereshöhenwert von 4,25 Millionen und y die Zunahme der Höhe in 100 Metern ist, dann ist innerhalb der Fehlergrenzen des Auszählens usw. $x = 0{,}07 \, y$.

140 Zahl und Eigenschaften der roten Blutkörperchen.

Die Pike's Peak-Expedition fand dasselbe, und so jeder andere auch, der seine Untersuchung in Höhen über 3000 m angestellt hat. Auch besteht keinerlei Unklarheit darüber, daß die Zunahme der roten Blutkörperchen eine Zunahme im Hämoglobingehalt oder in der Sauerstoffkapazität eines jeden Kubikzentimeters Blut bedeutet. Der eleganteste Beweis hierfür ist eine Untersuchung, die von einem Bergwerksingenieur Mr. J. Richards, auf Veranlassung von Dr. Haldane, ausgeführt wurde. Mr. Richards Beobachtungen über den Hämoglobingehalt seines eigenen Blutes in verschiedenen Höhen bis zu 4600 m sind in Abb. 40 wiedergegeben. Die Gelegenheit bot eine Reise von Liverpool, über Buenos Aires nach Pazña in Bolivien: „Mr. Richards verließ

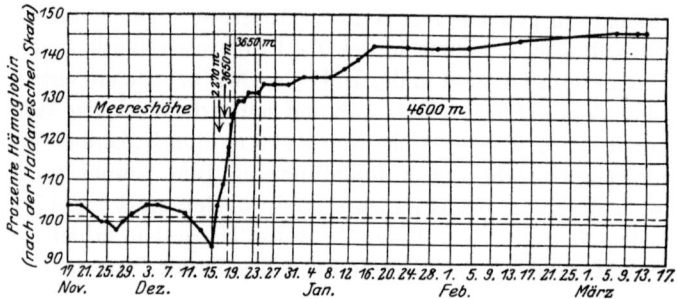

Abb. 40. — — — = Mittlerer Prozentgehalt des Hämoglobins in Meereshöhe.
———— = Wirklich erhaltener Prozentgehalt.

Liverpool am 10. November, erreichte Buenos Aires am 5. Dezember und Valparaiso nach einer zweitägigen Überlandreise am 8. Dann segelte er die Westküste nach Antofagasta hinauf und brach von da am 15. landeinwärts auf. Er erreichte am 17. eine Höhe von 3510 m. In dieser Höhe blieb er bis zum 24. und stieg dann bis auf eine Höhe von 4600 m." Es steht außer Zweifel, daß diese Zunahme in der Zahl der roten Blutkörperchen und im Hämoglobingehalt die direkte Antwort auf den Sauerstoffmangel ist.

Bei Tieren „fanden Jolyet und Sellier, daß sie Polyzythämie hervorrufen konnten, wenn sie Tiere in sauerstoffarmer Luft unter normalem Barometerdruck hielten. Eine Verringerung im Barometerdruck erwies sich als unwirksam, so lange der Sauerstoffdruck hoch gehalten wurde". In meinem Versuch „im Glaskasten" wurde dieselbe Beobachtung für die Sauerstoffkapazität eines jeden Kubikmillimeters meines Blutes gemacht. Sie stieg von 0,180 auf 0,200 ccm als Folge davon, daß ich mich einem Sauerstoffdruck aussetzte, der innerhalb von 6 Tagen bis auf ein Minimum von 87 mm fiel, während der Gesamtbarometerdruck während dieser Zeit dem der Außenatmosphäre entsprach; die Temperatur war normal und die Luft feucht. Bei so gut begründeten Tatsachen ist nicht ersichtlich, warum die medizinische Welt so neugierig auf unsere Befunde war. Es gibt einen Grund für die meisten Dinge; bevor wir den Gegenstand aber mit einer so anmaßenden Bemerkung wie der, daß die Klinik 20 Jahre hinter den Kenntnissen des Physiologen zurück ist, abtun, wollen wir einen Augenblick überlegen, ob das letzte Wort wirklich gesagt ist. Der Physiologe ist im Vorteil, weil er sich sein Material, den normalen Menschen, und ebenso die Höhe, in welcher er arbeiten will, wählen kann. Der Arzt ist in seinem Studium auf die Menschen, wie er sie findet, meistens Kranke, angewiesen; auf Höhen, die, wenn sie überhaupt gewählt werden können, aus Zweckmäßigkeitsgründen für seine Patienten gewählt werden müssen. Was hat es nun zu bedeuten, wenn an einigen Kurorten, z. B. in der Schweiz, der Arzt in Höhen von 1500 oder 1800 m die widersprechendsten Resultate bei der Blutkörperchenzählung erhält? Nun, das Grundprinzip ist nicht, daß die rote Blutkörperchenzahl eine Funktion der Höhe, sondern daß sie eine Funktion für den Grad der Anoxämie ist. Soweit mir bekannt, hat der Physiologe keinerlei Angaben über die Beziehung dieser beiden Faktoren bei normalen Personen gemacht, die in irgendeiner Höhe lange genug gelebt haben, um sich in einem chronischen Zustande zu befinden.

Man möge mir daher verzeihen, wenn ich einige Zahlen anführe, die, wie ich hoffe, eines Tages durch ausführlichere und genauere Angaben ersetzt werden. Sie bringen den Grad der Sauerstoffsättigung im arteriellen Blut mit der Blutzahl in Beziehung und gehen von der Annahme aus, daß die Blutzahl für den gesunden Mann 5,5 Millionen und die normale Sättigung 95 vH ist. Außer der normalen Gruppe (A) beziehen sich die Zahlen auf 3 Gruppen: (B) unsere eigene Expedition nach einem Aufenthalt von mindestens 14 Tagen in Cerro; (C), die leitenden Bergwerksingenieure in Cerro, und (D) die Eingeborenen.

142 Zahl und Eigenschaften der roten Blutkörperchen.

Die Gruppen B und C enthalten vier Personen, Gruppe D enthält drei. Die Unterschiede zwischen den Extremen sind:

	Proz. Sättigung	Blutkörperchenzahl in Millionen
Gruppe B	9	0,5
„ C	5,0	0,3
„ D	2,7	0,2

Die Resultate sind in Abb. 41 wiedergegeben.

Soweit aus unseren dürftigen Angaben zu ersehen ist, besteht zwischen dem Sättigungsgrad des arteriellen Blutes und der Zahl der roten Blutkörperchen anscheinend eine sehr direkte Beziehung und zwar eine noch viel direktere als die zwischen der Höhe und der Blutkörperchenzahl. Man muß sich in der Tat daran erinnern, daß selbst in Meereshöhe ein Ungesättigtsein des arteriellen Blutes eine Polyzythämie der roten Blutkörperchen hervorruft.

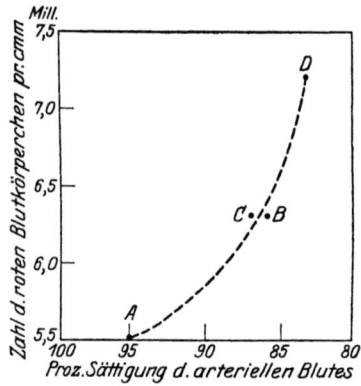

Abb. 41. *A* Expedition in Meereshöhe; *B* Expedition in Cerro; *C* Ingenieure in Cerro; *D* Eingeborene in Cerro.

Es wäre wünschenswert, daß jemand, der in der Ausführung arterieller Punktionen geschickt ist, für eine größere Reihe von Fällen verglich, wie sich in geringeren Höhen die Ungesättigtheit des arteriellen Blutes zu der Zahl der roten Blutkörperchen und zum Hämoglobinwert verhält. Wie ich schon einmal an einer anderen Stelle dieses Bandes angedeutet habe, ist es nicht schwierig, sich bei Menschen mit kranken Lungen das Vorkommen von Anoxämie schon in viel geringeren Höhen zu erklären, als dies bei Menschen der Fall ist, die mit einer idealen Lunge „ausgerüstet" sind. Angenommen, einige Teile der Lunge sind entweder in ihrer Elastizität oder in ihrer Permeabilität geschädigt, so kann der Schaden groß genug sein, daß das Blut in einer Höhe von 1500 oder 1800 m die Lungen in ungesättigtem Zustande verläßt, jedoch nicht groß genug, um unter normalem atmosphärischen Druck irgendeine wesentliche Abnahme in der Sättigung des artiellen Blutes zu verursachen. Diese Menschen würden 4000 m nie erreichen. Und von ihrer Abwesenheit rührt wahrscheinlich die Gleichförmigkeit in den bei den Bewohnern der wirklich großen Höhen erhaltenen Resultaten her. Aber selbst hiermit glaube ich, ist die Frage der Ärzte noch nicht vollkommen erklärt. Denn hinter all diesem Eifer, zu erfahren, ob die Zahl der roten Blutkörperchen zugenommen hatte, war meiner Vorstellung nach ein Bewußtsein oder vielleicht eher ein Unterbewußtsein für einen verborgenen äußerst interessanten Mechanismus, der bis jetzt noch nicht aufgeklärt ist. 1. Wie bringt ein Mangel in der Sättigung des arteriellen Blutes eine Vermehrung der roten Blutkörperchen in jedem Kubikmillimeter Blut wie auch in der gesamten Blutmenge des Körpers zustande? 2. Wie bewirkt ein solcher Mangel eine Zunahme in der Gesamthämoglobinmenge des Körpers?

Sind diese beiden Fragen (1) und (2) dasselbe, oder sind die Mechanismen, die die Zahl der roten Blutkörperchen und die, die den Hämoglobingehalt regulieren, ganz andere und verschieden voneinander? Diese Fragen können nicht erschöpfend beantwortet werden, es verlohnt sich aber dennoch eine Art vorläufiger Analyse anzustellen.

Erstens also, woher wissen wir, daß die gesamte Hämoglobinmenge im Körper und die Gesamtzahl der im ganzen Blut enthaltenen roten Blutkörperchen durch den Aufenthalt in Höhen von 4000 m zunehmen? Die Pike's Peak-Expedition vom Jahre 1911 bewies diesen Punkt über jeden Zweifel hinaus. Die in ihrem Berichte veröffentlichten Kurven (Abb. 42) zeigen dies ganz deutlich.

Bei der Überlegung, wie die Zunahme zustande kommt, erkennt man sofort, daß sie wahrscheinlich nicht auf einem einzigen Mechanismus beruht. Der Körper arbeitet als Ganzes und mehrere ganz verschiedene Mechanismen können am Spiel beteiligt sein, von denen keiner, da jeder nur wenig beizutragen braucht, eine große Funktionsverschiebung erleidet. Diese Mechanismen können eingeteilt werden in Notmaßnahmen — eine Art erster Hilfe — und endgültige Maßnahmen. Betrachten wir die Notmaßnahmen zuerst.

Unter den Notmaßnahmen zur Erzielung einer erhöhten Blutkörperchenzahl in jedem Kubikmillimeter Blut käme als erste Möglichkeit die Wasserentziehung aus dem Plasma in Frage. Dieser Vorgang würde die gesamte zirkulierende Hämoglobinmenge nicht verändern und natürlich auch nicht die Hämoglobinmenge in jedem Blutkörperchen. Der Farbindex bliebe daher unverändert. Abderhalden war der erste, der auf Grund von zwei Versuchsreihen an Kaninchen die Ansicht vertrat, daß die Blutkonzentration durch Verringerung des Plasmavolumen entstehe. Die eine Reihe der Kaninchen wurde in Basel, die andere in St. Moritz

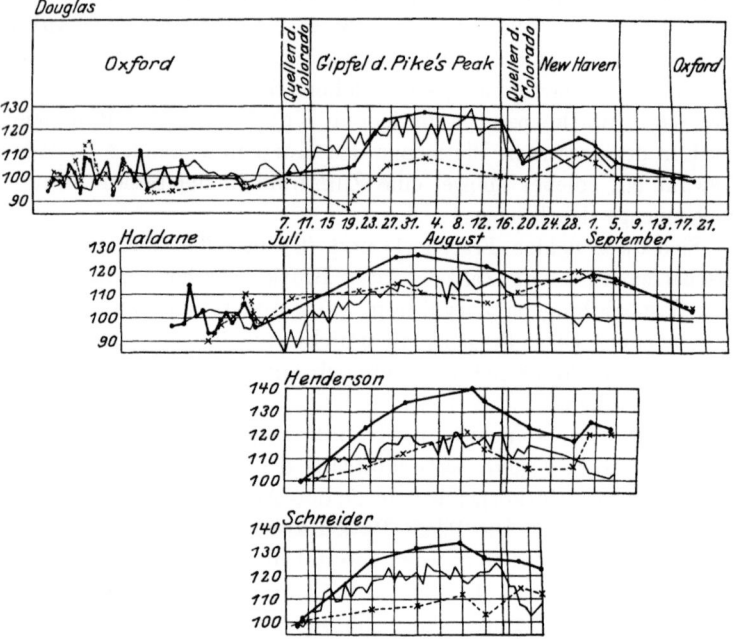

Abb. 42. In allen Fällen dieselbe Einteilung der Abszisse und Ordinate. Die Ordinaten stellen Prozentgehalte der mittleren Werte dar, die bei dem Betreffenden vor Besteigung des Peak (in Oxford und an den Quellen des Colorado) erhalten wurden.
——— = Prozentgehalt an Hämoglobin.
······ = Blutvolumen.
—·—·— = Gesamte Sauerstoffkapazität oder gesamte Hämoglobinmenge.

getötet. Abderhalden fand, daß, obgleich die letzteren eine erhöhte Blutzahl hatten, sie nicht mehr Hämoglobin in der Zirkulation — pro Tier, nicht pro Kilogramm Tiergewicht — hatten als die ersteren. Die in St. Moritz getöteten Kaninchen hatten wohl einen höheren Hämoglobingehalt pro Kilogramm als die in Basel getöteten; aber dies rührte davon her, daß sie an Gewicht verloren hatten.

Die Ansicht, daß das Blut Wasser verliere, wenn der Organismus niedrigem Sauerstoffdruck ausgesetzt ist, ist leicht verständlich. Man braucht nur anzunehmen, daß während der Tätigkeit der Organe Stoffwechselzwischenprodukte gebildet werden, die nur langsam vom Ort ihrer Entstehung fortdiffundieren, und daß sie in der Zwischenzeit den osmotischen Druck in den Geweben, wo sie gebildet werden, erhöhen und so ihrerseits Wasser aus dem Plasma ansaugen. Oder, daß unter unvollständigen aëroben Bedingungen Stoffe gebildet werden, die die Capillardurchlässigkeit erhöhen. Von Dale und Laidlaw wurden solche Stoffe beim Gewebsschock als Folge von Verletzung gefunden. Es ist nicht schwer, eine Theorie zu finden, wie eine Blutkonzentration infolge von Flüssigkeitsverlusten stattfinden könnte, die Schwierigkeit ist vielmehr, den Beweis zu liefern, daß sie wirklich stattfindet.

Während des Krieges wurde der Mechanismus der Blutkonzentration viel erörtert, denn bei einer Reihe von Zuständen stieg die rote Blutkörperchenzahl schnell an. Ich selber beobachtete solche Zustände bei Gasvergiftung durch Lungenreizgase. Es schienen mir, wie bei der Bergkrankheit, zwei Phasen der Blutkonzentration vorzuliegen; die eine wurde durch die kürzlich, d. h. erst seit Stunden oder Tagen vergifteten Fälle dargestellt, bei denen ein sehr starkes Lungenödem vorlag, die andere durch die chronischen Fälle, bei denen das Ödem längst verschwunden war. Die chronischen Fälle schienen in allem mit der chronischen Polyzythämie der Bergbewohner übereinzustimmen, um so mehr, als sie auch durch Sauerstoffdarreichung aufgehoben werden konnte. Die akuten Fälle stehen mit unserer Beweisführung direkt in Zusammenhang. Die amerikanischen Forscher und wir waren verschiedener Meinung darüber, ob dieses unmittelbare Ansteigen in der Zahl der roten Blutkörperchen einfach auf Wasserverlust beruhe, oder ob noch irgendein anderer Faktor mit einbegriffen sei.

Die amerikanische Ansicht war, daß die Blutkörperchenkonzentration einfach auf einem Durchtreten von Plasma ins Bindegewebe und in die Alveolen der Lunge in Form von Ödemflüssigkeit beruhe. Ich werde nie hilfsbereitere Kollegen als Leutn. Goldschmidt und Leutn. Wilson finden, die mir vom amerikanischen Gasdienst beigeordnet wurden, und die sich alle Mühe gaben, mich zu ihrer Ansicht zu bekehren. Diese ging mir vollkommen gegen den Strich, denn sie schien mir dem wasserregulierenden Mechanismus des Körpers ein zu geringes Gewicht beizulegen.

Aber wenn ich zurückblicke, muß ich gestehen, daß, wie auch immer meine persönliche Ansicht sei, die Zahlen gänzlich Goldschmidts und Wilsons Beweisführung unterstützen. Ihre beiden Hauptpunkte waren folgende: 1. daß der Wasserverlust des Blutes niemals das Volumen der Ödemflüssigkeit überschritt, 2. daß die Blutkonzentration von der mit der Luft eingeatmeten Sauerstoffmenge nicht beeinflußt wurde, d. h., daß, wenn man die gasvergifteten Tiere in eine sauerstoffreiche Atmosphäre brachte, die Blutkonzentration ebenso wie bei den Kontrolltieren auftrat, die in demselben Maße vergiftet waren, aber einfach atmosphärische Luft atmeten.

Wenn die amerikanische Ansicht richtig ist, kann man nicht auf die Phänomene der akuten Phosgenvergiftung hinweisen, um die Beweisführung zu stützen, daß der Sauerstoffmangel durch osmotische Veränderungen in den Geweben unmittelbar eine Blutkonzentration hervorruft. Man muß sie in anderer Richtung suchen. Ein Beweis dafür, daß Sauerstoffmangel einen gewissen Grad von Ödem an einem Organ, nämlich dem Zentralnervensystem, hervorrufen kann, wurde durch Forbes, Cobb und Fremont-Smith beigebracht, die es als Folge von Kohlenoxydvergiftung beschreiben.

So viel also über die Möglichkeit der Konzentration durch schnelle Wasserentziehung. Was wäre nun über die entgegengesetzte Möglichkeit — die einer schnellen Zufügung von Blutkörperchen zum Blut — im Falle der Not zu sagen?

Wir wollen hier einen Augenblick überlegen, inwieweit der Beweis einer schnellen Blutkonzentration illusorisch ist. Das meiste stammt natürlich aus Blutbestimmungen — Blutkörperchenzählungen oder Hämoglobinbestimmungen — von Blut aus kutanen Bezirken. Die gebräuchlichsten Stellen sind die Fingerkuppe und das Ohr. Von Foà wurde zuerst, und zwar eigentümlicherweise auf dem Monte Rosa, überzeugend dargetan, daß Blutproben aus verschiedenen kutanen Regionen von solchen aus anderen Stellen erhaltenen verschieden sein können. Doch wie Dallwig, Kolls und Loewenhart nachgewiesen haben, braucht das nicht notwendig der Fall zu sein. Stauung in der Haut, die eine augenscheinliche Fehlerquelle ist, ist von den späteren Forschern zweifellos vermieden worden. Man kann daher mit gutem Grunde annehmen, daß die Konzentration der roten Blutkörperchen ebenso in der allgemeinen Zirkulation wie in der Haut stattfindet.

Um aber auf die Frage zurückzukommen, ob Blutkörperchen aus Bezirken, in denen sie aufgespeichert sind, schnell in die Zirkulation gebracht werden können, so weisen die gerade erörterten Überlegungen auf eine solche Möglichkeit hin. Wenn Blutkörperchen sich zeitweise in der Haut anhäufen und in der Folge wieder ins Blut zurückgebracht werden können, können dann nicht unter normalen Umständen Anreicherungen bestehen, deren sich das Blut im Bedarfsfalle bedient? Die in dieser Richtung liegenden Möglichkeiten sind verhältnismäßig unerforscht. Man braucht nur das meisterliche Buch von Professor Krogh über die Capillaren zu lesen, um einzusehen, mit welcher Leichtigkeit Blutkörperchen in erheblicher Zahl in Capillaren, die von der Zirkulation abgeschlossen sind, zurückgehalten und nach Bedarf abgegeben werden können.

Es gibt jedoch ein Organ, auf das in diesem Zusammenhange näher eingegangen werden muß — das ist die Milz. In allerletzter Zeit haben eine Reihe von Untersuchungen neues Licht auf die Physiologie der Milz geworfen. Angeregt wurden sie auf unserer Reise nach Peru. Es war unsere Absicht gewesen, die Gesamthämoglobinmenge des Körpers während unseres Aufenthaltes in den Bergen zu messen. Aus diesem Grunde wünschten wir von einer gesicherten Grundbasis auszugehen, und darum führten wir zahlreiche genaue Beobachtungen über die Sauerstoffkapazität des Blutes in Meereshöhe aus. Zu diesem Zwecke maßen wir, so oft das Wetter es erlaubte, die Hämoglobinmenge in unserem Körper mit Hilfe der Kohlenoxydmethode, welche für diesen Zweck die beste zu sein scheint. Die Bestimmungen wurden an Meakins, Doggart und mir selber ausgeführt und in allen Fällen mit demselben Ergebnis: der Hämoglobingehalt schien bei uns allen von Tag zu Tag anzusteigen, erreichte als wir den Panamakanal passierten ein Maximum und fiel danach wieder etwas, aber nicht in demselben Maße. Die Untersuchungen wurden mit demselben, wenn auch nicht so scharf ausgeprägten, allgemeinen Ergebnis auf der Rückreise wiederholt. Neu war diesmal die Beobachtung, daß der Überschuß an Blutkörperchen anscheinend nicht auf einem Zuschuß unreifer Formen zum Blute beruhte. Die sehr interessante Übereinstimmung zwischen der augenscheinlich vorhandenen Hämoglobinmenge in unserer Zirkulation und der Temperatur der Gegend, in der die Untersuchungen ausgeführt wurden, geht uns hier nichts an. Das ist eine Sache für sich. Hier stellen wir nur fest, daß erhebliche Änderungen im Hämoglobingehalt so plötzlich auftreten können, daß sie nicht auf eine Bildung von neuem Pigment im Knochenmark zurückgeführt werden können, um so mehr als sie aus Blutkörperchen bestehen, die keinerlei Zeichen der Unreife zeigen. Die Versuche wurden nach unserer Rückkehr in der Heimat wiederholt. Zwei Kollegen, Davies und Fetter, hielten sich 3 Tage lang in der Respirationskammer auf, die auf einer Temperatur von über 32° C gehalten wurde. Bei beiden stieg die Hämoglobinmenge in der Zirkulation, aber erst am letzten Tage fanden sich Zeichen unreifer Zellen. Es ist vielleicht von Bedeutung, daß der Anstieg im Hämoglobinwert nur während des Tages stattzufinden schien. In der Nacht nahm das Blutvolumen augenscheinlich nur durch Verdünnung zu. Dies erinnert an Versuche von Barbour und Tolstoi. Sie erhielten bei Hunden, die sie in warme Bäder setzten, einen Anstieg im Wassergehalt, und zwar war dieser von der Unversehrtheit des Nervensystems abhängig. Die Frage ist nun, woher diese Blutkörperchen stammen? Hier ist es wieder möglich — ja sogar wahrscheinlich —, daß einige dieser Blutkörperchen aus den Hautcapillaren stammen, weil bei warmer Temperatur die Hautzirkulation gut und die meisten Capillaren offen waren, während andererseits unter gewöhnlichen Temperaturen einige der Hautcapillaren länger als die 20 Minuten, während welcher wir Kohlenoxyd atmeten, geschlossen blieben.

Auf der Suche nach einer Vorratskammer, aus welcher im Notfalle Blutkörperchen abgegeben werden können, denkt man natürlich an jene Stellen im Körper, wo sich die roten Blutkörperchen gänzlich außerhalb des Kreislaufes, der Arterien, Venen und Capillaren befinden. Von diesen ist die Milz die auffallendste. Können die Blutkörperchen in der Milzpulpa als physiologisch innerhalb der Zirkulation befindlich angesehen werden? Wenn nicht, können sie im Bedarfsfalle den zirkulierenden Blutkörperchen zugeführt werden? Welche Reize öffnen die Milz, wenn sie wirklich eine Vorratskammer darstellt? Die Antwort auf die erste Frage erhält man, wenn man Tiere in eine Atmosphäre bringt, die kleine Mengen Kohlenoxyd enthält und die relativen Prozentgehalte des Kohlenoxydhämoglobins im Hämoglobin der Milzpulpa mit denen der allgemeinen Zirkulation vergleicht. Besonders schön wird so gezeigt, daß die Milzpulpa physiologisch vom zirkulierenden Blut ausgeschlossen ist. Wenn das Tier, z. B. ein Meerschweinchen, eine derartige CO-Konzentration atmet, daß in seinem Blut eine 20prozentige CO-Hämoglobinsättigung entsteht, dann können zwei Stunden verstreichen, bevor überhaupt irgendwelches CO in der Milzpulpa nachgewiesen werden kann, und über 6 Stunden, bis die Blutkörperchen in der Milz zu 20 vH gesättigt sind. Die Antwort auf die zweite Frage ist, daß die Milz veranlaßt werden kann, einen Teil ihrer Blutkörperchen dem Blute zuzuführen, und die Antwort auf die dritte Frage, daß Sauerstoffmangel, hervorgerufen entweder durch Sauerstoffherabsetzung in der Einatmungsluft oder durch Zufuhr von CO zu derselben, die Milz kontrahiert und damit viele der in der Pulpa befindlichen Blutkörperchen in die Zirkulation auspreßt. Es wird nicht behauptet, daß Sauerstoffmangel das einzige „Sesam öffne dich" ist, alle Formen der Erregung, die eine Adrenalinsekretion verursachen, werden dasselbe bewirken; aber Sauerstoffmangel ist der Faktor, der in diesem Zusammenhange am meisten interessiert. Die Darreichung von Kohlenoxyd, wodurch funktionell die Hämoglobinmenge in der Zirkulation verringert wird, ist die Form des Reizes, die am vollkommensten ausgearbeitet worden ist.

Eine ausreichende Dosis verkleinert die Milz auf ungefähr die Hälfte ihrer ursprünglichen Größe. Daß das ausgepreßte Material zum größten Teil aus Blutkörperchen besteht, wird dadurch gezeigt, daß das Blut, welches während der Milzkontraktion in der Milzvene fließt, einen deutlich geringeren Prozentgehalt an Kohlenoxydhämoglobin enthält, als das arterielle Blut, welches zur selben Zeit in das Organ hineinströmt. Das wirkliche in der Milzpulpa vorhandene Hämoglobin enthält dann natürlich noch weniger als jedes der beiden.

Es ist möglich, daß es noch andere unentdeckte Stellen gibt, wo reife Blutkörperchen aufgespeichert werden können, und von

150　Zahl und Eigenschaften der roten Blutkörperchen.

wo sie im Notfalle abgegeben werden können; aber wenn die Notmaßnahmen erschöpft sind, bleibt als großes und endgültiges Mittel zur Vermehrung des Hämoglobinwertes des Körpers nur die gesteigerte Pigmentbildung im Knochenmark. Bevor wir zu der Betrachtung des Knochenmarkes übergehen, wollen wir den Stand der Dinge in einem Schema zusammenfassen:

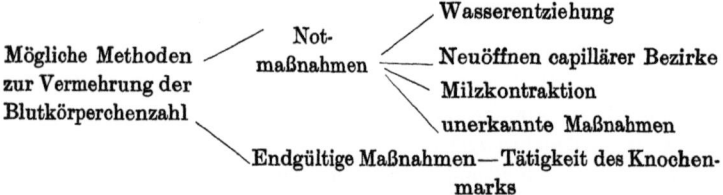

Mögliche Methoden zur Vermehrung der Blutkörperchenzahl
- Notmaßnahmen
  - Wasserentziehung
  - Neuöffnen capillärer Bezirke
  - Milzkontraktion
  - unerkannte Maßnahmen
- Endgültige Maßnahmen — Tätigkeit des Knochenmarks

Der Beweis für eine vermehrte Knochenmarkstätigkeit, den Zuntz und seine Mitarbeiter erbrachten, wurde aus Beobachtungen des venösen, dem Knochenmark von Tieren entstammenden Blutes und von Knochenmarkschnitten abgeleitet. Die von den Autoren beobachtete gesteigerte Tätigkeit bezog Zuntz zweifellos richtig auf den verminderten Sauerstoffdruck in der Luft, wie durch die Arbeit von Dallwig, Kolls und Loewenhart gezeigt wurde.

Der Wunsch, quantitative Beweise für das Vorhandensein junger Blutkörperchen im Blute in großen Höhen zu erhalten, führte zu einigen sehr interessanten Arbeiten von Morawitz. Im folgenden geben wir einen kurzen Bericht seiner Beweisführung. Wird Blut — selbst steriles Blut — in einem Reagenzglas eingesiegelt, so wird es allmählich dunkler; das Oxyhämoglobin wird reduziert. Das Blut hat, kurz gesagt, einen gewissen Eigenstoffwechsel von sehr kleiner Größenordnung. Dieser ist quantitativ von Douglas und Krogh gemessen worden, und sein Wesen hat Morawitz erforscht. Er ist nicht eine Eigenschaft des Plasmas und ist andererseits nicht auf die weißen Blutkörperchen beschränkt, die natürlich, wie alle kernhaltigen Gebilde, einen für ihre Größe ganz beträchtlichen Stoffwechsel haben. Auch die roten Blutkörperchen haben einen, wenn auch sehr geringen Stoffwechsel. Man stellt sich drei Strukturarten im normalen Blut vor: 1. die Leukozyten, die einen sehr hohen spezifischen Oxydationskoeffizienten haben, aber in so geringer

Zahl vorhanden sind, daß ihr Stoffwechsel als Faktor für das ganze Blut praktisch vernachlässigt werden kann; 2. die roten Blutkörperchen, die einen sehr kleinen spezifischen Oxydationskoeffizienten haben, die aber in Anbetracht ihrer großen Zahl für die im Blut stattfindenden Oxydationen hauptsächlich verantwortlich sind; 3. das Plasma, das überhaupt keine spezifische Oxydation aufweist. Wir wollen uns auf die Betrachtung der zweiten Kategorie beschränken. Morawitz stellte weiter fest, daß die Atmung der roten Blutkörperchen von ihrem Alter abhängig ist. Wurde der Körper irgendeinem experimentellen Verfahren unterworfen, wie wiederholten Blutentziehungen, die den Anteil der jungen roten Zellen im Kreislauf vermehren, so trat als Folge eine viel schnellere Selbstreduktion des Blutes ein. Gesunde Kaninchen erhielten z. B. solange täglich Injektionen von Phenylhydrazinhydrochlorid, bis sie anämisch wurden. Wenn der Hämoglobingehalt auf 20 vH des ursprünglichen Wertes gesunken war, wurde in einer aseptischen Operation Blut aus der Carotis oder einer anderen Arterie entnommen, durch Schütteln mit Glasperlen defibriniert und dann gründlich mit Sauerstoff geschüttelt. Ein Teil des Blutes wurde sofort in dem Barcroft-Haldaneschen Apparate analysiert, der Rest von ungefähr 3 ccm wurde in eine luftdicht verschlossene Glasflasche gebracht und eine bestimmte Zeit in einem Wasserbade von bekannter Temperatur gehalten. Der vorhandene Sauerstoff wurde dann analysiert. Ein Beispiel wird die Methode vielleicht klarer machen.

Kaninchen 3. Durch Phenylhydrazininjektionen zwischen 10. Mai und 4. Juni anämisch gemacht. Hämoglobinwert sank auf 18 vH. Am 4. Juni entblutet und getötet. Maximale Sauerstoffkapazität von 1 ccm Blut 0,043 ccm. Nach zwei Stunden bei Zimmertemperatur war kein Sauerstoff im Blute mehr vorhanden.

Die Arbeit wurde von Itami fortgesetzt, der den Verlauf zahlreicher Fälle von experimentell hervorgerufener Anämie an Hunden und Kaninchen verfolgte. Die Anämie rührte in einigen Fällen von Blutentziehungen, in anderen Fällen von Phenylhydrazin her. Die Technik war dieselbe wie die von Morawitz.

Betrachten wir die folgenden Auszüge aus typischen Experimenten. Die erste Tabelle zeigt die Wirkung fortlaufender Blutentziehungen. Man sieht deutlich, daß je mehr neue Blutkörperchen allmählich gebildet wurden, um so größer der Eigensauerstoffverbrauch des Blutes wurde, entsprechend der größeren Zahl junger Blutkörperchen.

Männliches Kaninchen, 2900 g.

Zahl der Tage nach der Blutung	Rote Blutkörperchen in Millionen	Kernhaltige Elemente in Tausenden	Sauerstoffkapazität	Sauerstoffgehalt nach 5 Stunden in vH	O_2-Verbrauch in 5 Stunden in vH	Entnommene Blutmenge in ccm
1	5,2	6,5	15,2	14,1	8	20
3	4,8	3,3	13,7	12,1	14	20
5	4,5	4,9	12,6	10,1	21	30
7	4,1	5	12,5	3,8	60	35
9	3,3	6,5	10,0	2,6	75	—

Morawitz übertrug die Beweisführung auf große Höhen und schloß, daß, wenn der Aufenthalt in 3000 m Höhe eine gesteigerte Blutkörperchenbildung verursache, das in diesen Höhen entnommene Blut sich viel schneller reduzieren müsse als Blut das in Meereshöhe entnommen wurde.

Die folgende Tabelle zeigt, daß er auf Col d'Olen keinen Beweis für eine vermehrte Blutbildung und nur einen unbedeutenden Anstieg in der Zahl der roten Blutkörperchen erhielt.

Versuchsperson E. M.

| Datum | Hgb-Wert des Blutes | Anzahl der roten Blutkörperchen in Millionen pro cmm | Sauerstoffkapazität in Volumproz. | | O_2-Abnahme in Volumproz. | Ort |
			direkt dem Schütteln	nach Stunden dem Aufbewahrung		
Juli 28.	108	5,3	20,4	19,5	0,9	Heidelberg
„ 31.	113	—	20,7	20,2	0,5	„
Aug. 12.	112	5,5	—	—	—	„
„ 13.–17.	—	—	—	—	—	kleine Ausflüge
„ 19.	—	—	—	—	—	Besteigung des Col d'Olen
„ 22.	117	6,0	22,3	21,5	0,8	—
„ 23.	—	5,8	—	—	—	Col d'Olen 3000 m
„ 25.	118	6,1	21,8	21,2	0,6	„
„ 27.	122	5,3	23,0	22,0	0,8	„

Soviel über die von Morawitz und seinem Schüler Itami erhaltenen Resultate. Wenden wir uns nun einer anderen Probe für das Vorhandensein junger roter Blutkörperchen zu, nämlich den „retikulierten roten Zellen". Wird das menschliche Blut mit Kresylblau gefärbt, so bleibt die große Mehrzahl der roten Blutkörperchen ungefärbt; es gibt aber immer einige, die ein Netzwerk enthalten, das einen blauen Farbton annimmt. Gewöhnlich bilden diese ein bis eineinhalb vH der Erythrozyten; bei gewissen krankhaften Zuständen ist jedoch eine meßbare und in anderen sogar eine beträchtliche Vermehrung in der Zahl der vorhandenen retikulierten Zellen vorhanden. Es sind dies Krankheiten, in welchen Verlust und danach einsetzende Neubildung von Blutzellen stattfindet. Man nimmt allgemein an, daß die retikulierten Zellen das Knochenmark in einem ungewöhnlich frühen Stadium verlassen. Die retikulierte Zelle ist also ein junges rotes Blutkörperchen. Gewöhnlich bringt es sein Leben bis dicht vor der Zeit, in der das Netzwerk verschwindet, im Knochenmark zu. Wie wir oben angedeutet haben, enthält ein Kubikmillimeter Blut gewöhnlich 50000 derselben.

Wir haben die Gegenwart retikulierter Zellen als „eine andere Probe" bezeichnet, im Gegensatz zu der vorher erörterten, nämlich der Fähigkeit des Blutes, sich selbst zu reduzieren. In Wirklichkeit ist der Gegensatz höchst oberflächlicher Natur. Harrop, ein Mitglied unserer Expedition in Peru, zeigte, daß der Prozentgehalt retikulierter Zellen und die reduzierende Eigenschaft des Blutes Hand in Hand geht. Es schien daher gerechtfertigt anzunehmen, daß die retikulierten Zellen infolge ihres verhältnismäßig hohen Stoffwechsels für die Tätigkeit des Blutes, seinen eigenen Sauerstoff in Kohlensäure umzuwandeln, hauptsächlich verantwortlich sind. Das Wesentliche von Harrops Beweis läßt sich aus der Tabelle auf Seite 154 ersehen.

Beide Proben sind also brauchbar und mit der Begründung angewandt, daß sie beide junge und lebende Zellen anzeigen und ein Zeichen für intensive Erythrozytenbildung sind. Dies waren wenigstens unsere Gedanken, als wir in Peru die Proben auf das Vorhandensein retikulierter Zellen anstellten. Es war bekannt, daß die Zahl der Erythrozyten und die Hämoglobinmenge des Körpers zunahm. Beruhte diese Zunahme auf verminderter Zer-

154 Zahl und Eigenschaften der roten Blutkörperchen.

Verbrauchter Sauerstoff im Blut in Volumenprozenten während 6 Stunden Aufbewahrung	Prozentgehalt retikulierter Zellen	Klinischer Zustand
1	0,5—1	Normal
1,3	2	Magenkarzinom
1,22	2,3	Perniziöse Anämie
1,56	3—4	Hodgkinsche Krankheit
3,25	12 ⎫	Congenitaler hämolytischer
4,44	13,1 ⎭	Ikterus

störung oder vermehrter Produktion? Vielleicht war dies durch die Lebensdauer des Blutes festzustellen, und als Merkmal dieser Lebensdauer wählten wir die retikulierten Zellen.

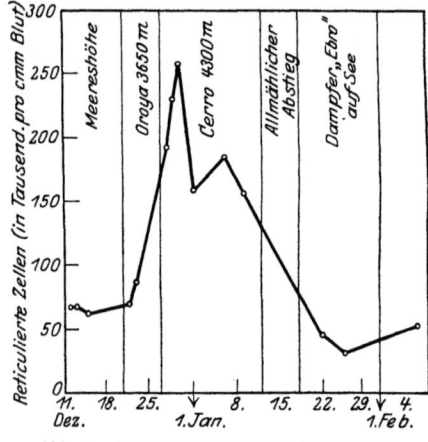

Abb. 43. Retikulierte Zellen in Bocks Blut.

Ein gutes Beispiel für die Veränderungen, die bei den verschiedenen Mitgliedern der Expedition stattfanden, gibt Abb. 43. Folgende Merkmale in der Kurve verdienen besonderer Beachtung:

1. daß Dr. Bocks Blut zu Beginn einen konstanten Spiegel retikulierter Zellen in normaler oder annähernd normaler Zahl aufwies;

2. daß die Zahl der Zellen nicht gleichzeitig, sondern erst etwas später jäh anstieg und während unseres ganzen Aufenthaltes auf „dem Berge" sehr hoch blieb;

3. daß sie abnahm und für einige Zeit, nachdem wir das Meereshöhenniveau erreicht hatten, ausgesprochen hinter dem normalen Werte zurückblieb.

Wenn außer dem bisher Erörterten nichts weiter zu sagen wäre, so wäre der Schluß berechtigt, daß beim Aufstieg in die Höhe eine beträchtliche Neubildung von Zellen stattfand, daß diese Neubildung, während wir in Cerro de Pasco waren, anhielt, und

Zahl und Eigenschaften der roten Blutkörperchen. 155

daß sie aufhörte, als wir herunterkamen; tatsächlich sank die Ausbeute unter die normalen Werte. Die in Abb. 44 angeführten Daten ließen uns jedoch zögern, einen derartigen Schluß zu ziehen.

Abb. 44 zeigt die Zahl retikulierter Zellen nicht nur in unserem eigenen Blute, sondern auch in dem der Ingenieure und der eingeborenen Bevölkerung. In allen Fällen ist die Zahl der retikulierten Zellen in nahezu gleichem Maße vermehrt. Sind wir nun berechtigt, daraus zu schließen, daß bei den Männern, deren Eltern und Großeltern in den Bergen gelebt haben, noch immer Blutkörperchen in einem Ausmaße gebildet und vernichtet werden, wie ein Gleiches in Meereshöhe nur in einem Falle wie perniziöser Anämie stattfindet? Möglich wäre es natürlich, daß sie, um ihre Erythrozytenzahl auf 7—8 Millionen zu halten, noch immer ihre Zuflucht zu diesem Gewaltmittel von Blutbildung und Vernichtung nehmen müssen. Glücklicherweise jedoch stand mir bei der Auslegung der graphischen Dar-

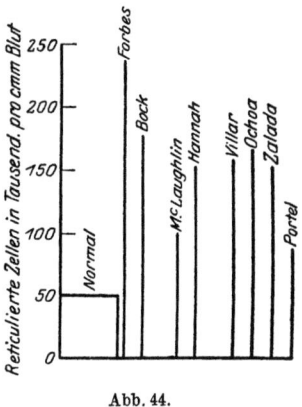

Abb. 44.

stellung die Hilfe von Dr. Cecil Dinker von der Harvard Medical School zur Verfügung. Seine Auslegung erlaubte eine viel einfachere Erklärung, sofern man zwei Annahmen macht, 1. daß die roten Blutkörperchen in Cerro dieselbe Lebensdauer wie in Meereshöhe haben, 2. daß hier wie dort das rote Knochenmark die Blutkörperchen mit derselben Geschwindigkeit bildet.

Steigt die Zahl der Blutkörperchen von 5000000 auf 7500000 pro Kubikmillimeter Blut (das ist eine Zunahme um 50 vH), so muß natürlich das Mark in demselben Maße zunehmen. Der Höhleninhalt der Knochen jedoch, der das Mark enthält, bleibt gleichgroß. Diese Höhle ist jedoch ein gut Teil größer als der Raum, den das Mark unter normalen Bedingungen einnimmt. Der Rest der Höhle ist hauptsächlich durch Fett ausgefüllt, bis zu einem gewissen Grade aber auch durch den Vorrat reifender retikulierter Zellen, die, wenn sie älter werden, allmählich weniger retikuliert werden, bis sie als fertige Zellen in die allgemeine Zirkulation gelangen. Um Platz für das sich nun bildende Mark zu liefern, müssen diese Vorratsplätze geräumt und die retikulierten Zellen früher aus ihrem knöchernen Versteck in die peripheren Gefäße ausgeworfen werden. Die Zeit hat die Höhlen der „Cholos"-knochen nicht vergrößert, noch hat sie die zur Herstellung einer gegebenen Anzahl Blutkörperchen notwendige Menge an Mark vermindert. Deshalb werden die retikulierten Zellen noch immer in einem früheren Stadium ausgeworfen, wahrscheinlich aber nicht in größerer Zahl, als der Zunahme der roten Blutkörperchen entspricht.

Bis vor kurzem war es unbestritten, daß die Zunahme der roten Blutkörperchen die direkte Folge der Verminderung des Barometerdruckes sei; und die meisten Beobachter führten diese Vermehrung der roten Blutkörperchen auf die Abnahme in der Sauerstoffspannung des Blutes zurück. In den letzten Jahren hat Kestner eine ganz neue Theorie formuliert. „Er nimmt an, daß der wirksame Faktor des Höhenklimas nicht der verminderte Sauerstoffgehalt sondern die vermehrte und intensivere Wirkung der Sonnenstrahlen ist. Durch die Wirkung der Strahlen werden Stoffe in der Luft gebildet, die eingeatmet anregend auf die Bildung der roten Blutkörperchen wirken. Es ist möglich, daß diese unbekannten Stoffe Stickoxydverbindungen sind. Wird die bestrahlte Luft durch eine Lösung von Jodkalium und Stärke geleitet, so tritt im Dunkeln eine starke Blaufärbung auf" (Wastl). Dieser Schluß gründete sich auf an Hunden angestellte Experimente.

Ohne weitere Untersuchungen ist es nicht möglich, den wirklichen Wert der Kestnerschen Versuche abzuschätzen. Daß ein niedriger Sauerstoffdruck in der Luft tatsächlich zu einem erhöhten Hämoglobinwert im Blute führt, wurde „im Glaskastenversuch" bewiesen, wo der Hämoglobinwert meines Blutes innerhalb von 6 Tagen von 95 auf 105 stieg. Wenn Kestners Ansicht vielleicht auch nicht die ganze Wahrheit wiedergibt, so kann sie dennoch einen wesentlichen Kern enthalten. Daß sie von einem Physiologen so hohen Ranges vertreten wird, ist die treffendste Antwort auf eine Frage, die mir kurz vor meiner Abreise nach Peru von einer großen Autorität gestellt wurde: „Wozu gehen Sie zum Studium großer Höhen in die Anden, wenn Sie alles in Ihrer Kammer studieren können?"

Literatur.

Abderhalden, Zeitschr. f. physiol. Chem. **22**, 526. 1896—97.
Barbour und Tolstoi: Americ. journ. of physiol. **59**, Proc. 488. 1922.
Barcroft (1), Cooke, Hartridge, Parsons und Parsons: Journ. of physiol. **53**, 110. 1920.
— (2), Dufton und Hunt: Quart. journ. of med. **13**, 179. 1920.
— (3), Davies, Fetter und Scott: Phil. trans. B. **211**, 455. 1923.
— J. (4) und H.: Journ. of physiol. **58**, 138. 1923.
De Boer und Carroll: Journ. of physiol. **59**, 312. 1924.
Dale und Laidlaw: Journ. of physiol. **52**, 355. 1919.
Dallwig, Kolls und Loewenhart: Americ. journ. of physiol. **39**, 77. 1915.
Douglas (1): Journ. of physiol. **39**, 453. 1910.
— (2), Haldane, Henderson und Schneider: Phil. trans. roy. soc. B. **203**, 299. 1913.
Dufton: Chemical Warfare Committee Report **4**, 4.
Foà: Laboratoire Scientifique International du Mont Rosa. Turin 1904.
Forbes, Cobb und Fremont-Smith: Arch. of neurol. and psychiatry **2**, 264. 1924.
Hanak und Harkavy: Journ. of physiol. **59**, 121. 1924.
Harrop: Arch. of internat. med. **23**, 745. 1919.
Hingston: Indian journ. of med. research **9**, 173. 1921.
Itami und Morawitz: Dtsch. Arch. f. klin. Med. **100**, 191. 1910.
Kestner: Zeitschr. f. Biol. **73**, 1. 1921.
Krogh: Skandinav. Arch. f. Physiol. **23**, 193. 1910.
Morawitz (1): Arch. f. exp. Pathol. u. Pharmakol. **60**, 298. 1909.
— (2) und Masig: Dtsch. med. Wochenschr. Nr. 8. 1910.
Richards: Phil. trans. B. **203**, 316. Anhang I. 1913.
Viault: Comptes rendus **3**, 91. 1890.
Wastl: Physiol. abstr. 130. 1921.
Zuntz, Loewy, Müller und Caspari: Höhenklima und Bergwanderungen 186. Berlin 1906.

XII. Die geistigen Fähigkeiten.

In Schneiders Aufsatz stieß ich auf folgende Worte: „Barcroft hat darauf hingewiesen, daß der akute Sauerstoffmangel Trunkenheit vortäuscht, während die chronische Anoxämie (die einen wenn auch nicht sehr großen, so doch manchmal sich über mehrere Monate erstreckenden Sauerstoffmangel darstellt) Müdigkeit vortäuscht." Ich hatte vergessen, daß ich mich so bestimmt ausgedrückt hatte, aber die Feststellung ist gar nicht so falsch. Auf alle Fälle können wir die Wirkungen des Sauerstoffmangels gerade von diesem Gesichtspunkt aus untersuchen. Inwieweit täuscht akuter Sauerstoffmangel Trunkenheit vor? Der Sauerstoffmangel kann so akut eintreten, daß er schnell verhängnisvoll wird. In diesem Falle kann man nicht sagen, daß er irgendeine wirkliche Analogie zur Trunkenheit bietet. Zum Beispiel geschieht folgendes: Ein Mann atmet wiederholt eine verhältnismäßig geringe Luftmenge aus einem Gummibeutel ein. Die Luft wird über Alkali geleitet, so daß alle Kohlensäure absorbiert wird, die Luft wird jedoch dauernd sauerstoffärmer, in dem Maße, wie sein Kreislauf dieses Gas absorbiert. Der Mann wird blauer und blauer und schließlich, vielleicht ohne irgendwelche besonderen Anzeichen, fällt er zu Boden.

Ich habe Tiere in sehr ähnlicher Weise eingehen sehen. Ein Kaninchen, das am vorhergehenden Tage mit Phosgen vergiftet worden war und infolge der starken Lungenentzündung cyanotisch war, wurde in einen Papierkorb gesetzt, der etwa 30—40 cm tief war. Es sprang aus dem Korbe heraus, infolge der Anstrengung kollabierte es jedoch auf dem Boden und starb sofort. Die Erklärung ist folgende: Während bei einem normalen Tier der Sauerstoffgehalt des arteriellen Blutes durch die Muskelkontraktionen, die zu diesem Sprunge notwendig sind, nicht merklich beeinflußt wird, setzt dieselbe Muskelarbeit bei einem bereits anoxämischen Tiere den Sauerstoffgehalt des arteriellen Blutes beträchtlich herab. Auch im Kriege gab es Fälle, wo die vorhandene Störung offensichtlich auf Sauerstoffmangel infolge einer Lungenreizgasvergiftung beruhte. Bei Anstrengungen trat ganz plötzlich der Tod ein.

Wenden wir uns jedoch den etwas weniger extremen Fällen zu, wo die Versuchsperson sich in einer Kammer unter vermindertem Sauerstoffdruck befindet, und Beobachtungen über ihren Geisteszustand angestellt werden. In diese Kategorie würden auch einige bei Ballonaufstiegen beobachtete Fälle gehören.

In diesen Fällen ist das Endergebnis Bewußtlosigkeit — wie in extremen Fällen alkoholischer Exzesse — aber, bevor dieser Zustand erreicht wird, werden Zustände geistiger Störungen durchlaufen, die denen der Trunkenheit wirklich ziemlich ähnlich sind.

Zwei Beispiele, beide von Dr. Haldane in die Literatur eingeführt, mögen hier angeführt werden. Ich führe sie beide an, weil sie zufällig die Gleichheit der Symptome bei zwei auf ganz verschiedene Weise hervorgerufenen Formen der Anoxämie veranschaulichen.

Die geistigen Fähigkeiten.

Das erste Beispiel ist ein Bericht des verstorbenen Sir Clement le Neve Foster. Er beschreibt seine Erlebnisse bei der Nachforschung nach den Ursachen für eine der tragischsten Bergwerkskatastrophen Englands. Das Unglück ereignete sich im Jahre 1897 auf der Isle of Man. Dr. le Neve Foster war der Hauptregierungsinspektor für die Bergwerke Großbritanniens, und als er nach dem Unfall in das Bergwerk hinunterstieg, wurde er beinahe das Opfer einer Kohlenoxydvergiftung. Das Kohlenoxyd hat, soweit bekannt, keine direkte Wirkung auf den Organismus, aber es beschlagnahmt das Hämoglobin der Blutkörperchen und verhindert so den Sauerstofftransport zum Hirn und den anderen Geweben. Die Kohlenoxydvergiftung ist daher ein Beispiel für die von mir als anämische Anoxämie bezeichnete Form[1]).

Dies ist der Bericht von Sir Clement le Neve Fosters Erlebnissen, wie sie in seinem Notizbuch niedergeschrieben sind.

Wie bald ich mir darüber klar wurde, daß wir, wie man gemeinhin sagt, „in der Klemme saßen", kann ich nicht angeben. Aber schließlich nahm ich aus Gewohnheit, wie ich vermute, mein Notizbuch heraus. Um wieviel Uhr ich zu schreiben anfing, weiß ich nicht; denn die paar Worte auf der ersten Seite sind ohne Zeitangabe. Es waren nur ein paar schlecht geschriebene Lebewohlworte an meine Familie. Oben auf der nächsten Seite steht „2 Uhr morgens", und ich erinnere mich sehr gut, wie ich von Zeit zu Zeit meine Uhr herauszog. In der Regel nehme ich keine Uhr mit unter die Erde, aber ich trug sie bei dieser Gelegenheit bei mir, um sicher zu sein, daß ich die Ratten lange genug bei der Untersuchung am Platze ließ. In der Tat war meine Notierung am Tage unseres Mißgeschickes: „5te Stufe. Ratte zwei Minuten beim Mann", das bedeutet neben dem Leichnam. Meine Notierungen um 2 Uhr nachmittags waren folgende: „2 p. m. good-bye, wir sterben alle. Euer Clement, ich fürchte wir sterben alle, good-bye ihr Lieben alle, good-bye, keine Hilfe kommt, good-bye, wir sterben, good-bye, good-bye, wir sterben, keine Hilfe kommt, good-bye, good-bye." Dann finde ich später, teilweise über einige „good-byes" drüber geschrieben: „wir sahen Körper in 130 und wurden dann alle von der schlechten Luft angegriffen, wir sind bis 115 gelangt und können nicht weitergehen; der Korb kommt nicht, trotz unserer Hilferufe. Er kommt nicht, kommt nicht. Ich wünschte, der Korb käme. Kaptain R. schreit, meine Füße tun so weh, ich fühle mich sehr[2]) ... meine Knie sind ..." Der sogenannte „Hilferuf" war ein

---

[1]) Barcroft hat 3 Hauptformen der Anoxämie unterschieden:
1. anoxische Anoxämie = mangelnder Sauerstoffgehalt,
2. anämische „ = zu wenig (funktionierendes) Hämoglobin,
3. ischämische „ = mangelhafte Durchblutung der Gewebe.
(Anm. d. Übers.)

[2]) Hier wurde die Schrift unleserlich.

Die geistigen Fähigkeiten.

Signalisieren an die Oberfläche durch Anschlagen eines Luftrohrs mit einem Hammer oder einer Eisenstange. Wir hatten, bevor wir heruntersteigen, die Signale vereinbart. Hier gehen die Schriftzeichen durcheinander, als ob ich nicht genau sähe, wohin ich meinen Bleistift setzte, und dann: „Ich habe das Gefühl, als ob ich träume, kein richtiger Schmerz, good-bye, good-bye. Ich habe das Gefühl als ob ich schlafe. 2^{15}, es ist aus mit uns allen. Keiner[1]..., oder kaum einer, es ist aus, es ist aus, godo bye, meine Lieben." Hier ist ganz interessant, das „godo" an Stelle von „good" zu beachten.

Bald darauf scheint die Rettungsmannschaft angekommen zu sein; sie erklärte, daß der Förderkorb im Schacht stecken geblieben war. Aus meinen Aufzeichnungen zu schließen, wurde es mir nicht vollkommen klar, daß wir gerettet werden sollten. Unter ihnen finden sich: „Keine Schmerzen, es ist nur wie ein Traum, keine Schmerzen, keine Schmerzen. Zur Beruhigung anderer sage ich überhaupt keine Schmerzen, keine Schmerzen, keine Schmerzen." Ich schrieb häufig denselben Satz immer und immer wieder. Meine letzte Aufzeichnung, als wir den Ausgang erreichten, spricht von dem Widerstand gegen Anordnungen, was gleichfalls ein Symptom der Vergiftung zu sein scheint.

Zweierlei möchte ich hervorheben. Erstens beachte man die dauernde Wiederholung. Der zweite Punkt ist vielleicht in dem wiedergegebenen Auszug nicht so augenfällig, ging aber deutlich aus dem Bericht, wie ich ihn gesprächsweise gehört habe, hervor. Danach blieb Foster, obgleich er wußte, daß er nur einen kurzen Weg zu gehen hatte, um in Sicherheit zu sein, sitzen wo er war und wiederholte sein „Good-bye meine Lieben, good-bye, good-bye". Er schien außerstande den geringen Grad an Initiative aufzubringen, dieses Wissen in die Tat umzusetzen. Wenn ich an le Neve Fosters Sitzenbleiben und an seine „good-byes" denke, wo er nur aufzustehen und fortzugehen brauchte, erinnere ich mich unwillkürlich, daß, während sowohl in Oroya als auch in Cerro die einen mehr, die anderen weniger an Bergkrankheit litten, kein einziger von uns den Versuch machte, ob nicht Sauerstoff, der reichlich verfügbar war, Erleichterung verschaffen würde.

Das zweite Beispiel für akute Anoxämie bieten die Versuche von Dr. Haldane, Dr. Kellas, Mr. J. B. S. Haldane und Dr. Kennaway in der Stahlkammer des Brompton Chest Hospital in London. Dr. Haldane und Dr. Kellas wurden in die Kammer gesperrt, Luft wurde herausgepumpt, und das Barometer fiel allmählich dementsprechend.

---

[1] Hier wurde die Schrift unleserlich.

Die geistigen Fähigkeiten. 161

Ich will die Beobachtungen bis zu dem Punkte überschlagen, wo Dr. Haldanes geistige Fähigkeiten anfingen nachzulassen. Dieser Punkt entsprach einem Barometerdruck von 320 mm (7500 m). Hier hatte er große Schwierigkeiten, Beobachtungen anzustellen, besonders die Pulszahl aus 20-Sekunden-Zählungen zu berechnen und die Anfangsstellung des Sekundenzeigers zu behalten. Bei 300 mm Druck antwortete Haldane auf alle Fragen in bezug auf die Regulierung des Druckes „haltet ihn auf 320". Die Leute draußen wurden ungeduldig und ängstlich und hielten Mitteilungen an das Fenster der Kammer, aber Kellas lachte nur und wandte sich an Haldane, der unverändert die alte Antwort gab „Haltet ihn auf 320". Nun kommt eine der interessantesten Beobachtungen: man ließ den Druck auf 350 steigen. Haldanes geistige Fähigkeiten fingen an wiederzukehren. Er nahm einen Spiegel, um die Farbe seiner Lippen zu untersuchen und bemühte sich mehrere Augenblicke lang, seine Beobachtungen mit der verkehrten Seite des Spiegels anzustellen. Im ganzen blieben Haldane und Kellas eine Stunde lang bei 320 mm oder weniger. Als sie herauskamen, war Haldane über die Länge der Zeit, die er so verbracht hatte, ganz im unklaren.

Seltsam genug dieses Experiment, wo zwei Männer von wissenschaftlichem Rang (der eine starb in der Verfolgung seines Zieles) in eine Kammer eingeschlossen werden, und ihre Freunde durch das Fenster hineinblicken. Die geistigen Fähigkeiten wurden bei beiden so gelähmt, daß keiner den Versuch abbrechen wollte. Haldane war wohl bei Bewußtsein, aber unfähig, wissenschaftliche Beobachtungen anzustellen, und wiederholte ständig: „Haltet ihn auf 320", obgleich der Barometerdruck bereits viele Millimeter unter diesen Punkt gesunken war. Kellas grinste durch das Glas und schrieb alles nieder, war aber unfähig einzusehen, daß der Mann, von dem er die Auskünfte entgegennahm, nicht mehr ganz bei Sinnen war und unfähig, in einem bereits zu weit getriebenen Versuch mehr zu tun, als bloß mechanische Beobachtungen anzustellen.

Nach Beendigung dieser Beobachtungen gingen zwei andere in die Kammer, der Druck wurde auf 330 mm herabgesetzt, und als nach einiger Zeit die Leute draußen unruhig wurden, ließen sie etwas Luft ein. Dieser Akt der Besorgnis erregte einen solchen Ausbruch der Empfindlichkeit von seiten des einen in der Kammer, und war zudem in eine so ganz unmögliche Ausdrucksform gekleidet, daß der Experimentierende offensichtlich die Selbstbeherrschung und die „Einsicht in die Weltordnung" vollkommen verloren hatte — als ob er unter dem Einfluß des Alkohols stände. Er schrieb auch wirklich vor dem Ende des Versuches „wie in den letzten Stadien der Trunkenheit, Atmung 45, unfähig den Puls festzustellen".

Vor einiger Zeit machten wir einige Experimente, um die Blutströmungsgeschwindigkeit im Körper zu messen. Dabei ergaben sich einige interessante Tatsachen, die zeigten, daß in der akuten anoxischen Anoxämie, wie in der Trunkenheit, die höchsten Fähigkeiten zuerst nachlassen. Die Technik bestand darin, alle in den Lungen vorhandene Luft möglichst vollkommen auszuatmen, Stickstoff einzuatmen, den Atem für eine bestimmte Zeit anzuhalten und ihn dann in einer besonderen Weise auszustoßen. Zu dieser „besonderen Weise" gehörte das Drehen gewisser Hähne an dem Haldaneschen Gasanalyseapparat in bestimmter Reihenfolge. In der Ruhe war das Verfahren ganz einfach. Ich hielt den Atem für eine bestimmte Zeit, bis zu einer halben Minute, mit den Lungen voller Stickstoff an und konnte dann die ausgeatmete Luftprobe ohne Fehler oder wenigstens im allgemeinen ohne Fehler entnehmen. Führte ich jedoch Muskelarbeit aus, und wurde der Grad der Anoxämie daher akuter, so ging alles schief. Besonders interessant war, wie meine Fähigkeiten den Anforderungen gegenüber versagten. Ich war unfähig, die verschiedenen Stadien in der richtigen Reihenfolge zu durchdenken oder einzuhalten. Kam die Zeit eine Probe zu entnehmen, so saß ich unvermögend vor dem Haldaneschen Apparat. Nicht, daß ich unfähig war, die einzelnen Handgriffe auszuführen: Wurde mir gesagt, was ich zu tun hatte, so konnte ich sie gut danach ausführen. Jeder Schritt der Untersuchung, das Wenden der Hähne, das Ausstoßen der Alveolarluft usw. konnte, sofern ein klarer Befehl gegeben wurde, was in jedem Augenblick zu tun sei, ordnungsgemäß geschehen. So wurde jede Handlung zu einem eingearbeiteten Reflex reduziert.

Zufällig wurde bei diesen Versuchen eine andere Beobachtung gemacht, die ich anführen möchte, obgleich sie mit dem Vortäuschen von Trunkenheit wenig zu tun hat. Erreichte die Anoxämie ein bestimmtes Stadium, so fiel meine linke Hand, welche

Die geistigen Fähigkeiten. 163

mit dem horizontalliegenden Vorderarm ruhig gelegen hatte, in eine unwillkürliche Auf- und Abwärtsbewegung.

Ich habe genug gesagt, um anzudeuten, wie interessant eine vollkommene Analyse der geistigen Zustände wäre; welche Fähigkeiten bei den verschiedenen Graden von Sauerstoffmangel nachlassen und welche erhalten bleiben.

Der Alkohol greift die Menschen verschieden an. Die meisten Symptome des Alkoholismus habe ich auf meinen Reisen in großen Höhen wiedergefunden. Wie die Menschen sich erbrechen, sich streiten, sorglos und tollkühn, schwatzhaft oder mürrisch werden. Ich habe einen der diszipliniertesten Menschen am Rande einer Gletscherspalte zur großen Verwirrung des Führers schreien und mit den Armen herumfuchteln sehen. Ich habe erlebt, wie der treueste Gefährte übelgelaunt und bis zu einem Grade ausfallend wurde, daß ich internationale Komplikationen befürchtete. So viel über die Analogie des akuten Sauerstoffmangels mit der Trunkenheit. Gehen wir zum Vergleich des chronischen Sauerstoffmangels mit der Müdigkeit über.

Während meines sechstägigen Aufenthalts in der Kammer in Cambridge führte ich eine Anzahl von Proben aus, die mir von Mr. Bartlett von der Psychologischen Abteilung in Cambridge vorgeschlagen wurden. Die Proben wurden von Dr. Lowson, der sich hiermit intensiver beschäftigte, noch erweitert, und schließlich führten wir in Peru systematische Untersuchungen aus. Alle bisher getane Arbeit muß als vorläufige angesehen werden. Das Urteil, welches ich darüber abgeben möchte, ist folgendes: die angewandten spezifischen Proben haben zwischen den geistigen Fähigkeiten in großen und geringen Höhen kaum einen sichtbaren Unterschied ergeben. Dennoch kann ich nicht zugestehen, daß unsere geistigen Fähigkeiten in Cerro unverändert waren. Alle Mitglieder der Expedition werden, glaube ich, darin übereinstimmen, daß der Grund, warum die Proben fehlschlugen, den Unterschied aufzudecken, eher der war, daß unser geistiges Unvermögen zu subtil war, um durch diese einigermaßen einfachen Proben aufgedeckt zu werden, als daß unsere geistigen Fähigkeiten ungestört waren. Die Proben messen wohl die Qualität der Arbeit. Man kann sich aber zwingen, eine Arbeit gut auszuführen. Wären die Proben ideal, so müßten sie auch den für die Lösung der Aufgabe erforderlichen Grad der Konzentration messen.

Die Proben, die Mr. Doggart anwendete, waren folgende:
1. **Eine Gedächtnisprobe.** Eine Zahl von 10 Ziffern, die auf eine Karte geschrieben war, wurde für eine bestimmte Zeit aufgedeckt und dann dem Blick entzogen. Der Betreffende wurde aufgefordert, die Zahl aus dem Gedächtnis niederzuschreiben. Die Probe wurde zehnmal wiederholt. Es bestand kein deutlicher Unterschied zwischen der Genauigkeit der Antworten in Cerro und in Meereshöhe.

2. **Eine Multiplikationsprobe**, die darin bestand, eine Rechnung wie 21 736 mal 31 345 auszuführen.

Von mir selbst kann ich nur sagen, daß ich die Rechnungen in verschiedenen Höhen ungefähr gleich schlecht ausführte. Prof. Meakins und Mr. Doggart rechneten in Cerro etwas schlechter als sonst, wenn auch nicht sehr ausgesprochen. Und dennoch zeigt die Erfahrung, daß man sich im täglichen Leben beim Rechnen in großen Höhen dümmer anstellt. Würde ich den gewöhnlichen Notizblock finden, auf dem in Cerro die Laboratoriumsrechnungen ausgeführt wurden, so bin ich überzeugt, daß ich auf einer Seite viel mehr Fehler als auf einer gleichen hier geschriebenen finden würde. Für diese Überzeugung gibt es zwei Erklärungen. Die erste setzt voraus, daß die Überzeugung stimmt, die zweite, daß sie falsch ist. Wenn das Rechnen allgemein hier ebenso richtig ausgeführt wird wie in Cerro, kann ich meine gegenteilige Überzeugung nur damit erklären, daß vermutlich das starke subjektive Gefühl der Schwierigkeit beim Rechnen mich zu dem Glauben veranlaßte, die Rechnung sei auch objektiv schlecht ausgeführt. Die wahrscheinlichere Erklärung ist nach meiner Meinung, daß man sich in Cerro bei einer Multiplikationsprobe die nötige Mühe gibt, sich ausreichend zu konzentrieren, um die Probe mit demselben Grad an Genauigkeit wie sonst auszuführen, daß man aber beim gewöhnlichen Laboratoriumsrechnen nicht die spezielle Mühe aufwendet. Die Folge davon ist, daß die Rechnung falsch wird. Außer einfachen Additionen, Subtraktionen usw. schien es in Cerro ungewöhnliche Schwierigkeiten zu machen, ein größeres Rechenexempel anzusetzen, wenn dieses nicht ganz einfach war. Die van Slykesche Methode der Gasanalyse erfordert die Anwendung einiger komplizierter Korrektionstabellen für die wirklich gemessenen Gasvolumina. Diese Korrektionen machten uns in Cerro sehr zu schaffen und zwar in gar keinem Verhältnis zu ihrer wirklichen Schwierigkeit. Ich bin nicht sicher, ob nicht eine Art algebraischer Rechnung eine gute Probe wäre — die Auflösung gewisser Gleichungen. Wenn die algebraischen und geometrischen Arbeiten so abgefaßt werden könnten, daß sie die gewöhnlichen 3 Stunden in Anspruch nähmen, und der Prüfling unter gewöhnlichen Umständen nur 50—70 vH von ihnen zustande brächte, wäre es interessant, ihm in Cerro dieselbe Aufgabe zu stellen und die Leistungen miteinander zu vergleichen.

3. Die Alphabetprobe bestand darin, daß 27 Buchstaben durcheinander auf den Tisch gelegt wurden. Es waren alle Buchstaben des Alphabetes einmal und ein Buchstabe zweimal vorhanden. Die Zeit, die der Experimentierende brauchte um den doppelt vorkommenden Buchstaben herauszufinden, wurde gemessen. Die Probe ergab jedoch keinen merklichen Unterschied für verschiedene Höhen.

Abb. 45. Das Alphabet mit dem Buchstaben L doppelt.

4. Die Uhrenprobe war die einzige Probe, die bei mir ein bestimmtes Resultat ergab. Sie bestand darin, daß plötzlich eine Uhr gezeigt wurde, entweder von gewöhnlichem Typus oder eine, die so konstruiert war, daß sie dem umgekehrten Bild, d. h. dem Spiegelbild einer Uhr glich. Die Zeiger konnten, nach dem Belieben des Prüfenden, verstellt werden. Die Zeit zwischen dem Vorzeigen der Uhr und dem Empfang der richtigen Antwort wurde bestimmt.

	Spiegelbild	Richtiges Bild	Unterschied
Meereshöhe	5 Sekund.	2,4 Sekund.	2,4 Sekund.
Matucana	8 ,,	2,0 ,,	6 ,,
Cerro	10 ,,	1,6 ,,	8,4 ,,

Meine Reaktion auf die gewöhnliche Uhr war schneller, während die auf die umgekehrte Uhr langsamer war. Dies führt mich auf die Ähnlichkeit zwischen chronischem Sauerstoffmangel und Müdigkeit zurück, denn auch in der Müdigkeit besteht zuerst eine Steigerung der geistigen Vorgänge einfachen Reaktionen gegenüber.

Professor Meakins hatte in großen Höhen keine große Schwierigkeit, die Zeit bei der umgekehrten Uhr anzugeben. Hieran knüpfen sich einige interessante Erwägungen. Die Schattenseite dieser Probe ist, daß man nach einigen Malen ein System erlangt, welches es einem ermöglicht, den gedanklichen Vorgang des Umkehrens der Uhr zu umgehen. Ist dies erst einmal eingetreten, so ist der Punkt, den man zu prüfen sucht, nicht mehr zu fassen.

In Montreal, wo Professor Meakins studiert hatte, war im Studentenklub ein Spiegel, in welchem man von einem gewissen Platz aus eine Uhr sehen konnte. Die Studenten huldigten folgendem Zeitvertreib. Wenn eine Gruppe von Studenten plötzlich in Sicht der Uhr kam, fragte einer die anderen nach der Zeit. Derjenige, der zuerst richtig antwortete, hatte einen Trunk frei. Hierdurch schien Meakins aus langer Übung her die umgekehrte Uhr beinahe ebenso leicht zu lesen wie die gewöhnliche. D. h. er las sie beinahe reflektorisch und führte nie den gedanklichen Vorgang der Umkehrung aus, der in meinem Falle den Zeitunterschied ausgemacht hatte. Andererseits muß ich bekennen, daß ich seit meiner Kindheit immer mehr als übliche Schwierigkeiten hatte, zwischen meiner rechten und meiner linken Hand zu unterscheiden. Selbst wenn ich heute plötzlich gefragt werde, muß ich mich entweder an die Stelle an meiner rechten Hand erinnern, wo in meiner Kindheit eine Warze saß, oder mich in Gedanken an den Tisch des Eßzimmers in unserm alten Hause versetzen und darüber nachdenken, welche Hand dem Fenster am nächsten war. Derselbe geistige Fehler war immer ein Hindernis für mich beim Segeln. Ich bin ziemlich sicher Westen zu sagen, wenn ich Osten meine und umgekehrt. Orientierung dieser Art scheint bei mir einen verwickelteren geistigen Vorgang einzuschließen als bei den meisten Menschen; und die Erfahrung hat mich gelehrt, daß Irrtümer in der Orientierung viel leichter auftreten, wenn ich müde bin, als wenn ich geistig frisch bin.

Wenn ich nun die bei den Proben über die geistigen Fähigkeiten erhaltenen Eindrücke als Ganzes zusammenfasse, so ergibt sich folgendes: die Wirkung der Höhe prägte sich mehr in der geistigen Anstrengung aus, die notwendig war um die Aufgabe zu lösen, als in der Genauigkeit, mit welcher sie ausgeführt wurde. Dasselbe war der Fall mit meiner geistigen Verfassung, während des (bereits angeführten) Experimentes, bei dem ich 6 Tage in einer Glaskammer zubrachte, deren Sauerstoffkonzentration reguliert wurde. Im Beginn des Versuches entsprach die Sauerstoffkonzentration einer Höhe von ungefähr 3000 m, am Ende einer von 4300 m. Während dieser 6 Tage führte ich unzählige Analysen der Kammerluft mit dem Haldaneschen Apparat aus, und zu meiner großen Überraschung machte ich nur einmal einen technischen Fehler, indem ich die Lauge in einen der Hähne des Apparates gelangen ließ. Selbst dieser Fehler war nur ein unbedeutender. Es ist kaum wahrscheinlich, daß ich unter normalen Umständen dieselbe Zahl an Analysen mit weniger Fehlern hätte ausführen können. Jedoch bestand kein Vergleich zwischen der Schwierigkeit der Analysen in der Kammer und denen in gewöhnlicher Luft. In der Kammer mußte ich mich bei jedem Augenblick der Arbeit sehr konzentrieren, und ohne Zweifel rührt der erreichte Erfolg davon her, daß ich gänzlich ungestört blieb. Im Laboratorium ist natürlich für jeden geschickten Analytiker, wenn er geistig frisch ist, ein großer Teil der Gasanalyse mehr oder weniger ein reflektorischer Vorgang. Er kann beinahe die meiste Zeit eine einfache Unterhaltung über ganz fremde Dinge führen. Aber nur wenn er „geistig frisch" ist — häufig, wenn ich geistig unfrisch war, mußte ich meine Gasanalyse gerade so wie in der Kammer machen, jeden aus dem Zimmer schicken, die Türen schließen und alle meine Gedanken auf die Arbeit konzentrieren.

Es könnte natürlich eingewendet werden, daß man in der Kammer und mit noch größerer Wahrscheinlichkeit in Cerro do Pasco wirklich unter Müdigkeit litt, und daß die Müdigkeit und nicht der Sauerstoffmangel die Ursache des geistigen Unvermögens war. Chronischer Sauerstoffmangel wie geistige Müdigkeit erzeugen eine geistige Apathie, welche sich nur in einer Sorglosigkeit zu offenbaren braucht, welche aber andererseits so weit gehen kann, daß die Dinge vollkommen ihren Wert verlieren. Lebenswichtige Angelegenheiten erscheinen geringfügig und werden vernachlässigt. Hierfür kann ich zwei Beispiele anführen.

Dr. Longstaff erzählte mir einst, daß eine seiner hauptsächlichsten Aufgaben auf seiner Himalayaexpedition die war, die Höhen der verschie-

denen Gipfel durch Beobachtungen mit dem Theodoliten zu ermitteln.
Als er an einem der höchsten Gipfel Beobachtungen anstellte, verlor
er das Interesse so weit, daß er die erhaltenen Resultate nicht an
Ort und Stelle ausarbeitete und nachprüfte. Er kam in eine niedrigere
Region und fand, daß die Beobachtungen ergeben hatten, daß ein Gipfel
höher als der Everest sei. Da die Beobachtungen nicht kontrolliert
waren, konnten sie natürlich nicht veröffentlicht werden, und er
blieb in einem Zustand der Ungewißheit, ob er den höchsten Gipfel
der Welt entdeckt hätte oder nicht. Hier geht uns natürlich die Frage,
ob Longstaffs Gipfel einige Meter höher als der Everest war, nichts
an. Was uns hier interessiert ist, daß in dem Augenblick seiner Ent-
deckung Longstaff sich nicht darum kümmerte. Hier lag eins der
Hauptziele seiner Expedition, nämlich zu entdecken, welcher Gipfel
wirklich der höchste war, er erhielt alle Zahlen und hatte dennoch
in dem Augenblick nicht genügendes Interesse für dieselben, um die be-
züglichen Höhen der Gipfel zu ermitteln. Wäre sein Hirn ausreichend
mit Sauerstoff versorgt gewesen, so hätte seine Aufregung den höchsten
Grad erreicht. Schließlich erfaßte er nicht den Kernpunkt, nämlich, daß
mit seinen nicht nachkontrollierten Zahlen jegliches interessantes Resultat, das sich am Ende bei den Berechnungen ergeben würde, nicht
zuverlässig genug war, um sowohl ihn als die wissenschaftliche Welt
zu überzeugen.

Das zweite Beispiel einer mehr oder weniger chronischen Anoxämie,
die zu einer Gleichgültigkeit den Dingen gegenüber führte, wird durch
die Umstände geliefert, die zur Beendigung meines 6tägigen Versuches
in der Glaskammer führten. Ich hatte beabsichtigt, eine Woche ein-
gesperrt zu bleiben und brauche nicht erst zu sagen, daß ich mir die
größte Mühe genommen hatte, die Zusammensetzung der Luft so zu
regulieren, daß sie einerseits so frei wie möglich von Kohlensäure war,
und daß andererseits der partielle Sauerstoffdruck allmählich abnahm.
Die Maschinerie für diesen Zweck arbeitete nicht immer glatt. Am
Donnerstag (das Experiment hatte am Sonntag begonnen) funktionierte
alles sehr schlecht, aber die Schwierigkeiten wurden überwunden und
bis Sonnabend Morgen ging alles glatt und gut. Im Laufe der Zeit war der
Sauerstoffdruck bis auf einen Wert gefallen, der ungefähr 5500 m Höhe entsprach. An diesem Punkte stieg er plötzlich, bis er ungefähr 4500 m
gleichkam. Ich lag mit heftigen Kopfschmerzen im Bett — glücklicher
als Longstaff stand mir jemand mit klarerem Blick als meinem eigenen
zur Seite. Gegen Mittag besuchte mich meine Frau und auf die Frage
nach dem Sauerstoffdruck erzählte ich ihr, daß er 5500 m Höhe ent-
sprochen hätte, daß er aber gerade auf 4500 gefallen sei und fügte
hinzu „das bleibt sich schließlich gleich". Sie erfaßte sofort den psychologischen Punkt, sah, daß mein Urteil für das was wichtig verloren
gegangen war, und daß das ganze Experiment in Gefahr war. Sie
stellte daher meinen Kollegen vor, daß, wenn der Versuch befriedigend
enden solle, er besser bald enden müsse.

Das folgende ist vielleicht der Aufzeichnung wert, da es etwas
anderes veranschaulicht, nämlich, daß, ebenso wie geistige Müdigkeit,

Die geistigen Fähigkeiten. 169

chronischer Sauerstoffmangel die Selbstbeherrschung untergräbt. Die Selbstbeherrschung verhindert normaliter, daß unsere Gefühle sich in übertriebener Weise offenbaren. Mein Kollege, der die medizinische Überwachung hatte, sagte mir erst nachdem alle Vorbereitungen für die Operation, mit der der Versuch enden sollte, getroffen waren, daß das Ende des Versuches gekommen sei. Ich fing an zu weinen — ich wußte selbst nicht warum. Ich erinnere mich nur einmal in meiner eigenen Erfahrung eines Vorkommnisses ganz ähnlicher Natur. Es war gegen Kriegsende, der Arzt sagte mir, daß ich mit der Arbeit aufhören und mich 14 Tage vollkommen ausruhen müsse — so weit ganz gut. Er schlug mir auch etwas vor, was ich unter gewöhnlichen Umständen sehr verlockend gefunden hätte, nämlich einen 14tägigen Aufenthalt bei meinen Verwandten in Irland. Aus irgendwelchen mir jetzt nicht mehr ganz klaren Gründen brach ich bei den Gedanken an eine Reise vollkommen zusammen. Das Auftreten unerwarteter Tränen führte zu einer willkommenen Änderung in der vorgeschlagenen Behandlung, nämlich zu einem Ausruhen zu Hause.

Gegen Ende unseres Aufenthaltes in Cerro de Pasco glich unser Geisteszustand sehr dem erschöpfter Leute. In diesem Zusammenhange ergibt sich die Frage, ob diese Symptome vom Sauerstoffmangel herrührten, oder ob wir einfach erschöpft schienen, weil wir müde waren? Es ist notwendig zu erforschen, ob dieselbe Beanspruchung in Meereshöhe dieselben Wirkungen hervorgerufen hätte. Vielleicht mit Ausnahme von mir, arbeiteten in Cerro alle bestimmt sehr angestrengt und viele Stunden lang hintereinander. In den letzten 2 oder 3 Tagen unseres Aufenthaltes waren sie sicher am Ende ihrer Kräfte, denn die Güte der Arbeit sank beträchtlich. Meiner persönlichen Ansicht nach hätten Ferien in Cerro wenig genützt, und für einen weiteren Packen Arbeit hätten wir tiefer hinunter gemußt, um dort Ferien zu machen und „wieder auf die Beine zu kommen". Die Symptome geistiger Ermüdung waren bei mir am Ende der 6 Tage in der Kammer sehr auffällig. Ich war apathisch, kurz angebunden und konnte meine Selbstbeherrschung außerordentlich schwer bewahren. Ganz unbedeutende Vorkommnisse machten mich wütend. Mein Essen wurde mir durch eine Falltür hineingestellt. Ich erinnere mich, daß ich außer mir war, weil das Mädchen, wie es tatsächlich ihre Pflicht war, das ganze Zubehör zum Mittagessen hineinstellte, Salz- und Pfefferständer, Bestecke zum wechseln usw. Meiner Ansicht nach schien das alles unnötig. Die meisten Menschen, die geistig abgespannt sind, werden diese unvernünftigen Gefühlsausbrüche verstehen. Ich kann nicht behaupten, daß ich in der Kammer angestrengt gearbeitet hätte.

Die Erfahrung der Bewohner von Cerro de Pasco zeigt entschieden, daß konzentriertes Denken dort ermüdender für das Hirn als in Meereshöhe ist. Dies wurde mir auf folgende Weise auseinandergesetzt. Buchführung (die meiner Meinung nach größtenteils mechanisch ist) erreicht in Cerro denselben Standard wie in New York, aber der Entwurf eines komplizierten Berichtes, der sich um wichtige, finanzielle Entscheidungen dreht, ist mit einem solchen Grad geistiger Erschöpfung verbunden, daß man danach Ferien für „einen Ausflug an die Küste" braucht.

Der Vergleich zwischen den Wirkungen der Höhe und denen der Müdigkeit wird durch den Faktor des Schlafes oder eher der Schlaflosigkeit kompliziert. Auf den ersten Blick scheint ein Vergleich sehr einfach. Schlaflosigkeit ist sowohl ein Symptom geistiger Müdigkeit als auch chronischen Sauerstoffmangels. Im Glaskastenexperiment hatte ich Gelegenheit, mir ein etwas genaueres Urteil über anoxämische Schlaflosigkeit zu bilden. Einige meiner Studenten machten untereinander aus, daß ich nie allein gelassen werden sollte. Daher saßen zwei von ihnen für den Fall, daß irgendwelche Hilfe erforderlich sei, in jeder Nacht außerhalb des Kastens. Jeden Morgen fragte ich, wie ich geschlafen hätte, und jeden Morgen, ausgenommen vielleicht den letzten, sagten sie, daß ich gut geschlafen hätte. Ich war jedoch ganz anderer Ansicht. Ich glaubte, ich wäre die halbe Nacht wach gewesen und war am Morgen unfrisch. Ich war mir bewußt, daß sie auf und ab gingen und durch die Fenster blickten, um zu sehen, ob ich wach sei oder schliefe. Von Zeit zu Zeit zählte ich meinen Puls. Diese verschiedenen Meinungen können nur so in Einklang gebracht werden, daß, wenn ich auch die meiste Zeit der Nacht schlief, es nur ein sehr leichtes Schlummern war, das durch unaufhörliche Träume unterbrochen wurde. Möglicherweise eine Art von Bewußtsein eben unter der Schwelle des wirklichen Wachseins. In Cerro war es genau so. Nach Stunden gerechnet schliefen wir gut, aber der Schlaf war in den meisten Fällen von geringer Güte. Die Nacht schien lang, und wir wachten unfrisch auf.

Der Leser wird nun die Schwierigkeit verstehen, in der wir uns befinden. Angestrengte Arbeit auf dem Berggipfel, verbunden mit dieser Art der Schlaflosigkeit wirkt sehr erschöpfend auf den Geisteszustand, und sicher war unsere geistige Verfassung, als wir Cerro verließen, wirkliche Müdigkeit, verursacht durch unsere Tätigkeit und durch die geringe Güte des Schlafes. Danach hätten wir uns also in einem Circulus viciosus befunden, in dem die Müdigkeit bald die Schlaflosigkeit verstärkt hätte. Hier können wir die Frage verlassen.

Bevor ich schließe, möchte ich meine Stellung zu einem Punkte klären. Ich möchte die Meinung korrigieren, welche vielleicht in meine Aufzeichnungen hineingelesen werden kann, daß nämlich geistige Müdigkeit auf Sauerstoffmangel beruht. Es gibt keinen Beweis für oder gegen diese Ansicht. Wenn beide Ursachen dieselbe Wirkung hervorrufen, ist es nicht unnatürlich, anzunehmen, daß sie Beziehung zueinander haben. Insofern, als geistige wie körperliche Arbeit letzten Endes von der Oxydation spezifischer Substanzen abhängt, ist es klar, daß die wirksame Schädigung der geistigen Fähigkeiten durch einen Fehler in irgendeinem Glied des Oxydationsprozesses hervorgerufen werden kann — Mangel in Qualität oder an Quantität oxydierbarer Stoffe, Mangel an Fermenten oder Sauerstoffmangel. Von diesem Gesichtspunkte kann Sauerstoffmangel dasselbe allgemeine Bild erzeugen wie übermäßige Anstrengung. Unter einem anderen Gesichtswinkel könnte man annehmen, daß Folgendes die Tatsachen zusammenfaßt: eine bestimmte Anstrengung erzeugt bei ungenügender Sauerstoffversorgung einen größeren Grad geistiger Müdigkeit (dasselbe würde bei Muskelmüdigkeit der Fall sein) als bei reichlicher Versorgung.

Literatur.

Foster und Haldane: The Investigation of Mine Air, 177. London 1905.
Haldane, Kellas und Kennaway: Journ. of physiol. 53, 181. 1919.
Schneider: Physiolog. Reviews 1, 631. 1921.

XIII. Akklimatisation.

Während des letzten Jahrhunderts und sogar schon früher, seitdem Wissenschaftler zuerst die Wirkungen des Hochgebirges an sich selber studierten, hat sich der Mittelpunkt des Interesses sehr verschoben. Früher richtete sich die Beobachtung auf die unmittelbare Wirkung der Luftverdünnung, heute konzentriert sich die Forschung mehr auf den Mechanismus, durch den sich der menschliche Körper an seine Umgebung akklimatisiert. Bei den meisten Menschen verschwinden nach einem kurzen Aufenthalt in Höhen, welche die Bergkrankheit hervorrufen, die akuten Symptome und die mehr chronischen werden milder. Übelkeit, Erbrechen, Kopfschmerzen, Nasenbluten, Schwerhörigkeit und die Sehstörungen lassen vollkommen nach, während Herzklopfen und Atemnot sehr viel geringer werden.

Wie findet diese Veränderung statt?

Bei Betrachtung der Akklimatisation muß man davon ausgehen, daß bei der Ankunft in großen Höhen der Sauerstoff, der die Gewebe ernährt, sowohl in zu geringer Menge als auch mit zu niedriger Spannung im Blute ist. Von diesen beiden Faktoren, der Menge wie der Spannung, ist die Spannung der wichtigere. Die Menge selber macht nur insofern etwas aus, als sie die Spannung beeinflußt. Denn letzten Endes ist der Sauerstoffmangel ein Mangel der Zelle, und die Sauerstoffmenge, die die Zelle erreicht, hängt unter anderem von der Sauerstoffspannung im Plasma ab.

Früher oder später, in den meisten Fällen ziemlich bald, werden die durch Sauerstoffmangel verursachten Symptome weniger ausgesprochen. Wie dies vor sich geht ist noch ganz ungeklärt. Die Physiologen waren geneigt anzunehmen, daß auf diese Frage eine einfache Antwort möglich sei. Diese Art von Spekulation hat für mich nichts Anziehendes, weil sie mir nicht durch die Tatsachen gerechtfertigt erscheint. Die Ansicht, daß, wenn ein komplexer Vorgang sich ändert, jeder kleinste Teil in diesem Komplex einer Veränderung unterliegt, um sich seinem Gefährten anzupassen, ist mir weitaus sympathischer.

Wir wollen die Faktoren aufzählen, die, soweit unsere Expedition sie feststellen konnte, zur Akklimatisation beitrugen. Von diesen ist der erste die gesteigerte Gesamtventilation infolge der Wirkung des Sauerstoffmangels auf das Atmenzentrum. Bei meiner Erörterung dieser Frage im VII. Kapitel wies ich auf eine begriffliche Schwierigkeit hin — nämlich daß man das Fehlen von irgend etwas als Reiz anzusehen hat. Sauerstoffmangel würde ein Feuer zum Erlöschen bringen, und a priori könnte man daher eine ähnliche Wirkung auf das Hirn erwarten. Doch könnte mangelnde Oxydation zur Bildung irgendwelcher toxischer Substanzen führen, die die Erregbarkeit des Zentrums erhöhen, bevor sie es endgültig lähmen. Auch könnte die Atmung für gewöhnlich einer Art von Hemmung unterworfen sein, die nun wegfiele. Wie immer auch der Mechanismus sei, zweifellos ventiliert in großen Höhen eine größere Menge Luft die Lungen als in niedrigen.

Bei den Besuchern der Berge wird diese vermehrte Ventilation durch Steigerung der respiratorischen Bewegungen erreicht. Bei den Indianern muß man auch die vergrößerte Thoraxform in Betracht ziehen. Wie ich später zeigen werde, besteht der Wert einer erhöhten Ventilation darin, daß die Luftmenge, die die Lungen passiert, im Verhältnis zur ausgeschiedenen Kohlensäuremenge zunimmt. Könnte der Mensch in der Minute ein unendlich großes Luftvolumen durch seine Lungen hindurchtreiben, so würde die Kohlensäuremenge so schnell aus den Alveolen fortgeschafft, daß sie unendlich klein würde. Die Sauerstoffmenge in den Alveolen würde dann nicht wesentlich von der in der Atmungsluft verschieden sein, abgesehen von einer geringen Verdünnung durch Wasserdampf.

Bei den körperlich kleinen Cholos mit ihren großen Brustkörben kann man annehmen, daß die verbrauchten Sauerstoffmengen und die abgegebenen CO_2-Mengen der Körperoberfläche proportional sind (verglichen mit gleichen Messungen bei weißen Rassen), daß aber die Ventilation der Lungen mindestens ebensogroß wie die eines 1,78 m großen Angelsachsen ist. Wenn dem so ist, folgt, daß die Alveolarluft des Cholo einen geringen CO_2-Gehalt hat, und in demselben Verhältnis wie die CO_2 abnimmt, nähert sich der Sauerstoff in der Alveolarluft dem in der Atmosphäre.

Wenden wir uns wieder dem Angelsachsen zu. Die Wirkung gesteigerter Ventilation als ein Faktor der Anpassung läßt sich durch einen Vergleich von Douglas' und meiner Alveolarluft in Teneriffa zeigen. Douglas hatte den Vorteil von ungefähr 10 mm vor mir voraus; dies machte am Gipfel des Pik ungefähr 20 vH der gesamten Sauerstoffspannung der Alveolarluft aus. Das war kein geringer Vorteil.

Diese Veränderung kann nicht ohne daraus resultierende Veränderungen in anderen Teilen des Organismus stattfinden. Denn die Abnahme in der Kohlensäurespannung der Alveolarluft spiegelt sich im Blute wieder, wo ein entsprechendes Sinken des CO_2-Gehaltes eintritt. Dieses würde, wenn keine andere Veränderung stattfände, die Alkalität des Blutes erhöhen und vermutlich zu einer verringerten Ventilation führen, wodurch der Grad der stattfindenden Anpassung vernichtet würde. Man kann daher annehmen, daß in großen Höhen, wie Haldane, Kellas und Kennaway es unter künstlichen Bedingungen nachgewiesen haben, die Niere Bikarbonate ausscheidet, und daß sicher ein beträchtlicher Prozentgehalt des vorhandenen Bikarbonates aus dem Blute verschwindet. Soviel über die Veränderungen, die direkt auf die Wirkung des Sauerstoffmangels auf das Atemzentrum zurückgeführt werden können.

Ein anderer Faktor der Anpassung, der als Folge des verminderten Sauerstoffes im arteriellen Blut angesehen werden kann, ist der Anstieg der Hämoglobinmenge in jedem Kubikzentimeter Blut und schließlich im ganzen Körper. Der Mechanismus dieser Veränderung ist ganz ungeklärt. Es handelt sich um folgende Frage: Rührt die Veränderung von einer Verminderung der Sauerstoffspannung oder des Sauerstoffgehaltes im arteriellen Blut her? Hierauf gibt die Pike's Peak-Expedition von 1911 die unzweideutige Antwort, daß die verminderte Sauerstoffspannung die Ursache ist. Und zwar ist die Begründung, daß die Hämoglobinzunahme so groß sein kann, daß sie eine wirkliche Vermehrung im Sauerstoffgehalt des arteriellen Blutes bedingt, selbst wenn, verglichen mit dem Gesamthämoglobin, ein Fall im Prozentgehalt des Sauerstoffes vorhanden ist. Dennoch darf man nicht vergessen, daß genau die gleiche Steigerung im Hämoglobinwert des Blutes beschrieben worden ist, wenn der arterielle Sauerstoffgehalt ohne gleichzeitige Druckverminderung abnimmt, wie z. B. bei Anwendung von Kohlenoxyd. In beiden Fällen sinkt die durchschnittliche Sauerstoffkonzentration im Plasma der Capillaren, und dies ist wahrscheinlich der wesentliche Punkt.

Es ist häufig erörtert worden, ob die Blutkörperchenkonzentration durch Wasserentziehung oder durch eine absolute Vermehrung in der Zahl der roten Blutkörperchen verursacht wird. Es sind dies keine wirklichen Gegensätze, weil beide Vorgänge sich gegenseitig nicht ausschließen. Douglas, Haldane, Henderson und Schneider zeigten unzweideutig, daß die Gesamthämoglobinmenge des Körpers auf Pike's Peak zunahm und daß, roh gesprochen, die Zunahme im Hämoglobinwert des Blutes auf einer Zufuhr von neuem Hämoglobin zum Kreislauf beruhte. Ob im Beginn des Aufenthaltes in großen Höhen eine Abnahme im Blutvolumen stattfindet, ist weniger sicher. Die Hypothese, daß das erste Stadium der Zunahme „in der Blutzählung" eine Wasserentziehung anzeigt, ist verlockend, aber bis jetzt durch Beweise schlecht gestützt. Die auf Pike's Peak an einem von vier

Mitgliedern erhaltenen Zahlen sprechen in diesem Sinne. Aber selbst in diesem Falle war das Blutvolumen kurz nach der Ankunft auf dem Gipfel nur etwas niedriger als es für gewöhnlich in Oxford gewesen war. Außerdem scheint bei der Bestimmung des Blutvolumens ein Temperaturfaktor mitzuspielen, der sich von dem Höhenfaktor schwer trennen läßt. Die Schwierigkeit ist diese: woher kann das Hämoglobin kommen, wenn wir annehmen müssen, daß es nicht so schnell gebildet werden kann, als es im Blute auftritt und daß nur wenig dafür spricht, daß die Konzentration durch Wasserentziehung aus dem Plasma entsteht? Gibt es im Körper irgendeinen Hämoglobinvorrat, mit dessen Hilfe er im Augenblick über die Verlegenheit hinwegkommt, bis durch vermehrte Neubildung die Zufuhr geregelt ist? Einen solchen Vorrat scheint es zu geben, und er braucht nicht der einzige zu sein. Neuere Arbeiten aus dem Cambridger Laboratorium scheinen darauf hinzuweisen 1., daß sich für gewöhnlich das meiste Hämoglobin in der Milz außerhalb des Kreislaufs befindet und 2., daß anoxämische Zustände ein Zusammenziehen der Milz bis auf die Hälfte ihres Volumens veranlassen. Es scheint möglich, daß die Milz auf diese Weise 100 ccm Blutkörperchen oder 5 vH der gesamten zirkulierenden Menge in die Zirkulation bringen kann. Der Vorgang, wie die Milz die Blutkörperchen ausschüttet, ist klar. Die Anoxämie wirkt auf das Zentralnervensystem und verursacht auf dem Wege autonomer Fasern eine Kontraktion der Milz.

Der Hauptfaktor für die Aufrechterhaltung eines hohen Hämoglobinwertes im Blut ist zweifellos die vermehrte Zellproduktion im Knochenmark. Die Tatsachen sprechen dafür, daß die Schnelligkeit der Produktion zum mindesten im Verhältnis zu der im Körper vorhandenen Hämoglobinmenge zunimmt. Die im Bericht von Pike's Peak angeführten Zahlen weisen darauf hin, daß die gesamte Vermehrung des Blutvolumens auf neu in die Zirkulation gebrachte Blutkörperchen zurückzuführen ist. Die durchschnittliche Vermehrung des Blutvolumens beträgt 13 vH, die durchschnittliche Hämoglobinzunahme 32 vH; nehmen wir an, daß die Blutkörperchen anfänglich 40 vH des gesamten Blutes ausmachten — so sind 32 vH von 40 gleich 13.

Der Beweis für eine Bildung neuer Blutkörperchen ist nicht nur in einer Zunahme des Gesamthämoglobins zu finden, die weit über alles hinausgeht, was aus einer Vorratskammer des Körpers entnommen werden könnte, sondern auch aus dem Auftreten großer Mengen retikulierter Zellen in der Zirkulation. Diese sind wahrscheinlich junge Zellen.

Während es leicht ist im Blut von Europäern, die auf die Anden gehen, die Vermehrung der Hämoglobinmenge festzustellen, die normal im Blute aller Eingeborenen der wirklich hochgelegenen Orte vorhanden ist, ist es weniger leicht, den genauen Nutzen einer so großen Pigmentmenge einzusehen. Die frühere Erklärung war, daß dieses Hämoglobin von Nutzen sei, „weil es mehr Sauerstoff zu den Geweben führe". Dies ist letzten Endes wahrscheinlich richtig, die Schwierigkeit aber ist einzusehen, wie dieser vermehrte Sauerstofftransport zu den Geweben für diese von Vorteil sein soll. Jedes Gewebe bekommt im Durchschnitt bereits dreimal so viel Sauerstoff zugeführt, als es braucht. Wenn in großen Höhen infolge einer 10 proz. Abnahme im arteriellen Blut diese „3" auf „2,7" herabgesetzt würde, so wäre dies immer noch eine Sauerstoffmenge, die das Bedürfnis des Gewebes weit überschreitet. Die Ursache für die Beschwerden in den Bergen ist nicht der Mangel in der wirklich vorhandenen Sauerstoffmenge im Blute, sondern die mangelnde Spannung, mit welcher der Sauerstoff transportiert wird. Es muß daher erklärt werden, wie eine Zunahme der Hämoglobinmenge im Blut zu einer Steigerung der mittleren Sauerstoffspannung in den Capillaren führt? Die Antwort ergibt sich aus zwei Überlegungen und wird am besten durch ein zahlenmäßiges Beispiel veranschaulicht.

Angenommen, das zu den Geweben gelangende arterielle Blut hat in Meereshöhe eine Sauerstoffkapazität von 0,185 ccm Sauerstoff pro Kubikzentimeter Blut, das heißt, es ist zu 96 vH gesättigt, und nehmen wir weiter an, daß das Gewebe 38 vH des Sauerstoffes oder 0,7 ccm pro Kubikzentimeter Blut entnimmt, dann ist das venöse Blut zu 58 vH gesättigt und hat folglich nach der schon früher angeführten Capillardissoziationskurve von Christiansen, Douglas und Haldane eine Sauerstoffspannung von 37 mm. Gehen wir nun auf eine Höhe von 3300 m, wo das arterielle Blut bei gewöhnlicher Atmung vielleicht zu 83 vH gesättigt ist und daher nach derselben Kurve eine Sauerstoffspannung von 53 mm hat. Nehmen wir wieder an, daß jedem

Kubikzentimeter Blut noch immer 0,7 ccm Sauerstoff entnommen werden und, daß die Abnahme in der prozentigen Sättigung daher wie bisher 38 vH sei. Das venöse Blut wird dann zu 45 vH gesättigt sein und seine Sauerstoffspannung 31 mm betragen. Der Betreffende bleibt aber auf 3300 m wohnen, und wir wollen annehmen, daß mit der Zeit sein Hämoglobinwert von 100 auf 150 steigt, so daß die Sauerstoffkapazität seines Blutes $0{,}185 \frac{150}{100} = 0{,}278$ ccm wird. Gehen wir unsere Berechnung nun noch einmal durch. Sein arterielles Blut ist zu 85 vH gesättigt; 0,07 ccm werden entnommen. Nun sind 0,07 nur 25 vH von 0,279, und daher wird die prozentige Sättigung des venösen Blutes $83 - 25 = 58$ sein. Dieses entspricht einer Spannung von 37 mm. Wenn wir die partiellen Sauerstoffspannungen in eine Tabelle bringen, so haben wir:

	Sauerstoffspannung in mm	
	arterielles Blut	venöses Blut
1. Meereshöhen — Hb = 100	110	37
2. Verminderter Sauerstoffdruck Hb = 100	53	31
3. „ „ Hb = 150	53	37

Nun geht aus Fall 2 und 3, die beide dieselben arteriellen Sauerstoffspannungen aufweisen, klar hervor, daß der mit der höheren venösen Spannung auch die höhere mittlere Sauerstoffspannung in den Capillaren haben wird. Dies würde selbst dann der Fall sein, wenn der mittlere Capillardruck das Mittel aus den arteriellen und venösen Spannungen wäre. Auf all dies ist, wie der Bericht von Pike's Peak zeigt, schon von anderen Autoren hingewiesen worden. Was noch nicht genügend hervorgehoben wurde, ist, daß die mittlere Spannung in den Capillaren unter gewöhnlichen Umständen der Sauerstoffspannung in den Venen ziemlich nahe zu kommen scheint. Ein Beispiel hierfür ist in dem Bericht der Cerro-Expedition (S. 433)[1]) ausgearbeitet. Es wird angenommen, daß der Druck im Gewebe nur einen Millimeter unter dem des venösen Blutes ist, und daß das arterielle Blut einen Druck von 50 oder 60 mm über dem mittleren Druck der Gewebe hat, während der mittlere Druck in der Capillare

---

[1]) Siehe auch die Arbeit von L. J. Henderson, A. V. Bock, H. Field, Jr. und J. L. Stoddard, Journ. of biol. chem. 59, 379, 1924,

ungefähr 1,4 mm höher als in den Geweben und daher um 0,4 mm höher als im venösen Blute ist. Wenn andererseits zwischen der Sauerstoffspannung im Gewebe und der des venösen Blutes ein Druckunterschied von 10 mm vorhanden ist, so würde zwischen Capillare und Gewebe eine durchschnittliche Sauerstoffspannung von ungefähr 13 mm bestehen; die mittlere Sauerstoffspannung in der Capillare wäre also um 3 mm höher als die in der Vene, während sie um 50 mm niedriger als die Sauerstoffspannung in der Arterie wäre. Die Schwierigkeit bei der Berechnung liegt darin, daß wir nicht wissen, wie nahe der Druck im Gewebe sich dem in der Vene nähert. Man kann jedoch annehmen, daß die mittlere Sauerstoffspannung in der Capillare sich nur wenige Millimeter von der in der Vene unterscheidet. Deshalb die Bedeutung einer jeden Veränderung, die die venöse Spannung erhöht. Eine solche Veränderung ist die Zunahme im Hämoglobinwert des Blutes. Daher kommt es, um auf die drei in der obigen Tabelle angeführten Fälle zurückzukommen, daß die mittlere Sauerstoffspannung in der Capillare bei Fall 3 sicher näher an Fall 1 liegt als bei Fall 2.

Wir haben im einzelnen gesehen, daß vermehrte Ventilation die Sauerstoffspannung in der Alveolarluft und folglich auch im arteriellen Blut erhöht, und daß eine Hämoglobinkonzentration einen Anstieg in der Sauerstoffspannung des venösen Blutes bewirkt — aber es gibt noch einen feineren Mechanismus der Anpassung, welcher auf einer Verbindung der Kohlensäureausscheidung aus dem Blut und der Konzentration der roten Blutkörperchen beruht. Ich will ihn zuerst beschreiben und dann ausführen, warum ich ihn zu den angeführten Ursachen hinzurechne. Es ist die im VII. Kapitel beschriebene Veränderung in der Dissoziationskurve. Durch diese Veränderung nimmt die Affinität des Blutes zum Sauerstoff zu, und daher kann das Blut bei jedem gegebenen Drucke, der zur vollständigen Sättigung nicht ausreicht, eine größere Sauerstoffmenge aufnehmen.

Bei Besprechung der Dissoziationskurve wiesen wir auf die Sauerstoffmenge hin, die das arterielle Blut bei jedem gegebenen Drucke gewann. Wir stehen hier vor der Frage, ob die Veränderung in der Lage der Kurve die Sauerstoffspannung ebenso wie die Menge beeinflußt? Auf den ersten Blick könnte es scheinen, als ob die Spannung des arteriellen Blutes durch die der Alveolarluft reguliert wird, und daß bei einer Alveolarluft von bestimmter Zusammensetzung eine bloße Änderung in der Form der Dissoziationskurve die Sauerstoffspannung im Blute nicht ändere. Es gibt jedoch Möglichkeiten, die nicht übersehen werden dürfen. Die Sauerstoffspannung im arteriellen Blut und in der Alveolarluft ist niemals, welche Diffusionstheorie man auch annimmt, die gleiche. Die Spannung in der Luft ist eine Grenze für die Spannung im Blute, übertrifft sie aber immer[1]), möglicherweise nur um den Bruchteil eines Millimeters; dennoch besteht theoretisch immer ein Unterschied. Wir werden wieder auf die Faktoren, die den Unterschied regulieren, zurückgewiesen. Diesen Faktoren liegen folgende Prinzipien zugrunde: 1. wenn wir die ganze Länge einer Capillare in der Lunge nehmen, muß ein gewisser mittlerer Spannungsunterschied zwischen der Sauerstoffspannung in der Luft und der in der Capillare bestehen, und 2., je größer die pro Minute absorbierte Sauerstoffmenge ist, um so größer muß der mittlere Spannungsunterschied sein. Nun ist es klar, daß bei einer Spannung von 100 mm in der Lunge und z. B. wieder einer 58 prozentigen Sättigung des venösen Blutes, dieses unter normalen Umständen mit einer Sauerstoffspannung in den Lungen ankommt, die sehr viel niedriger als die des Alveolus ist. In dem in Abb. 15a gezeigten Falle wäre der Unterschied $100 - 36 = 64$ mm, und nicht nur das, infolge der Form der Sauerstoffdissoziationskurve wird der Unterschied (wenn auch nicht vollkommen, so doch in hohem Grade), beinahe bis zu dem Punkte aufrecht erhalten, an welchem das Blut arteriell wird. So wird der Sauerstoff mit einem Druck von ungefähr 60 mm Quecksilber schnell in die Alveolarcapillare getrieben, in deren allerersten Abschnitt es schon beinahe arteriell wird. Während es den übrigbleibenden Teil der Capillare passiert, sammelt es die letzten Spuren Sauerstoff auf und verläßt die Capillare beinahe im Gleichgewicht

---

[1]) Diejenigen, die einer anderen Richtung angehören und anderer Meinung sind, wollen mir verzeihen, wenn ich die Angelegenheit hier nicht erörtere. Es beruht dies bestimmt nicht auf Geringschätzung ihrer Arbeit, noch weniger ihrer selbst. Die Gründe, auf denen die obige Feststellung beruht, werden ausführlich in einem anderen Band über die Theorie der Atmung gegeben werden, und es scheint überflüssig, sie hier zu wiederholen.

mit der Alveolarluft. Man stelle sich nun vor, daß die Spannung in der Alveolarluft an Stelle von 100 mm nur 50 mm gewesen wäre. Das venöse Blut hätte dann der Alveolarluft gegenüber einen Unterschied von nur 14 mm aufgewiesen. Der Druck, der den Sauerstoff ins Blut treibt, würde dann weniger als ein Viertel des vorigen Wertes ausmachen und sogar noch verhältnismäßig viel schneller abnehmen als wenn die Lunge normale Alveolarluft enthielte. So wird das Blut, wenn es den Endabschnitt der Capillare erreicht und in die Lungenvene übergeht, einem Gleichgewicht mit der Alveolarluft weniger nahe sein als sonst. Der Unterschied kann in der Tat meßbar werden. Und wenn das Blut, welches die Lungen passiert, schon in der Ruhe nicht in meßbarem Grade ins Gleichgewicht mit der Alveolarluft kommt, so wird dies bei Muskelarbeit um so ausgesprochener werden. Das dem so ist, zeigten Untersuchungen an Meakins in Cerro de Pasco. Man kann die Frage auch in eine andere Form kleiden und sagen, daß in großen Höhen das Blut eine zu kurze Zeit in der Capillare ist, um einem Gleichgewicht mit der Alveorlarluft nahezukommen, oder man kann, wenn man will, auch sagen, daß die Capillare hierfür zu kurz ist. Infolge davon kommt das arterielle Blut mit einer Sauerstoffspannung in den Geweben an, die sogar geringer ist als sie durch die Alveolarluft bedingt wäre. Und dieser Mangel muß sich überall in der Capillare bemerkbar machen. Bleibt die Ausnutzung unverändert, so wird das Blut die Gewebe entsprechend venöser verlassen, und der mittlere Capillardruck im Gewebe wird entsprechend niedriger sein. Um nun auf die Änderung der Dissoziationskurve zurückzukommen, so müssen wir folgende Frage hier beantworten: Ermöglicht die Änderung dem Blute beim Passieren der Lunge, daß sich seine Sauerstoffspannung der der Alveolarluft nähert? Wenn die Verschiebung der Kurve darauf hinausläuft, den Spannungsunterschied zwischen dem Sauerstoff im Blut und dem in der Alveolarluft bei jedem besonderen Sättigungsgrad zu vergrößern, so wird die Folge eine schnellere Gasdiffusion ins Blut sein. Der endgültige im Blut erreichte Zustand wird dann einem Gleichgewicht mit der Luft im Alveolus viel näher kommen.

Dies ist die in der Tat erzielte Wirkung, denn da die Dissoziationskurve sich mehr zur Ordinate hin verschiebt (sinngemäß bedeutet das einen geringeren Druck für jede prozentuale Sättigung), so folgt daraus, daß bei jedem gegebenen Sauerstoffgehalt der Unterschied in der Spannung zwischen dem Blut und der Alveolarluft größer ist.

So wird unter sonst gleichen Bedingungen der mittlere Spannungsunterschied zwischen der Lungenluft und dem ankommenden Blut größer sein. Daraus folgt, daß bei dem Akklimatisierten der Sauerstoff schneller ins Blut übergeht als bei dem nicht Akklimatisierten, und daß das Blut eines solchen Menschen daher ein Gleichgewicht mit der Lungenluft eher erreichen kann.

Kurz gesagt, das Blut eines Menschen, dessen Dissoziationskurve sich so verschoben hat, wird nach dem Passieren der Lungencapillare seinen Weg zum Gewebe mit einer größeren Sauerstoffmenge beladen und mit einer höheren Spannung antreten, als es mit einer unveränderten Kurve der Fall wäre.

Diese größere Affinität des Blutes zum Sauerstoff hat jedoch auch einen Nachteil. Es ist richtig, daß das Hämoglobin in der Lunge den Sauerstoff schneller aufnimmt, im Verhältnis jedoch, wie es dies tut, trennt sich der Sauerstoff auch um so langsamer in den Geweben. Man kann daher einwenden, daß der Körper, anstatt im Vorteil im Nachteil ist, da letzten Endes das Ziel des Sauerstofftransportes die Ernährung der Gewebe ist. Dieses Argument hat viel für sich und muß berücksichtigt werden. Doch möchte ich bemerken, daß der Sauerstoff nicht aus dem Blut herausgelangen kann, wenn er nicht vorher hineingelangt ist. Wenn wir dann einräumen, daß die Gewebe im Nachteil sind, ist alles, was behauptet werden kann, daß sie unter den veränderten Umständen, wo der Sauerstoff leichter vom Blut aufgenommen und weniger leicht hergegeben wird, weniger im Nachteil sind, als sie es wären, wenn das Blut den Sauerstoff in geringerer Menge und unter niedrigerer Spannung aufnähme, selbst wenn es ihn leichter abgeben könnte.

Diese Verminderung der Nachteile scheint das wirkliche Wesen der Akklimatisation zu sein. Der akklimatisierte Mensch ist nicht derjenige, der in Cerro de Pasco körperlich und geistig ebenso leistungsfähig wäre wie in Cambridge. (Ob diese Stadt nun in Massachusetts oder in England liegt.) Einen solchen Menschen gibt es nicht. Alle Bewohner hochgelegener Orte sind Menschen mit beeinträchtigter körperlicher wie geistiger Leistungsfähigkeit. Akklimatisiert ist der am wenigsten Beeinträchtigte, oder mit anderen Worten, derjenige, der die geringsten Anforderungen an seine Reserven zu stellen braucht. In Ruhe wird er wie der Bewohner der Ebene erscheinen, Muskelarbeit jedoch wird dem immer ein Ende bereiten und zwar um so schneller, je größer die Höhe ist.

Der am vollständigsten Akklimatisierte ist der, dessen Organismus die Extrabeanspruchung am gleichmäßigsten über den ganzen Organismus verteilen kann, so daß kein Teil vor dem anderen nachzugeben braucht.

Die Verschiebung der Dissoziationskurve gibt die Verteilung der Last zwischen dem Blut und den Geweben wieder; doch ist sie nur ein Teil in dem Gesamtphänomen der Akklimatisation, denn wie wir schon sagten, erstreckt sich der Vorgang auf alle Körperfunktionen. Will man die Frage beantworten, ob es irgendeine Funktion gibt, die in großen Höhen absolut unverändert bleibt, so ist es nicht leicht, eine solche zu finden. Die Atmung ändert sich, womit zugleich gesagt ist, daß der Grad der Muskelkontraktionen sich ändert; so wie die Beschaffenheit des Harns sich ändert, ändert sich vermutlich auch die Arbeit der Niere; der Puls ändert sich, wodurch das Herz beansprucht wird, und diese Beanspruchung kann bis zu einem gewissen Grade durch Veränderungen im Gefäßsystem ausgeglichen werden. Eine mögliche Veränderung jedoch ist von keinem der Forscher über große Höhen in Betracht gezogen worden, und das ist der Blutzustrom zum Hirne.

Die von uns erörterten Formen der Akklimatisation waren zum größten Teil solche, die auf den Körper als ganzen einwirkten. Dennoch darf man nicht vergessen, daß die Reihe der Symptome, die zusammen als Bergkrankheit bezeichnet werden, nicht Symptome des ganzen Körpers, sondern solche des Hirns sind. Die mehr akuten Symptome rühren von einem Hirnteile her, dessen Gewebsmasse vielleicht die Größe einer Erbse hat, in der Medulla oblongata gelegen ist und die „Zentren" für die Herzhemmung, Erbrechen, vasomotorischen Tonus und andere mehr enthält. Sucht man nach einem speziellen Mechanismus der Akklimatisation, so ist sicherlich dies der Ort, an dem man suchen muß. Denn die akuten Symptome der Bergkrankheit beruhen auf Sauerstoffmangel der Medulla oblongata. Ich habe mich immer gewundert, daß diese Tatsache nicht mehr Aufmerksamkeit erregt hat, und daß auf den so einfachen Mechanismus einer vermehrten Sauerstoffversorgung dieser wichtigen Stelle so wenig Gewicht gelegt worden ist. Es wäre dies eine Vermehrung in der Blutversorgung der Medulla. Es ist möglich, daß die früher vorherrschende Lehre, daß für das Hirn keine vasomotorischen Fasern vorhanden seien, die Gedanken der Forscher von der Möglichkeit einer medullären Hyperämie als Faktor der Akklimatisation abgelenkt hat. Ich erinnere jedoch, daß Professor Langley darauf hinwies, daß der Beweis dieser Lehre in keiner Weise eine vasomotorische Versorgung der Medulla ausschlösse. Außerdem haben uns die neueren, seit unserer Rückkehr aus Peru erweiterten Arbeiten von Roberts viele positive Beweise dafür erbracht, daß, was auch immer für die höheren Hirnteile gelten mag, die Medulla auf alle Fälle eine vasomotorische Versorgung besitzt. Wahrscheinlich war man sich vor Kroghs Arbeiten weniger bewußt, bis zu welchem Ausmaße Veränderungen in der Blutversorgung, und wie besonders das Öffnen neuer Gefäße, die Sauerstoffspannung im Gewebe erhöhen kann. Sicher ist, daß jede Erklärung der Akklimatisation, die die Blutversorgung der Medulla aus irgendwelchen Gründen nicht in Betracht zieht, gerade an dem Punkte versagt, wo das Maximum der Akklimatisation mit dem möglichen Minimum einer Funktionsverschiebung erklärt werden kann. Wäre jedoch der Medulla durch eine gesteigerte lokale Sauerstoffversorgung geholfen, so würde das nur bedeuten, daß der Sauerstoffmangel mehr auf alle übrigen Gewebe verteilt würde, daß gewissermaßen die Basis der Besteuerung breiter würde.

Es entspricht nicht meiner Philosophie, anzunehmen, daß diese oder jene Funktion des Körpers durch einen Ausbeutungsprozeß auf Kosten anderer konstant erhalten wird, und soweit mir bekannt, ist eine solche Lehre durch Tatsachen nicht gestützt. Der Sauerstoff im arteriellen Blut bleibt nicht konstant, die CO_2-Spannung in der Alveolarluft bleibt nicht konstant, die Wasserstoffionenkonzentration des Blutes bleibt nicht konstant — sondern sie und zahlreiche andere Faktoren wirken zusammen, um ein neues Gleichgewicht zu bilden. Wenn künstlich eins geändert wird, ändern alle andern sich mit.

Vielleicht darf ich einen rohen Vergleich gebrauchen. Es ist, als ob eine neue Steuer auferlegt würde, sagen wir eine Erhöhung der Einkommensteuer. Es sieht so aus, als würde sie von einer Gruppe von Menschen mit hohem Einkommen bezahlt. In Wirklichkeit wird sie auf Grund von Preisänderungen, Arbeitslosigkeit und dergleichen auf die ganze Bevölkerung verteilt, und je vollständiger und gerechter sie verteilt wird, um so weniger belastet sie die Allgemeinheit.

Dies ist keine neue Lehre; sie ist in Worten niedergelegt worden, die uns von alters her überliefert worden sind: ,,Wenn ein Glied leidet, so leiden alle Glieder mit ..., der ganze Leib wohl zusammengefügt und verbunden durch alle Gelenke nach der Wirksamkeit und dem Maße jedes einzelnen Teiles, machet daß der Leib zu seiner Selbstauferbauung wächst."

Literatur.

Barcroft (1): Journ. of physiol. **42**, 44. 1911.
— (2), J. und H.: Ibid. **58**, 138. 1923; siehe auch Hanak und Harkary: Ibid. **59**, 121. 1924 und Barcroft, J.: The Lancet, 14. Febr. 1925. 319.
De Boer und Carroll: Journ. of physiol. **59**, 312. 1924.
Douglas, Haldane, Henderson und Schneider: Phil. trans. roy. soc. B. **203**, 185. 1913.
Haldane, Kellas und Kennaway: Journ. of physiol. **53**, 180. 1919.
Roberts, Ff.: Ibid. **55**, 346. 1921 und **57**, 405. 1922.

Anhang I.
Die physiologischen Schwierigkeiten bei der Besteigung des Mount Everest.
Von
Major R. W. G. Hingston, L. M. S.,
Arzt der Expedition 1924.

(Abgedruckt aus „The Geographical Journal", Bd. LXV, S. 4—16.)

Es war das Hauptziel der Mount-Everest-Expedition, den höchsten Gipfel der Erde zu erreichen. Diesem Ziel war alles andere untergeordnet. Sorgfältig ausgeführte wissenschaftliche Untersuchungen waren unmöglich, und alles, wozu komplizierte Apparate benötigt wurden, stand vollkommen außer Frage. Wir mußten uns mit einfachen Experimenten und mit den Berichten über die Erfahrungen einzelner Bergsteiger begnügen. Diese mögen nichtsdestoweniger der Erörterung wert sein. Sie geben uns eine gewisse Vorstellung von den physiologischen Schwierigkeiten, welche mit einem Aufstieg in diese Höhe verbunden sind.

Veränderungen in der Atmung.

Am auffallendsten ist die Atemnot. Da wir langsam stiegen, war die Kurzatmigkeit bis zu 3000 m kaum bemerkbar. Wirklich deutlich wurde sie erst über 4200 m, und über 5800 m wurde die Atmung schon bei der geringsten Anstrengung mühevoll und beschwerlich. War der Körper in Ruhe, so war die Atmung selbst in außergewöhnlichen Höhen normal und so leicht wie in Meereshöhe. Schon die geringste Anstrengung jedoch, wie das Zubinden von Stiefelbändern, das Öffnen einer Konservenbüchse oder das Hineinkriechen in den Schlafsack war mit ausgesprochener Atemnot verbunden. Hierdurch wurden die Schwierigkeiten des Aufstiegs ungeheuer vermehrt. Die Atmung war eher beschleunigt als vertieft, und wir mußten alle Augenblicke haltmachen, um eine Anzahl langer und tiefer Atemzüge zu machen. Diese brachten schnell Erleichterung und ermöglichten ein weiteres Stück vorwärts. Norton erzählte mir, daß er, wenn er anfing zurückzubleiben, eine Anzahl dieser tiefen, langen Atemzüge machen mußte, damit er die anderen wieder einholte. Somervell berichtet über seine Atmung in 8100 m Höhe, daß er sieben, acht oder zehn ganze Atemzüge für jeden einzelnen Schritt vorwärts brauchte. Und selbst bei dieser langsamen Vorwärtsbewegung mußte er alle 20—30 m 1 Minute ausruhen. In 8500 m Höhe kam Norton in 1 Stunde nur 85 m höher. Dies war der höchste Punkt, der ohne Zuhilfenahme von Sauerstoff erreicht wurde. Die Anstrengung in dieser Höhe war sicherlich enorm, aber wenn man bedenkt, daß der Sauerstoff nur ein Drittel von dem in Meereshöhe verfügbaren ausmachte, so ist man überrascht, daß Menschen diese kühnen Anstrengungen überhaupt ertragen können, und noch mehr, daß sie sich, sobald sie sich zum Ausruhen niedersetzen, verhältnismäßig behaglich fühlen.

Die allgemein als Cheyne-Stokersche Atmung bekannte Veränderung im Rhythmus der Atemzüge beobachteten wir häufig auf unserer Expedition. Ein Mitglied hörte ich schon auf 3400 m Höhe in dieser Weise atmen. Obgleich diese Form der Atmung in der Regel selten im Wachen auftritt, war ich mir doch in unserem Standlager bewußt, daß meine Atmung, bevor ich in den Schlaf hinüberglitt, diesen Typus aufwies. Die Cheyne-Stokessche Atmung nimmt in großen Höhen bei Krankheiten deutlich zu. Sie war besonders ausgesprochen bei einem Mitglied, das auf 4600 m fieberte, und vielleicht noch stärker bei einem Gurkha, der auf 5500 m Höhe an Hirnblutung starb. Das schnelle Einatmen der kalten, trockenen Luft ruft einige wichtige Nebenerscheinungen hervor, da es eine Entzündung der Atemwege bewirkt. Alle Mitglieder litten an rauher Kehle, Heiserkeit oder Verlust der Stimme. Die meisten hatten Reizhusten mit nur wenig Auswurf. Bei einigen der Träger entwickelten sich ernste Bronchitiden; einer hatte starke Ulcerationen im Rachen, ein anderer hustete dauernd Blut. Dr. Kellas war der Meinung, daß das Atmen bei ordentlichem Wind weniger mühevoll war. Er glaubte, daß der Wind die Luft in die Lungen hineintreiben und die ausgeatmete Luft fortschaffen könne und so verhindere, daß sie beim nächsten Atemzug mit eingeatmet würde. Unsere Erfahrungen stimmten mit den seinen nicht überein. Der Mount Everest ist berüchtigt wegen seiner starken Winde. Sie erschwerten die Atmung beträchtlich. Eine mäßige Brise wirkte erfrischend, aber starker Wind hemmte das Vorwärtskommen. Wenn einem kräftige Stoßwinde entgegen wehten, trat leicht ein Erstickungsgefühl auf.

Ich stellte einige Versuche über die Atmung an. Die Fähigkeit, den Atem anzuhalten, ist eine einfache Probe, der sich die Piloten der königlichen Luftflotte unterziehen müssen. Die folgende Tabelle zeigt das Nachlassen dieser Fähigkeit in den aufeinanderfolgenden Höhen. Die erste Spalte zeigt dies am vollkommensten. In Meereshöhe konnte der Atem 64 Sekunden angehalten werden; in 6400 m Höhe nur 14 Sekunden.

Höhe in Metern	Zeit in Sekunden, welche der Atem angehalten wurde									
	R. W. H.	E O. S.	B. B.	G. B.	E.F.N.	G.L.M.	J. V. H.	A. C. L	T.H.S.	N.E.O.
Meereshöhe	64	—	120	—	—	—	90	120	—	—
2100	40	40	60	40	40	50	42	80	60	55
4350	39	32	35	32	37	40	90	47	48	—
5050	20	23	35	20	31	—	23	30	41	28
6400	14	17	—	20	—	—	17	—	—	—

Eine andere bei der Prüfung von Fliegern übliche Probe ist die Messung der exspiratorischen Kraft. Die Probe besteht darin, daß der Betreffende eine Quecksilbersäule in einer graduierten Glasröhre hochbläst. Die vom Quecksilber erreichte Höhe wird abgelesen und gibt ein Maß für die exspiratorische Kraft. Wenn die exspiratorische Kraft weit unter dem Durchschnitt liegt, weist dies darauf hin, daß der Flieger lang andauernden Anstrengungen nicht gewachsen ist. Die folgende Tabelle gibt die Resultate unserer Versuche wieder. Aus ihnen geht hervor, daß die exspiratorische Kraft die Neigung hat mit der Höhe zuzunehmen. Man beachte wieder die erste Spalte. In Meereshöhe war die exspiratorische Kraft 110 mm Hg; in 6400 m war sie 150 mm Hg. Auch die 3., 4., 5., 6., 7. und 8. Spalte zeigen, daß eine Zunahme aufgetreten ist.

Höhe in Metern	Exspiratorische Kraft in mm Hg									
	R. W. H.	E. O. S.	B. B.	G. B.	E.F.N.	G.L.M.	J. V. H.	A. C. I.	T. H. S.	N. E. O.
Meereshöhe	110	—	—	—	—	—	—	—	—	—
2100	110	120	140	160	110	110	130	160	120	110
4350	110	90	160	190	120	120	—	160	120	—
5050	140	130	210	200	170	—	120	170	120	100
6400	150	120	—	210	—	—	150	—	—	—

Physiolog. Schwierigkeiten bei der Mount Everestbesteigung. 187

Ich sah diese Zunahme in der exspiratorischen Kraft nicht voraus. Doch hat die Probe wenig mit der Atmungsfunktion zu tun. Sie ist mehr ein Beweis für körperliche Tauglichkeit und Muskelkraft. Und diese pflegen während des Anstiegs zuzunehmen, sofern er so langsam vor sich geht, daß eine Akklimatisation möglich ist, und solange die schädlichen Wirkungen großer Höhen noch nicht ausgeprägt sind. Der Marsch durch Tibet machte uns zäher und ausdauernder. Daher nahm die exspiratorische Kraft zu. Mosso kam in den Alpen zu einem gleichen Ergebnis. Er ließ seine Leute hanteln und fand zu seiner Überraschung, daß sie in einer Höhe von 4560 m weit mehr leisteten, als wenn sie dieselben Übungen in Turin ausführten.

Die Zirkulation.

Ich wende mich den Veränderungen in der Zirkulation zu. Blaue Gesichts- und Lippenfarbe, Blässe der Fingernägel und kalte Extremitäten waren die in über 5700 m Höhe beobachteten Zeichen einer geschädigten Zirkulation. Drei der Mitglieder wurden schwindelig. Einer bemerkte, daß er unmittelbar nach einem tiefen Atemzug davon befreit wurde. Wenn in diesen Höhen die Extremitäten erst einmal kalt werden, ist es sehr schwer, sie wieder warm zu bekommen, selbst in der Tiefe eines Schlafsackes. Während der Ruhe ist der Puls nicht sehr beschleunigt, er steigt aber schnell bei den geringsten Anstrengungen. Nortons normaler Puls ist 40, und in 8400 m Höhe war er in Ruhe nur 60. Ein intermittierender Puls kann sich in großen Höhen leicht entwickeln. Nach Überschreiten eines Passes von nur 4250 m setzte in einem Falle der Puls vier Schläge in der Minute aus, ohne irgendwelche besonderen Bedrängungserscheinungen hervorzurufen. Diese Unregelmäßigkeiten im Puls scheinen etwas allgemeines zu sein. Mosso bemerkt, daß auf dem Monte Rosa beinahe alle Mitglieder seiner Expedition Zeichen von Herzunregelmäßigkeiten aufwiesen. Blutungen des Gaumens, der Lippen, der Conjunktiven und der Nase sind häufig beschrieben worden. Nichts dergleichen trat bei den Mitgliedern unserer Expedition auf.

Die folgende Tabelle zeigt die Pulsveränderungen eines Mitgliedes in verschiedenen Höhen über dem Meeresspiegel. Die erste Spalte gibt

Pulszahl eines Mitgliedes.

Höhe in Metern	Pulszahl in der Minute sitzend	Pulszahl in der Minute stehend	Pulszahl in der Minute nach körperlicher Arbeit	Zeit in Sekunden bis der Puls wieder normal wird
Meereshöhe	72	72	84	20
2100	72	84	96	15
4350	72	84	108	40
5050	72	96	120	20
6400	108	120	144	20

Blutdruck in verschiedenen Höhen.

Höhe in Metern	R.W.H. Syst.	R.W.H. Diast.	E.O.S. Syst.	E.O.S. Diast.	B.B. Syst.	B.B. Diast.	G.B. Syst.	G.B. Diast.	E.F.N. Syst.	E.F.N. Diast.	J.V.H. Syst.	J.V.H. Diast.	G.L.M. Syst.	G.L.M. Diast.	A.C.I. Syst.	A.C.I. Diast.	T.H.S. Syst.	T.H.S. Diast.	N.E.O. Syst.	N.E.O. Diast.
Meereshöhe	120	80	—	—	—	—	—	—	—	—	—	—	—	—	—	—	—	—	—	—
2100	130	90	125	90	150	110	130	90	140	80	120	100	120	85	130	100	119	85	—	80
4350	135	95	115	80	145	85	130	90	135	90	—	—	120	90	130	100	130	90	100	—
5050	146	104	128	90	140	102	128	93	136	96	126	94	122	78	140	110	120	82	—	—
6400	138	118	100	80	—	—	110	90	—	—	100	80	—	—	—	—	—	—	125	95

Anhang I.

die Pulszahl des Betreffenden in der Ruhe wieder. Außer in der höchsten Höhe (6400 m) trat keine Veränderung auf. Die zweite Spalte zeigt die Veränderung, die auftrat, als man den Betreffenden stehen ließ. Es trat eine Zunahme der Pulsfrequenz auf etwa im Verhältnis zur Höhe, auf der der Versuch stattfand. Die dritte Spalte zeigt die Veränderung nach einer bestimmten körperlichen Arbeit. Die körperliche Arbeit bestand darin, daß man abwechselnd fünfmal in 15 Sekunden auf einen Stuhl und dann wieder auf den Erdboden stieg. Wieder trat eine deutliche Pulsbeschleunigung auf; diese Beschleunigung war um so größer, je größer die Höhe war. Die letzte Spalte gibt die Zeit in Sekunden wieder, die der Puls brauchte, um wieder zur Norm zurückzukehren.

Der Blutdruck wurde mit einem Sphygmomanometer nach der bei der königlichen Luftflotte üblichen Weise gemessen. Die nebenstehende Tabelle gibt die Resultate wieder. Es scheint keine Blutdruckveränderung aufzutreten, die definitiv mit der Höhe zusammenhängt.

Eine wohlbekannte Veränderung, die während des Aufstiegs in große Höhen stattfindet, ist die Zunahme in der Zahl der roten Blutkörperchen pro Einheit des Blutvolumens. Die Bedingungen auf dem Everest waren für diese feinen Bestimmungen zu ungünstige. Aber vorher hatte ich weiter westlich auf dem Pamirplateau bis zu einer Höhe von 5552 m eine Reihe von Blutzählungen ausgeführt. Die folgende Tabelle gibt die Resultate wieder.

Die Zahl der roten Blutkörperchen stieg von 4 480 000 in 215 m auf 8 320 000 in 5550 m. Interessant ist es, daß die auf dem Hochplateau von Zentralasien lebenden Menschen eine höhere Blutkörperchenzahl haben als die in Meereshöhe lebenden. Die mittlere Blutzahl des Sarikoli ist 7 596 000, des Kirgisen 7 920 000. Die Blutzahl des Europäers ist 5 000 000, aber bei einer Besteigung des Tibetanischen Hochplateaus nehmen seine Blutkörperchen schnell zu, bis sie einen Wert erreichen, wie er für die dauernd auf diesen Höhen lebenden Menschen normal ist.

Datum	Höhe in Metern	Rote Blutkörperchen pro cmm
10. April	215	4 480 000
12. Mai	1340	5 240 000
21. „	2440	6 040 000
28. „	3050	6 624 000
30. „	3640	6 760 000
1. Juni	3780	6 800 000
21. „	4055	7 525 000
23. „	4760	7 840 000
26. „	5155	7 640 000
27. Juli	5550	8 320 000

Muskelkraft.

Flieger beschreiben große Muskelschwäche, wenn sie in bedeutende Höhen fliegen. Selbst einen Kameraverschluß zu bedienen verlangt enorme Anstrengung. Wir beobachteten keine so ausgeprägten Wirkungen, wahrscheinlich weil unser Aufstieg langsam vor sich ging. Wird aber die Atmung unzureichend, so werden die Beine bald müde. Es ist nicht die Müdigkeit, wie nach einem lang andauernden Marsch, sondern mehr eine Schwere und Mattigkeit, die mit einer kurzen Ruhe schnell verschwindet.

Die in der königlichen Luftflotte übliche Ausdauerprobe soll die Festigkeit der Zentren in der Medulla und die Fähigkeit des Betreffenden, der Müdigkeit zu widerstehen, prüfen. Die Probe besteht darin, daß man eine Quecksilbersäule auf eine Höhe von 40 mm bläst und beobachtet, wie lange der Betreffende sie auf dieser Höhe halten kann. Während der Ausführung der Probe wird der Puls in Abständen von 5 Sekunden gezählt. Die folgende Tabelle gibt die bei dieser Probe erhaltenen Werte wieder. Jede Spalte zeigt eine Verminderung der Ausdauerfähigkeit in den aufeinander folgenden Höhen. Nehmen wir z. B. die erste Spalte. In Meereshöhe konnte der Betreffende das Quecksilber 45 Sekunden halten; in 6400 m nur 15 Sekunden.

Ausdauerprüfung.

Höhe in Metern	Zeit in Sek., in der das Hg in einer Höhe von 40 mm gehalten wurde									
	R.W.H.	E.O.S.	B.B.	G.B.	E.F.N.	G.L.M.	J.V.H.	A.C.I.	T.H.S.	N.E.O.
Meereshöhe	45	—	—	—	—	—	—	—	—	—
2100	35	30	60	50	20	60	35	45	50	50
4350	30	30	25	40	25	35	—	45	25	—
5050	23	23	23	15	23	—	17	25	22	20
6400	15	15	—	15	—	—	10	—	—	—

Während der Untersuchung wurde die Pulszahl gemessen. Einige der Resultate sind unten wiedergegeben. Die erste Zahl in jeder Reihe zeigt die normale Pulszahl während der 5 Sekunden vor Beginn der Prüfung. Diese Zahl ist durch einen Strich von den folgenden Zahlen getrennt. Die folgenden Zahlen geben die Pulszahl in den einander folgenden Zeiten von je 5 Sekunden während des ganzen Verlaufes der Prüfung wieder. Betrachtet man z. B. die erste Zahlenreihe der ersten Spalte — 6/7. 8. 9. 9. 8. 7. —, so ist 6 die Pulszahl während der 5 Sekunden unmittelbar vor Beginn der Probe, 7 die Pulszahl während der ersten 5 Sekunden und die übrigen Zahlen 8. 9. 9. 8. 7 die Pulszahlen während der aufeinander folgenden Zeiten von immer 5 Sekunden bis zum Ende der Probe. Auf diese Weise erhalten wir den Verlauf des Pulses, für die Zeit, während der der Betreffende einer fortlaufenden Anstrengung unterworfen ist.

Pulszahl in Sekunden während der Ausdauerprüfung.

Höhe in Metern	E. O. S.	B. B.
2100	6/7. 8. 9. 9. 8. 7.	6/6. 7. 9. 9. 7. 6. 6. 6. 5.
4350	6/6. 7. 7. 7. 7. 7.	6/7. 8. 8. 6. 5.
5050	6/7. 7. 8. 7.	6/9. 9. 9. 3.
6400	8/10. 8. 6.	—

Höhe in Metern	G. B.	A. C. I.
2100	5/6. 6. 8. 6. 5. 4. 5. 5. 5.	8/9. 11. 10. 8. 7. 6. 6. 6. 6.
4350	5/7. 7. 7. 7. 6. 8. 6. 5. 5.	8/9. 9. 11. 10. 9. 9. 9. 9. 8.
5050	6/7. 8. 9.	8/11. 10. 10. 9. 7. 6.
6400	9/10. 10. 10. 6.	—

Am interessantesten in diesen Versuchen ist die auffallende Verlangsamung des Pulses beim Nachlassen der Ausdauer. Im Beginn der Prüfung nimmt der Puls zu, nach Verlauf von 15—20 Sekunden fängt er jedoch an, deutlich langsamer zu werden. Diese Pulsverlangsamung ist in größeren Höhen ausgeprägter. Ein extremer Fall ist die unterste Zahlenreihe der zweiten Spalte. Die 6/9. 9. 9. 3 zeigt, wie der Puls in den ersten 5 Sekunden unmittelbar von 6 auf 9 emporschnellte und nach Verlauf von 15 Sekunden plötzlich von 9 auf 3 abfiel. Dieser Versuch fand in 5050 m Höhe statt.

Es ist bemerkenswert, wie trotz dieser Launenhaftigkeit des Pulses die Kraft in Höhen von über 6100 m dennoch erhalten bleibt. Dies fällt besonders auf, wenn wir beobachten, wie sich Tiere in diesen großen Höhen so frei bewegen können. Raben und Krähen pflegten zu unserem Lager in 6400 m Höhe zu kommen. Wir sahen Lämmergeier um den Berg in 7000 m Höhe herumfliegen, und Dohlen folgten den

Physiolog. Schwierigkeiten bei der Mount Everestbesteigung. 191

Bergsteigern bis zu ihrem höchsten Biwak auf 8200 m Höhe. Sie bewegten sich in der Luft mit vollkommener Leichtigkeit, obgleich es viel anstrengender gewesen sein muß sich in dieser Höhe schwebend zu erhalten, als beim Fliegen in der dichteren Atmosphäre der Ebenen.

Die speziellen Sinnesorgane.

Veränderungen in der Funktion der speziellen Sinnesorgane sind gelegentlich von Bergsteigern wahrgenommen worden. Sie beschreiben Sehstörungen, Verschlechterung des Gehörs, Geschmacks- und Geruchsveränderungen. Die meisten von uns nahmen nichts dergleichen wahr; bei zwei Mitgliedern war der Verlust des Geschmackssinnes jedoch ganz ausgesprochen. Der eine gab an, daß sein Geschmack deutlich nachgelassen habe, daß die Dinge weniger Geschmack zu haben schienen, ohne daß dabei eine Veränderung im Charakter des Geschmackes vorhanden wäre. Er konnte in 5800 m keine Zwiebeln schmecken. Auch der andere fand die Nahrung „ausgesprochen geschmacklos". In 5800 m Höhe konnte er eine Pfefferminztablette essen, ohne den Geschmack richtig zu spüren. Der Geschmackssinn kehrte bei beiden wieder, als sie ins Standlager auf 5050 m Höhe zurückkehrten.

Schmerzen.

Die einzige Form von Schmerzen, für die wir die große Höhe verantwortlich machen konnten, war das gelegentliche Auftreten unbedeutender Kopfschmerzen. Die meisten Mitglieder litten nie daran, bei einigen traten sie aber auf, als wir zum erstenmal auf das Hochplateau gelangten, verschwanden jedoch vollkommen nach Akklimatisation von einigen Tagen. Sie begannen gewöhnlich hinten im Nacken und gingen in allgemeine nicht sehr starke Kopfschmerzen über, die nach 1 Stunde Ruhe verschwanden. Körperliche Arbeit, besonders Bücken steigerte sie; Liegen brachte schnell Erleichterung. Auch unsere Träger litten an Kopfschmerzen. Als wir zum ersten Male ins Tibetgebiet kamen, baten viele von ihnen um Kopfwehtabletten. Selbst die Hochplateaubewohner sind nicht immun dagegen. Man sieht allgemein Pflasterstückchen in ihren Tempeln, und ihre Wangen sind mit einem schwarzen Pigment beschmiert. Dies sind die Heilmittel, die sie zur Linderung der durch die Höhe und den Wind verursachten Kopfschmerzen anwenden.

Gastro-Intestinalerscheinungen.

Appetitverlust ist eine ernste Folge des Aufenthaltes in großen Höhen. Wahrscheinlich ist er die Ursache für viele unangenehme Erscheinungen. In dieser Hinsicht bestehen jedoch große individuelle Verschiedenheiten. Einige der Bergsteiger behaupteten, daß sie nicht an Appetitlosigkeit litten. Bei mir stellte sich eine gewisse Abneigung gegen Nahrung schon im Standlager ein, die aber nach Akklimatisation verschwand. Bruce meinte, daß sein Appetit bis zu 6400 m Höhe unverändert war. Auf 7000 m hatte er eine Abneigung gegen Fleisch, aber noch Appetit auf Mehlspeisen und Süßigkeiten. Auf 7600 m verlor er allen Appetit auf feste Speisen, konnte aber noch Kaffee und, weniger gut, Suppe zu sich nehmen. Somervell fühlte auf 8200 m einen absoluten Widerwillen gegen feste Speisen, obgleich er noch Genuß an flüssigen Speisen, Süßigkeiten und Früchten hatte. Es war die allgemeine Ansicht, daß über 5800 m Süßigkeiten am schmackhaftesten, und Fleisch am wenigsten schmackhaft sei. Selbst in den höchsten erreichten Höhen bestand keine Neigung zur Übelkeit oder zum Erbrechen. Diarrhöen sind nicht selten. Sie sind gewöhnlich vorübergehender Natur und können sehr gallig sein. Gelegentlich sind sie hartnäckiger und trotzen jeder Behandlung. Sie lassen erst nach, wenn man tiefer kommt. Durst ist ein viel wichtigerer Faktor. Er kann am Ende eines angestrengten Tages unerträglich werden, und infolge der praktischen Schwierigkeiten Wasser zu erhalten, kann er zur Erschöpfung der Bergsteiger und zum Mißlingen der Besteigung führen. Deshalb ist einer der praktisch wichtigsten Punkte der, wie man in den hochgelegenen Lagern den Durst am besten stillen kann. Die Sehnsucht nach einem Trunk ist nicht die Folge des Schwitzens, sondern des Flüssigkeitsverlustes in den Atmungswegen, infolge der übermäßigen Einatmung trockener, kalter Luft. Diese Austrocknung des Körpers in extremen Höhen kann die Absonderung von Urin außerordentlich herabsetzen. Einer der Bergsteiger urinierte auf 6400 m 16—18 Stunden lang überhaupt nicht, ein anderer während seines Abstieges von 8500 m 24 Stunden lang nicht.

Die Wirkungen auf die geistigen Fähigkeiten.

Große Höhen beeinflussen die geistigen Fähigkeiten. Bei einem Mitglied ließen Willenskraft und Vorsätze so nach, daß der Wunsch, den Gipfel zu erreichen, um so geringer wurde je höher er kam. Somervell beschreibt ein Nachlassen der Beobachtungsfähigkeit in und über 7600 m. Bruce berichtet von Gedächtnisschwäche. Es wurde ihm schwer, sich des kurz vorher Vorgefallenen zu erinnern. Über 7000 m wurden seine Gedanken zunehmend ungenauer. Er mußte sie sofort aufschreiben, weil er sie sonst vergessen oder verdreht hätte. Ich glaube, jeder fühlte eine gewisse geistige Mattigkeit. Obgleich der Geist klar war, bestand dennoch eine Abneigung gegen Anstrengungen. Es war weit angenehmer herumzusitzen, als geringe Arbeiten, die Nachdenken erfordert hätten, auszuführen. Wir nahmen keinerlei mürrisches Benehmen oder Verdrießlichkeit wahr, obgleich ich vermute, daß in einer weniger harmonischen Gesellschaft als der unsrigen, die große Höhe leicht zu Ungeselligkeit hätte führen können. Obgleich geistige Arbeit in großen Höhen eine Last ist, kann sie dennoch mit einiger Anstrengung ausgeführt werden. Ein Physiologe hat behauptet, daß fortdauernde geistige Arbeit in Höhen über 3000 m unmöglich sei. Dies konnten wir durchaus nicht bestätigen. Diejenigen, die Nortons Depeschen an die Times gelesen haben, besonders eine, die er im Lager III diktierte, als er mit Sorgen beladen und teilweise blind war, werden zugestehen, daß diese Anstrengung in 6400 m Höhe keine schlechte geistige Leistung war. Die Hauptwirkung der Höhe ist eine geistige Faulheit, die durch Entschlossenheit überwunden werden kann.

Physiol. Schwierigkeiten bei der Mount Everestbesteigung.

Ich stellte einige sehr einfache geistige Proben bei den Mitgliedern der Expedition an. Erstens eine Multiplikationsprobe, die darin bestand, die Zahl 123456789 mit 7 zu multiplizieren. Zweitens eine Divisionsprobe, die darin bestand, dieselbe Zahlenreihe durch 9 zu dividieren. Die in den verschiedenen Höhen zur Ausführung dieser Rechnungen notwendige Zeit wurde bestimmt. Wahrscheinlich waren diese Proben zu leicht. Durch eine Konzentrationsanstrengung konnten sie leicht ausgeführt werden, und so trat die Höhenwirkung nicht deutlich zutage. Ich gebe die Resultate, so wie sie sind. Sie zeigen keine endgültige Verschlechterung der Geistestätigkeit. Die Mitglieder einer nächsten Expedition werden nicht sehr erfreut sein zu hören, daß kompliziertere und anstrengendere Proben notwendig sind.

Multiplikationsprobe, die die Zeit zur Ausführung der Rechnung in Sekunden wiedergibt.

Höhe in Metern	R.W.H.	B.B.	E.F.N.	G.L.M.	T.H.S.	E.O.S.	G.B.	J.V.H.	A.C.I.	N.E.O.
0	20	—	—	—	—	—	—	—	—	—
2100	25	25	27	13	40	43	40	35	25	80
4350	25	24	19	15	28	43	25	—	28	—
5050	18	23	28	17	40	35	35	55	35	30
6400	17	—	—	—	—	35	27	40	—	—

Divisionsprobe, die die Zeit zur Ausführung der Rechnung in Sekunden wiedergibt.

Höhe in Metern	R.W.H.	B.B.	E.F.N.	G.L.M.	T.H.S.	E.O.S.	G.B.	J.V.H.	A.C.I.	N.E.O.
0	30	—	—	—	—	—	—	—	—	—
2100	20	20	30	10	25	55	15	35	15	45
4350	28	20	13	23	20	45	17	—	17	—
5050	13	27	23	17	40	38	23	43	20	50
6400	15	—	—	—	—	40	13	59	—	—

Die Patellarreflexe wurden in verschiedenen Höhen untersucht. Sie schienen in keinem Falle durch die Höhe irgendwie beeinflußt zu sein. Bei drei Mitgliedern der Gesellschaft stellte sich leichtes Zittern ein, bei einem trat auf 4200 m Lidflackern, bei zweien auf 6400 m feinschlägiger Tremor der Finger auf. Dies waren Anzeichen nervöser Überanstrengung. Unter den Teilnehmern am Weltkriege waren sie das gewöhnliche Zeichen übermäßiger Anspannung und Erschöpfung.

Der Schlaf.

Für mich war Schlaflosigkeit eine unangenehme Zugabe. Es gab jedoch manche, die an keinerlei Schlaflosigkeit litten, ausgenommen, wenn sie zufällig froren. Bruce schlief auf 6400 m zwei Nächte über 10 Stunden. Er verbrachte eine gute, wenn auch etwas unruhige Nacht auf 7000 m. Auf 7700 m schlief er zu Anfang der Nacht ungefähr 2 Stunden, lag dann längere Zeit schlaflos und schlief erst wieder gegen Morgen ein paar Stunden. Er schlief immer mit hochgelagertem Kopf. Diesen Trick hatte er auf seiner vorherigen Expedition gelernt. Somervell schlief auf 7700 m Höhe gut und schlief auf 8200 m Höhe zweimal für eine kürzere Zeit gut. Norton schlägt jedoch den Rekord. Auf 8200 m schlief er gut und verbrachte eine ausgezeichnete Nacht. Erwähnenswert ist, daß die Schlaflosigkeit in großen Höhen weder mit Ruhelosigkeit einhergeht, noch am nächsten Tage Müdigkeit verursacht. Man liegt wach, wirft sich aber nicht herum. Der Schlaf ist nicht von beklemmenden Träumen begleitet.

Gletschermüdigkeit.

Eine ausgeprägte Eigentümlichkeit im Mount Everestgebiet ist die sehr ausgesprochene Gletschermüdigkeit, die beim Überschreiten von Eisstrecken auftritt. Sie ist am ausgeprägtesten auf dem Rongbuk-Gletscher, besonders in einer Gletscherspalte in einer Höhe von etwa 6100 m. Diese Spalte hatte ein bemerkenswertes Aussehen; sie war auf beiden Seiten von Eiswällen umgürtet, die an vielen Stellen in phantastische Zinnen ausgehauen waren und pyramidenartige Spitzen hatten. In dieser Spalte trat ein seltsames Nachlassen der Energie auf, ein Schwachwerden der Beine und eine Abneigung weiter zu gehen. Es bestand keinerlei Atemnot infolge der Anstrengung, sondern nur ein Verlust der Muskelkraft, was sich in einem Gefühl der Abgeschlagenheit äußerte. Man schien sich hin zu schleppen, anstatt mit der gewöhnlichen Kraft zu gehen. Starkes Schwitzen war nicht ungewöhnlich. Es ähnelte dem Beklemmungsgefühl, das auftritt, wenn man im Regen durch einen heißen, feuchten, sumpfigen Dschungel geht. Die Müdigkeit trat sofort auf, wenn man den Gletscher betrat und hörte ebenso schnell wieder auf, wenn man wieder Felsen oder Moränen erreichte. Dies war besonders auffallend bei Windstille und um die Mittagszeit, wenn die Sonne am heißesten schien. Abends und frühmorgens trat sie nicht auf, und an wolkigen Tagen war sie weniger ausgesprochen.

Die Ursache für diese Mattigkeit ist leicht gefunden. Die Bedingungen für ihre Entwicklung sind eine Eisschicht, heiße Sonne und ruhige Luft. Die Sonne schmilzt die oberflächlichen Eislagen. Die unterste Luftlage wird mit Feuchtigkeit gesättigt und steigt nicht empor infolge ihrer durch den Kontakt mit dem Eis entstehenden Kälte. So befindet man sich auf dem Gletscher in einer gesättigten Atmosphäre, und diese in Verbindung mit der großen Höhe reicht aus, die unangenehmen Wirkungen auszulösen.

Wir nahmen nicht wahr, daß noch andere atmosphärische Bedingungen einen besonderen Einfluß auf diese Höhenerscheinungen hatten. Dies deckte sich nicht mit meinen Erfahrungen im westlichen Himalaja. Dort bestiegen wir zweimal denselben Gipfel bis zu einer Höhe von 5552 m. Während unseres ersten Aufstieges war der Himmel klar und die Luft

Physiol. Schwierigkeiten bei der Mount Everestbesteigung. 195

trocken; unsere Müdigkeit war gering. Beim zweitenmal waren die Bedingungen andere. Der Himmel war dunkel, stürmisches Wetter stand bevor, und die Luft war schwer und dumpf. Diesmal war unsere Not akut. Alle paar Schritte mußten wir nach Luft keuchen und häufig kurze Pausen einschalten. Hierauf läßt sich dieselbe Erklärung anwenden, wie auf den Fall der Gletschermüdigkeit. Beim zweiten Aufstieg war die Luft mit Feuchtigkeit beladen. Die freie Wasserverdampfung durch Schwitzen wurde gehemmt, und als Folge davon nahmen die Symptome der großen Höhe zu.

Individuelle Verschiedenheiten.

Wie bereits im einzelnen angeführt, zeigten die Erfahrungen der Expedition beträchtliche individuelle Verschiedenheiten hinsichtlich des Sauerstoffmangels. Es war deutlich, daß einige von uns mühsamer atmeten als andere. Der eine litt an Kopfschmerzen, ein anderer nicht. Einer verlor seinen Geschmack, ein anderer bemerkte keinerlei Veränderung desselben. Einer war schon in verhältnismäßig geringen Höhen schlaflos, ein anderer schlief in den höchsten Höhen gut. Ein Mitglied schien gegen die Mattigkeit, die auf dem Eis und Schnee auftrat, besonders widerstandsfähig. Alle stimmten darin überein, daß die Sherpaträger im Durchschnitt weniger litten als die Europäer. Ihre Fähigkeit Lasten zu tragen war außerordentlich. Sie gingen mit Lasten ebenso schnell wie die Steiger ohne Lasten. Nicht, daß sie muskulär kräftiger waren als wir; wahrscheinlich war ihre Muskelkraft sogar geringer. Nur ihre Fähigkeit, Lasten zu tragen, war so viel größer. Dies muß darauf beruhen, daß ihre ständigen Wohnsitze in Höhen von 3600—4200 m liegen, und darauf, daß sie es gewohnt waren, Lasten über Pässe von 4900 und 5500 m zu tragen.

Sauerstoffeinatmung.

Bis zu welchem Maße erleichtert das Einatmen von Sauerstoff die bereits beschriebenen Symptome? Theoretisch sollte man einen ungeheuren Nutzen erwarten. Wir kennen seinen großen Wert für Ballonaufstiege, die nicht in extreme Höhen gemacht werden könnten, wenn nicht Sauerstoff eingeatmet würde. Unsere Erfahrungen hierüber sind jedoch höchst unbefriedigend. Die beiden Bergsteiger, die uns am meisten darüber hätten sagen können, sind Opfer des Berges geworden. Bruce benutzte Sauerstoff bei seiner Besteigung am Nord-Col — das ist zwischen 6400 und 7000 m. Er bemerkte kaum einen Vorteil. Odell verwendete Sauerstoff in derselben Höhe und meinte, daß er keinerlei Erleichterung verschaffte. Später wandte er ihn zwischen 7600 und 8200 m an. Hier schien der Sauerstoff das Atmen zu erleichtern und die Müdigkeit in den Beinen zu verringern. Er glaubt, daß er vielleicht geholfen hat, seine Temperatur hoch zu halten. Der Gebrauch verursachte ein unbequemes Austrocknen der Kehle und dadurch häufiges Schlucken und Expektorieren. Er hörte in 8200 m Höhe mit dem Einatmen von Sauerstoff auf und stieg leicht ohne ihn ab.

Es ist bemerkenswert, wie gering im Vergleich zu den Erfahrungen der vorhergehenden Expedition der durch Sauerstoff erzielte Nutzen war.

Die Akklimatisation.

Ich wende mich dem Problem der Akklimatisation zu. Wenn wir einen schnellen und einen allmählichen Aufstieg miteinander vergleichen, sehen wir, wie mächtig dieser Faktor der Anpassung mit zunehmender Höhe wird. Haldane beschreibt den Zustand von Touristen nach einem schnellen Aufstieg auf Pike's Peak, eine Höhe von nur 4380 m. „Viele Personen gingen oder ritten während der Nacht hinauf, um den Sonnenaufgang zu beobachten, besonders am Sonntag Morgen, und die Szene im Restaurant oder auf der Plattform draußen kann nur mit der auf dem Deck oder in der Kabine eines Überseedampfers bei stürmischem Wetter verglichen werden." Nun war die Höhe, in welcher diese Szene sich abspielte, ungefähr die gleiche wie die des tibetanischen Hochplateaus. Unser Aufstieg auf das Plateau ging jedoch so allmählich vor sich, daß eine Akklimatisation stattfinden konnte. Infolgedessen fühlten wir kaum irgendwelches Unbehagen. Wir fühlten uns ganz behaglich in einer Höhe, auf der es uns, wenn wir den Aufstieg schneller gemacht hätten, wie den übelgewordenen Besuchern auf Pike's Peak ergangen wäre.

Der Gegensatz ist jedoch noch ausgeprägter, wenn wir unsern Aufstieg mit einem Ballonaufstieg vergleichen. Im Jahre 1875 machte Tissandier mit zwei Begleitern von Paris aus seinen berühmten Ballonaufstieg. Sie waren mit Sauerstoff versorgt, aber unfähig, ihn anzuwenden. Tissandier wurde in 8080 m Höhe ohnmächtig, und als er wieder zum Bewußtsein kam, war der Ballon im Heruntergehen; seine beiden Begleiter waren tot. Der Ballon hatte eine Höhe von 8500 m erreicht. Dies war ein schneller Aufstieg ohne Akklimatisation. Die Folge davon war der Tod zwischen 7900 und 8500 m, obgleich sie nur ruhig im Ballon saßen. Man vergleiche das mit dem allmählichen Versuch der Mount-Everest-Bezwingung. Bergsteiger hatten den Berg ohne Sauerstoff bis 8500 m Höhe bestiegen, ungefähr derselben Höhe, in der der Tod im Ballon eintrat. Dennoch waren sie in dieser Höhe großen Anstrengungen gewachsen; sie zeigten keinerlei Anzeichen von Ohnmacht; sie konnten in einer nur wenig geringeren Höhe schlafen und fühlten sich verhältnismäßig behaglich, solange sie in Ruhe waren. Der Unterschied in den beiden Aufstiegen rührt von der Akklimatisation her, ohne welche jeder Versuch, den Gipfel des Mount Everest zu erreichen, ganz außer Frage stünde. Die Tatsache ist eben die, daß Ballonaufstiege und Versuche in Luftkammern durchaus nicht mit den Bedingungen einer langsamen Bergbesteigung verglichen werden können.

Die diesjährige Expedition lehrte uns ganz besonders, daß Menschen, die einmal in großen Höhen gewesen sind, sich viel rascher akklimatisieren, als solche, die sie zum ersten Male ersteigen. Diejenigen von uns, die schon eine Expedition mitgemacht hatten, waren einmütig der Ansicht, daß sie diesmal weniger litten als beim ersten Aufstieg. Einer gab an, daß sein Geist viel reger sei, als es 1922 der Fall war, ein anderer, daß er das Lager III mit viel geringerer Mühe erreiche, ein anderer, daß er in der

Physiol. Schwierigkeiten bei der Mount Everestbesteigung. 197

Nacht nicht so tief Atem zu holen brauche, wie er es in der vorhergegangenen Expedition mußte. Es war auch augenfällig, daß die neuen Mitglieder der Expedition entschieden mehr als die alten mitgenommen wurden. Dies ist ein praktisch wichtiger Punkt, der bedeutet, daß unter gleichen Bedingungen die alten Leute sich schneller akklimatisieren und in einer besseren Verfassung für die Besteigung des Berges sein werden als eine Expedition aus neuen Rekruten. Selbst Flieger haben dasselbe beobachtet. Obgleich ihre Aufstiege so schnell und kurz sind, behaupten sie dennoch, daß sie an die Höhe gewöhnt werden. Es scheint, als ob der Körper durch die Erfahrung trainiert wird, und daher, wenn er zum zweiten Male in große Höhe gelangt, die notwendigen Anordnungen leichter durchführen kann.

Bis zu welcher Höhe kann die Akklimatisation fortschreiten? Es scheint kein Zweifel über eine ständige Verbesserung auf 5800 m zu bestehen. Shebbeare brachte über einen Monat auf dieser Höhe in Lager II zu. Zuerst fand er den Anstieg nach Lager III sehr mühsam, aber am Ende des Monats konnte er ihn mit Leichtigkeit ausführen, und am letzten Tage machte er ihn in der Rekordzeit von 1 Stunde 55 Minuten. Odell blieb 10 Tage lang auf 7000 m Höhe und gab an, daß er sich am Ende entschieden besser fühlte. Somervell glaubt, daß noch auf 7300 m Höhe eine Akklimatisation stattfand. Aber wir müssen daran denken, daß, während die Akklimatisation fortschreitet, zur gleichen Zeit eine körperliche Verschlechterung eintreten kann. Obgleich der Körper mehr an die Höhe gewöhnt wird, verliert er dennoch gleichzeitig sowohl an Gewicht wie an Kraft. Dr. Kellas stellt die wichtige Frage: „Ist es möglich, sich so an Höhen von 7300—7900 m zu akklimatisieren, daß man möglicherweise auf Höhen von über 8800 m klettern kann?" Ich glaube, daß fast alle von unserer Expedition die Frage bejahend beantworten würden. Zwei von ihnen haben bereits 8500 m erreicht, von keiner anderen Macht unterstützt als ihrer eigenen natürlichen Akklimatisationsfähigkeit.

Die Nachwirkungen.

Einige Bemerkungen über die Nachwirkungen, die sich aus dem langen Aufenthalt in den hohen Lagern ergaben. Die Bergsteiger wurden, bevor wir den Berg verließen, untersucht. Alle wiesen Zeichen von Herzerweiterung auf; in zwei Fällen war sie deutlich ausgeprägt. Alle waren entkräftigt. Alle hatten beträchtlich abgenommen — ungefähr 10—12 kg. Auch die Träger hatten an Gewicht verloren. Dasselbe beobachtete Barcroft auf seiner Peruexpedition. Alle Mitglieder seiner Expedition verloren an Gewicht; der ausgeprägteste Fall war eine Abnahme von 135 Pfund auf 114 Pfund innerhalb von 27 Tagen.

Diejenigen Mitglieder der Expedition, die schwere Frostbeulen hatten, mußten noch wochenlang, nachdem wir den Berg verlassen hatten, behandelt werden. Die Frostbeulen traten in zwei verschiedenen Formen auf: der feuchten Form mit großen, mit Flüssigkeit angefüllten Blasen, und der trockenen gangränösen Form. Auch Schneeblindheit kann eine Nachbehandlung erfordern. Interessant war, daß Norton in großer Höhe, trotz Abwesenheit von Schnee, einem schweren Anfall von Blindheit zum Opfer fiel. In 8000 m befand er sich auf nacktem Felsen und dachte, es sei unnötig seine Schneebrille zu benutzen. Am nächsten Tage war er vollkommen blind. Die Sonnenstrahlen können in dieser dünnen Luft, selbst wenn sie vom dunklen, nackten Felsen reflektiert werden, eine äußerst akute Conjunctivitis hervorrufen. Das Leben auf dem Berge verursacht also eine Verschlechterung des Körperzustandes. Nach unserer Rückkehr ins Hauptlager trat mit besserem Appetit und Schlaf eine wesentliche Besserung ein. Schließlich stiegen wir hinunter in das Rongshar-Tal, wo wir in der angenehmen Höhe von 3000 m bald alle wieder vollkommen gesund wurden.

Schlußwort.

Ein letztes Wort über die Möglichkeit, den Gipfel zu erreichen. Dr. Kellas zeigte im Jahre 1916 auf einer Nachmittagssitzung der Physiologischen Gesellschaft eine interessante Sauerstoffdissoziationskurve des Hämoglobins im Blute. In diese Kurve zeichnete er die Höhen einiger bekannter Berge ein und zog daraus folgenden Schluß: „Die Kurve ist sehr lehrreich. Sie zeigt, daß bis auf 3000 m die Beanspruchung an den Bergsteiger beinahe zu vernachlässigen ist, daß sie auf 4500 m fühlbar wird, daß man aber über 6000 m steigen muß, bevor das Steilerwerden der Kurve dem Bergsteiger anzeigt, daß er sich seiner atmosphärischen Umgebung sorgfältig anzupassen hat. Auf 7000 m Höhe wird die Kurve viel steiler; 7600 m werden den Bergsteiger augenscheinlich zur Anspannung aller seiner Kräfte zwingen, denn die Kurve erreicht hier die größte Steilheit. Jede 300 m höher bedeuten weitere Schwierigkeiten. In der Nähe des Gipfels des Mount Everest wird der Bergsteiger wahrscheinlich seine letzten Reserven in bezug auf Akklimatisation und Kraft herzugeben haben." Diese Ableitung wurde vor dem ersten Versuch der Mount-Everest-Besteigung gemacht, und ich glaube, wir können heute sagen, daß unsere praktischen Erfahrungen sie bestätigen.

Ich glaube, daß Bergsteiger den Gipfel des Mount Everest, sogar ohne Hilfe von Sauerstoff, erreichen werden. Obgleich zweifellos die physiologischen Schwierigkeiten gewaltige sind, können sie dennoch überwunden werden. Die Wetterbedingungen müssen jedoch weit günstigere als in diesem Jahre sein. Die Bergsteiger müssen vollkommen gesund und im erstklassigen Training sein. Sie müssen Männer von außergewöhnlicher Kraft und Ausdauer sein, und außerdem muß ihre Fähigkeit zur Akklimatisation eine vollkommene sein.

Anhang II.

Als ich im Jahre 1924 das Schlußkapitel des gegenwärtigen Bandes schrieb, wußte ich nicht, daß Cecil Murray das Wesen der Akklimatisation gerade systematisch untersucht hatte. Die schöne quantitative Form, die Murray gewählt hat, läßt mich meine Darstellung als sehr grob empfinden. Ich bat ihn, mir die Veröffentlichung seines Schemas, das die Beziehung der hauptsächlichen Faktoren im respiratorischen

System zueinander wiedergibt, zu gestatten. Jeder meiner Leser kann aus den in diesem Buch angeführten, oder sonstwoher entnommenen Daten, das Schema für eine bestimmte Person unter gegebenen Bedingungen ausfüllen. Er wird dann unter anderem sehen, ob die Daten zusammenhängen oder unvereinbar sind. Im folgenden geben wir Murrays Beschreibung wieder:

Die Zeichnung Abb. 46 dient zur graphischen Erläuterung, wie die Funktionen unter den Faktoren, die für die Sauerstoffversorgung des

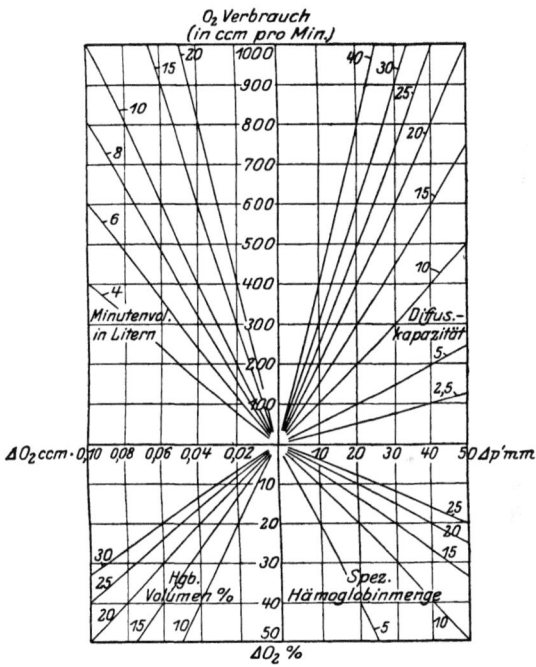

Abb. 46. Erklärung im Text.

Körpers in Betracht kommen, verteilt sind. Sie besteht aus vier Vierecken, die jedes eine einfache Beziehung nach den folgenden Gleichungen darstellen:

$$\Delta p' \times DK = StGr \quad \ldots \ldots \ldots \quad (1)$$
$$\Delta O_2 \, vH \times SHM = 10 \, \Delta p_1 \quad \ldots \ldots \quad (2)$$
$$\Delta O_2 \, vH \times Hgb = 10\,000 \, \Delta O_2 \, ccm \quad \ldots \quad (3)$$
$$1000 \, \Delta O_2 \, ccm \times MV = StGr \quad \ldots \ldots \quad (4)$$

$\Delta p'$ ist die „mittlere" Höhe der Sauerstoffspannung in Millimeter Quecksilber, die zwischen der Alveolarluft und dem Capillarblut herrscht, d. h. Blut, das sich in seiner Zusammensetzung zwischen Anfang und Ende der Capillare vom venösen zum arteriellen ändert. (Oder, die mittlere Höhe der Spannung zwischen Blut von arterieller bis venöser Beschaffenheit und der mittleren Sauerstoffspannung der Gewebe.)

DK ist ein Maß für die Diffusionskapazität des Capillarbettes und kann als der aktiven capillären Oberfläche proportional angesehen werden.

StGr ist der Sauerstoffverbrauch des Körpers in Kubikzentimeter Sauerstoff pro Minute — die Stoffwechselgröße. Gleichung 1 ist eine einfache Anwendung des Diffusionsgesetzes und dient außerdem zur Bestimmung der Größe DK.

ΔO_2 vH ist der Ausnutzungskoeffizient — die Differenz der prozentualen Sättigung zwischen arteriellem und gemischtem venösen Blut. (Unter der Annahme, daß die 100 proz. Sättigung den aufgelösten freien Sauerstoff mit einschließt.)

SHM ist die spezifische, durchströmende Hämoglobinmenge — das Verhältnis des Produktes (Hgb × MV) zu DK. Der Ausdruck drückt die physiologische Beziehung der durchströmenden Hämoglobinmenge HM zur Capillarfläche aus. Der reziproke Wert wird spezifische Diffusionskapazität genannt. Also:

$$SHM = \frac{1}{SDK} = \frac{Hgb \times MV}{DK} = \frac{HM}{DK}.$$

Hgb ist die gesamte Sauerstoffkapazität des Blutes in Volumenprozent.

ΔO_2 ccm ist die Differenz zwischen dem Sauerstoffgehalt des arteriellen und venösen Blutes pro Kubikzentimeter Blut in Kubikzentimeter O_2. Gleichung 3 ist ohne weiteres klar.

MV ist das Minutenvolumen in Litern. Gleichung 4 ist ebenfalls ohne weiteres klar.

Es läßt sich zeigen, daß Gleichung 2 direkt aus den anderen drei Gleichungen und der Definition von SHM folgt.

Soweit der Vorgang des Sauerstoffaustausches auf Diffusion beruht, geben die eben aufgezählten Faktoren ihn ziemlich vollkommen wieder. Jedoch ist zu beachten, daß sich der Ausdruck $\Delta p'$ nicht direkt experimentell bestimmen läßt. Er kann indirekt von einer Bestimmung der Diffusionskapazität oder des Diffusionskoeffizienten, der mit Hilfe der Stoffwechselgröße berechnet wird, abgeleitet werden. Wenn aber die Eigenschaften des Blutes bekannt sind, die arteriellen und gemischten venösen Punkte und pO_2 der Alveolarluft (oder der Gewebe), dann kann $\Delta p'$ mit Hilfe der graphischen Integration bestimmt werden. Die Beziehungen zwischen $\Delta p'$ und ΔO_2 vH für alle möglichen Kombinationen von arteriellem und gemischtem venösem Blut, bei verschiedener Wasserstoffionenkonzentration und verschiedenen Sauerstoffspannungen der Alveolarluft oder der Gewebe, sind auf der Grundlage der Diffusionstheorie ausgearbeitet worden. Die Zahlen sind auf 21 Karten in einem Koordinatensystem, genau wie im unteren rechten Viereck der Abbildung 46 wiedergegeben.

Anhang III.

In dieser Abbildung werden die Bedingungen für die Sauerstoffdiffusion in den Lungen durch ein Rechteck dargestellt, dessen Ecken in den vier Quadranten der Figur liegen. Ein anderes Rechteck, das sich nur in der Lage der rechten Seite unterscheidet, würde die Bedingungen in der Gesamtheit der Gewebe (ausgenommen der Lunge) wiedergeben. Für eine ins einzelne gehende Behandlung des sozusagen physiko-chemischen Hintergrundes des Diffusionsvorganges muß auf die angeführten Arbeiten verwiesen werden.

Eine solche Beschreibung des physikalischen Hintergrundes ist nicht überflüssig. Nur wenn man eine Theorie logisch bis zu ihrem Ende verfolgt, ist es möglich, ihren Wert zu prüfen. Außerdem werden vielleicht gewisse andere Probleme klarer herausgearbeitet. Das angeführte Rechteck zeigt durch seine spezifische Form die Verteilung der Funktionen unter den zugehörigen Komponenten. Welche Neuverteilung findet statt, wenn sich Faktoren in der Umgebung des Individuums oder im Individuum selber ändern? Welche Faktoren wird der Experimentierende zur Untersuchung wählen, wenn er diesen Fragen nachgeht? Welche physiologischen Gesetze begrenzen ein gewisses Gebiet innerhalb des weiten physikalisch-chemischen Systems? Welche Gesetze bestimmen die wirkliche Korrelation zwischen Variablen, die vom rein physikalisch-chemischen Gesichtspunkte aus allem Anschein nach unabhängig sind?

Überlegungen wie diese haben Professor Barcroft in jenes Arbeitsfeld geführt, das für das Studium der Anpassung am geeignetsten ist. Die besondere Geeignetheit des Sauerstoffaustausches liegt in der einfachen physiologischen Erfordernis dieses Gases, den zusammengesetzten Komponenten, die durch ihr Verhältnis zueinander dieser Anforderung genügen und der relativen Leichtigkeit, mit der man dem ganzen Gegenstand näher kommen und ihn auf quantitative Weise prüfen kann. Besonders in diesem letzten Sinne steht die Atmungsfunktion ganz einzigartig unter allen anderen physiologischen Funktionen da.

Literatur.

Henderson, L. J., Bock, A. V., Field, H. jr. und Stoddard, J. L.: Journ. of biol. chem. **59**, 379. 1924.
Henderson, L. J. und Murray, C. D.: Ibid. **65**, 407. 1925.
Murray, C. D. und Morgan, W, O. P.: Ibid. **65**, 419. 1925.

Anhang III.

Barcroft, Boycott, Dunn und Peters haben unter anderem folgende Variablen an normalen Ziegen gemessen: (1) StGr, (2) A.i.M. (Atmung in der Minute), (3) pO_2 und (4) pCO_2 (Sauerstoff und Kohlensäurespannung der ausgeatmeten Luft in Millimeter Quecksilber), (5) und (6) A vH und V vH (prozentuale Sättigung des arteriellen und gemischten, venösen Blutes aus dem Herzen), (7) ΔO_2 vH, (8) MV, (9) ΔO_2 ccm und (10) Hgb. Die Bezeichnungen und Einheiten sind, wenn nicht anders angegeben, dieselben wie in Anhang II. Diese Daten eignen sich gut das Studium physiologischen Zusammenwirkens zu veranschaulichen — das Problem, auf das durch die Fragen in Anhang II, wie auch im ganzen Buch, hingewiesen ist. An einer Ziege wurden zwei bis fünf Experimente ausgeführt; im ganzen wurden 30 Experimente an zehn Ziegen gemacht. Die erhaltenen Daten dienten dazu, die Korrelationskoeffizienten zwischen jedem Paar der zehn gewählten Faktoren zu bestimmen. Zu diesem Zwecke wurden für jede Variable Abweichungen vom Durchschnittswert bei der betreffenden einzelnen Ziege in Tabellenform gebracht. Auf diese Weise kann man die Abweichungen behandeln, als ob sie an einer hypothetischen Durchschnittsziege aufträten, und das Resultat ist dementsprechend ein Bild durchschnittlicher Individualphysiologie. (Hätte man die Abweichungen irgendeines Faktors von einem einzelnen, mittleren Wert, den man durch Berechnung des Mittels aus zehn Ziegen erhält, ge-

Tabelle 1. Partielle Korrelationskoeffizienten, Nullte Ordnung.

	1 $StGr$	2 $A.i.M.$	3 pO_2	4 pCO_2	5 AvH	6 VvH	7 ΔO_2vH	8 MV	9 ΔO_2 ccm	10 Hgb
σ	12,5	1, 61	2, 05	1, 85	4, 01	4, 66	4, 92	+0,338	0,0057	0,453
$StGr$	—	+0,336	−0,013	+0,213	−0,186	−0,300	+0,065	−0,395	+0, 358	+0,420
$A.i.M.$	—	—	−0,013	−0,006	+0,186	−0,170	+0,316	−0,034	−0, 288	+0,088
pO_2	—	—	—	−0,379	+0,212	+0,010	+0,009	−0,160	−0, 103	0,000
pCO_2	—	—	—	—	−0,336	−0,380	+0,010	−0,028	−0, 248	+0,358
AvH	—	—	—	—	—	+0,396	+0,443	−0,433	−0, 328	−0,984
VvH	—	—	—	—	—	—	−0,660	+0,359	−0, 471	+0,031
ΔO_2vH	—	—	—	—	—	—	—	−0,706	+0, 765	−0,069
MV	—	—	—	—	—	—	—	—	−0, 700	+0,012
ΔO_2ccm	—	—	—	—	—	—	—	—	—	+0,398

nommen, so würde das Resultat wahrscheinlich ebenso interessant sein, doch wäre seine Bedeutung eine ganz andere. Dieses wäre vergleichende Physiologie zwischen Einzelwesen.) Die Korrelationskoeffizienten (r), die aus den angeführten Daten errechnet wurden, sind in Tabelle 1 wiedergegeben. Man wird sich erinnern, daß ganz allgemein der Koeffizient alle Werte zwischen +1 und −1 annehmen kann.

In der Tabelle ist, um ein Beispiel anzuführen, die Beziehung zwischen Stoffwechselgröße und Atemgröße, $r_{12} = +0,336$. Dies ist ein Maß für die Regelmäßigkeit, mit der hohe Werte von StGr und hohe Werte von A.i.M. in diesem Falle positiv, verbunden sind — gleiches gilt für niedrige Werte. Man erhält die Proportionalitätskonstanten (für die beiden Regressionsgleichungen) durch folgende Gleichungen:

$$StGr = r_{12}\frac{\sigma_{StGr}}{\sigma_{A.i.M.}} \times A.i.M. = K_{12}\,A.i.M.$$

und

$$A.i.M. = r_{12}\frac{\sigma_{A.i.M.}}{\sigma_{StGr}} \times StGr = K_{12}\,StGr.$$

In diesen sind σ_{StGr} und $\sigma_{A.i.M.}$ die Standardabweichungen von StGr und A.i.M. in den jeweilig zugehörigen Einheiten. Die erste Gleichung ergibt, in dem untersuchten Gebiet, den „besten Wert" für StGr, nach A.i.M. berechnet. Außerdem zeigt die Konstante K_{12} an, um wieviel die Stoffwechselgröße, bei einer gegebenen Steigerung der Atmung, zugenommen hat. Die zweite Gleichung gibt die „besten Werte" für A.i.M. in Ausdrücken von StGr.

Auf den ersten Blick könnte man erwarten, daß die Korrelation von StGr und A.i.M. viel höher, vielleicht 0,8 oder mehr sein würde. Dies würde auch zweifellos bei einem kurz dauernden, mit großer experimenteller Exaktheit an einem einzelnen Tier ausgeführten Experiment der Fall sein, wenn der Stoffwechsel niedrig wäre. Aber ebenso wie die Bedingungen täglich andere sind, kann sich auch das Tier verschieden verhalten, so daß es einmal mit einer gesteigerten Atemtiefe antwortet. Diese Veränderungen werden, wenn man ein Durchschnittsindividuum konstruieren will, auf eine Verkleinerung des Koefficienten hinwirken. Bedenkt man dies, dann kann man die Zahl $+ 0{,}336$ für das „Durchschnittsindividuum" als relativ hoch und als ein Zeichen für eine ziemlich allgemeine Korrelation ansehen; und zwischen den verschiedenen Individuen besteht in deren Reaktionen eine Proportionalität von etwa dergleichen Größenordnung.

Aus der obigen Tabelle kann man weitere Koeffizientenreihen berechnen, indem man einen Faktor nach dem anderen ausschließt und versucht, die Bedingungen konstant zu halten und so die „wahre" Beziehung zwischen irgendwelchen zwei Faktoren feststellt. Die Korrelation zwischen A.i.M. und MV, r_{28}, ist so z. B. $-0{,}034$. Welche Korrelation würde entstehen, wenn die Stoffwechselgröße konstant gehalten würde? Um r_{28} zu finden, benutzt man folgende Gleichung:

$$r_{22} = \frac{r_{28} - r_{21} \cdot r_{81}}{(1 - r_{21}^2)^{1/2}(1 - r_{81}^2)^{1/2}} = -0{,}193.$$

Das Resultat zeigt unter anderem, daß eine Zunahme in der Atmung die Blutgeschwindigkeit, das heißt das Herz, entlastet — und vice versa. Da A.i.M. sowohl als auch MV positiv mit StGr verbunden sind, so ist offensichtlich, daß die Neigung zu einer negativen oder umgekehrten Korrelation zwischen A.i.M. und MV (die tatsächlich unter allen Bedingungen besteht) weniger deutlich erkennbar ist, wenn man die Stoffwechselgröße sich verändern läßt, und sehr viel klarer wird, wenn dieser „störende Faktor" konstant gehalten wird. Im wesentlichen ist die Berechnung erdacht, um Korrektionen für Änderungen der StGr machen zu können.

Tabelle 2 gibt die Koeffizienten von anderen Faktorenpaaren bei konstanter Stoffwechselgröße wieder. Man könnte neun ähnliche Tabellen machen, in welchen man nacheinander jeden Faktor konstant hielte, dann könnte man jedes Faktorenpaar konstant halten, dann eine Gruppe von drei Faktoren usw. usw.

Viele der Korrelationen sind offensichtlich, manche sind vielleicht infolge von schwer vermeidbaren Berechnungsfehlern unzuverlässig, manche sind deutlich zu hoch, weil sie Variable in sich schließen, die rechnerisch abgeleitet und darum den experimentellen Fehlern nicht unterworfen

Tabelle 2. Partielle Korrelationskoeffizienten. 1. Ordnung.
$StGr$ konstant.

	3 pO_2	4 pCO_2	5 A vH	6 V vH	7 ΔO_2 vH	8 MV	9 ΔO_2 ccm	10 $Hg\,b$
$A.i.M.$	−0,007	−0,072	+0,268	−0,078	+0,313	−0,193	+0,191	−0,062
pO_2	—	−0,385	+0,217	+0,006	+0,010	−0,169	+0,116	+0,006
pCO_2	—	—	−0,308	−0,339	−0,004	−0,125	+0,189	+0,304
A vH	—	—	—	+0,363	+0,464	−0,399	+0,431	−0,007
V vH	—	—	—	—	−0,674	+0,545	−0,408	+0,181
ΔO_2 vH	—	—	—	—	—	−0,800	+0,792	−0,106
MV	—	—	—	—	—	—	−0,982	−0,187
ΔO_2 ccm	—	—	—	—	—	—	—	+0,293

sind, aber andere sind zweifellos lehrreich. Es scheint, um nur ein einziges Beispiel anzuführen, daß der hohe Korrelationswert von StGr und Hgb, +0,420, im Hinblick auf Prof. Barcrofts neue Arbeiten über die Milz als Hämoglobinspeicher von besonderem Interesse ist.

Betrachten wir Tabelle 1, so drängt sich uns eine allgemeine, wenn auch gewissermaßen negative, Überlegung auf. Es gibt keinen speziellen respiratorischen Stimulus. Ein Versuch, den genauen Sinn des Ausdruckes zu definieren, genügt, um zu zeigen, welche Schwierigkeiten der Begriff in sich schließt. Es können Hundert Mechanismen vorhanden sein, und die Wirkungsweise eines jeden einzelnen kann, wenn alle anderen unabhängigen Faktoren konstant gehalten werden, direkt eine vermehrte Atmung zur Folge haben. Vom physiologischen Gesichtspunkte aus sind aber die Atmung und alle ähnlichen Funktionen nur zum Teil mit den Faktoren oder Mechanismen, die entweder Gegenstand spezieller Untersuchung gewesen sind oder nicht, verbunden. Die hohen Korrelationswerte von A.i.M. und ΔO_2 vH zeigen an, daß die Atmung mit dem Ausnutzungskoeffizienten enger als mit irgendeinem der anderen in dieser Erörterung erwähnten Faktoren verbunden ist. Den Reiz einer jeden Funktion muß man in der zusammengesetzten Anordnung vieler Faktoren suchen, die zum endgültigen Resultat graduell verschieden beitragen.

Literatur.

Barcroft, J., Boycott, A. E., Dunn, J. S. und Peters, R. A.: Quart. journ. of med. **13**, 35. 1919.

Anhang IV.

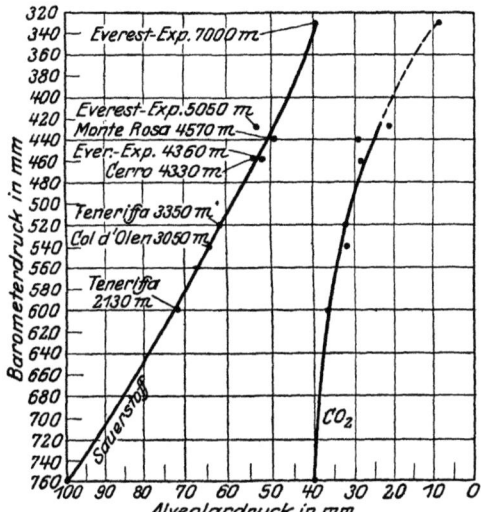

Abb. 47. Korrelation der Höhe zur alveolären Sauerstoff- und Kohlensäurespannung. Die Ergebnisse der Everest-Expedition sind Dr. Somervells Arbeit (Journal of Physiology, 60, S. 282, 1925) entnommen. Jeder Punkt ist das Mittel aus einer Anzahl von Bestimmungen.

Namenverzeichnis.

Abderhalden 144, 157.
Aggazotti, Prof. 24.
Arborelius 97, 103.

Barbour 148, 157.
Barcroft, H. 157, 184.
Barcroft, J. 7, 8, 18, 21, 40, 61, 65, 73, 74, 77, 88, 91, 97, 103, 112, 114, 115, 120, 121, 131, 137, 157, 159, 197, 201, 204.
Bartlett 163.
Bazett 104.
Bert, Paul 2, 22, 88, 103.
Binger 7, 18, 21, 31, 65, 95, 96. 97, 98, 102, 112, 115.
Bock 7, 18, 21, 65, 67, 96, 97, 112, 115, 118, 119, 130, 135, 136, 154, 201.
Boer, de 157.
Bohr 49, 50, 61.
Bouger 38.
Boussingoult 10, 21.
Boycott 201, 204.
Bradford, Sir John 51.
Brodie 63, 74.
Brown, W. E. C. 95, 103.
Bruce 191, 192, 194, 195.
Bullock Workmann 58.

Camis 77, 88, 103.
Cammon, 40, 41.
Campbell 30, 82, 88.
Carroll 157.
Caspari 157.
Casparis 115.
Christiansen 68, 74, 119, 130, 176.
Cobb 146, 157.
Colley 30, 66.
Collie 21.

Conway 10.
Cooke 21, 157.
Cotton 93, 103.
Crane, Dr. 21, 47, 56.
Cuthbertson 66.

Dale 89, 95, 103, 145, 157.
Dallwig 146, 150.
Davies 127, 131, 135, 148, 157.
Dinker, Dr. Cecil 155.
Dixon 63, 74, 123, 131.
Doggart 18, 21, 31, 65, 115, 147, 157, 164.
Doi 126, 128, 129, 130.
Douglas 8, 21, 61, 68, 74, 82, 88. 90, 91, 93, 119, 120, 130, 150, 157, 173, 174, 176, 184.
Dreyer, Prof. 42, 94, 103.
Dufton 157.
Dunn, John Shaw 63, 64, 74, 201, 204.
Durig 90.

Evans, Lovatt 95, 103, 133, 134, 138.

Fetter 148, 157.
Fick 117, 130.
Field 63, 74.
Fletcher 75, 78, 80, 88.
Foà 157.
Forbes, David 39, 46, 135, 136, 146, 155, 157.
Forbes, H. S. 19, 21, 65, 115, 128.
Foster, Sir Clement le Neve 159, 160, 171.
Fraser 94, 103.
Fremont-Smith 146, 157.
Fühner 63, 74.

Gay Lussac 21.
Gilbert 105, 115.
Goldschmidt, Leutn. 145, 146.
Greene 105, 115.
Gremels 138.

Haggard 94, 103.
Haldane, Mr. J. B. S. 160.
Haldane, Dr. J. S. 6, 13, 21, 49, 50, 51, 53, 54, 55, 56, 57, 59, 60, 61, 66, 67, 68, 70, 74, 93, 94, 96, 103, 119, 129, 130, 140, 148, 157, 160, 161, 171, 173, 174, 176, 196.
Hall 21.
Hamburger 100, 103.
Hanak 157.
Hannah 155.
Harkavy 157.
Harrop 7, 21, 31, 65, 66, 69, 72, 74, 96, 98, 112, 115, 153, 157.
Hartridge 21, 157.
Hasselbalch 92, 95, 103, 128, 131.
Hedin, Sven 38.
Henderson, L. J. 67, 177, 201.
Henderson, Yandell 21, 61, 89, 94, 96, 103, 157, 174, 184.
Hill, A. V. 54, 61, 69, 75, 80, 84, 88, 134, 138.
Hingston, Major R. W. G.; 10, 115, 132, 137, 139, 157, 184.
Hobson 88.
Hooker 9, 22.
Hopkins 75, 80, 88.
Hunt, G. H. 113, 157.

Itami 151, 153, 157.

Jarrisch 137, 138.
Jolyet 140.

Kato 81, 84, 88.
Keith, Sir Arthur 39, 44, 46, 161.
Kellas, 9, 38, 94, 129, 130, 160, 171, 174, 184, 185, 197, 198.
Kennaway 94, 103, 129, 130, 160, 171, 174, 184.
Kestner 156, 157.

Kipling, Rudyard 100, 103.
Kolls 146, 150, 157.
Krogh, A. 59, 61, 65, 69, 74, 82, 86, 88, 120, 131, 147, 150, 157, 183.
Krogh, M. 65, 74.

Laidlaw 145, 157.
Langley 183.
Lewis, Sir Thomas 93, 103.
Liljestrand 97, 103.
Lindhard 82, 88, 92, 95, 103, 128, 131.
Long 82, 84, 88.
Longstaff, 1, 2, 3, 5, 6, 7, 22, 38, 167, 168.
Lowson, 163.
Loewenhart 146, 150, 157.
Loewy, A. 7, 22, 115, 137, 138, 157.
Ludwig 22.
Lupton 80, 82, 84, 88.
Lyth 25.

Mackenzie, Sir James 103.
Markwalder 123, 131.
Marshall 8, 119, 120, 130.
Masig 157.
Mathison 75, 77.
Mc.Laughlin 66, 96, 155.
Meakins 7, 18, 21, 31, 65, 72, 73, 96, 98, 112, 114, 115, 118, 119, 121, 122, 127, 128, 131, 132, 133, 134, 135, 136, 138, 147, 157, 164, 166, 180.
Miller 66.
Morawitz 150, 151, 152, 153, 175.
Morgan 201.
Mosso 2, 8, 10, 22, 88, 89, 103, 187.
Müller 115, 157.
Murray 100, 103, 198, 199, 201.

Nagahashi 59, 61.
Norton 185, 192, 194.

Ochoa 155.
Odell 195, 197.
Oppenheimer, Mrs. 63.

Namenverzeichnis.

Pannwitz, 26.
Parsons 21, 97, 103, 157.
Parsons, Mrs. 21, 103, 157.
Patterson 138.
Peters 201, 204.
Phillpotts 66.
Piper 138.
Portel 155.
Priestley 58, 67, 93.

Redfield 7, 13, 19, 31, 39, 41, 43, 45, 46, 65, 66, 95, 96, 97, 112, 115, 118, 119, 121, 128, 131, 132, 135, 136.
Rhode 133, 134, 138.
Richards, Mr. J. 140, 157.
Roberts 183, 184.
Rogers 65, 66, 69.
Ross 94, 103.
Ruskin 122.
Ryffel 75, 76, 77, 88, 93, 103.

Salamon, V. O. 32.
Sands 104.
Saussure. de 10, 32.
Schafer, Sir Edward Sharpey 63, 74.
Schneider, E. C. 21, 61, 111, 115, 128, 131, 157, 171.
Schumburg 7, 22.
Scott 157.
Sellur 140.
Shaw, Sir Napier 9.
Shebbeare 197.

Somervell 115, 129, 130, 137, 138, 185. 192, 194, 197, 205.
Stadie, 52, 61.
Starling 63, 74, 123, 131, 134, 137, 138.
Stewart 128, 131.
Stoddart 67.
Sundstroem 95.

Takaeuchi 136, 137, 138.
Thomas 10.
Tissandier 196.
Tolstoi 148, 157.
Tribe, Mrs. 63, 74.
Truesdell 111, 115.
v. Tschudi 10, 22.

Uyeno 101, 103.

Verzár 81, 86, 87, 88.
Viault 139, 157.
Villar 155.
Villareal 102.

Wastl 137, 138, 157.
Wenger 26.
Wilson, Leutn. 145, 146.
Wolf 93, 103.
Wollarston, A. F. 46.

Zalada 155.
Zuntz 3, 7, 9, 10, 22, 90, 91, 93, 115, 150, 157.
Zurbiggen 10.

Sachverzeichnis.

Abgeschlagenheit 194.
Acidämie 95.
Acidosistheorie 94.
Adrenalin 63.
Akapnie 8, 89.
Akapnietheorie 90.
Akklimatisation 9, 111, 171 ff,, 196.
— Faktoren der 172.
— Mechanismen der 171.
—· Wesen der 181.
Akklimatisationsfähigkeit 197.
Akklimatisierte, der 111.
Akklimatisierte Mensch, der 181.
Akute anoxische Anoxämie 162.
Akuter Sauerstoffmangel 157, 158.
Alagna 24, 74.
Alkaliausscheidung 94.
Alkalität des Blutes 92, 173.
Alkalosis 94.
Alkohol 163.
Alkoholgenuß, übermäßiger 48.
Alkoholische Exzesse 158.
Alpen 6, 24.
Alphabetprobe 165.
Alta-Vista-Hütte 8, 27.
Alveolarluft 8.
— Sauerstoffdruck in der 47.
Alveolarluftbestimmungen nach Haldane und Priestley 58.
— des Cholo 173.
Alveolarprobe 66.
Alveolus 66.
Amazonenstrom 21.
Amerikanische Armee 117.
— Gasdienst 145.
— Luftflotte 105.
Anämie, experimentell hervorgerufene 151.
— durch Blutentziehungen 151.

Anämie durch Phenylhydrazin 151.
Anämische Anoxämie 159.
Anden 9, 24, 25, 28.
Angelsachse 173.
Anoxämie 1, 93, 105.
— akute 159.
— anoxische 159, 162.
— chronische 157.
— ischämische 159.
— Mechanismen der 93.
— Wirkung auf das Herz 136, 137.
— zwei Formen der 158.
Anpassung 196.
Anstrengung, körperliche 74.
— Wirkung auf den Puls 112.
Anstrengungen, plötzlicher Tod durch 158.
Apathisch 169.
Appetit 20.
Appetitlosigkeit 18, 19, 191.
Aortenrückströmung, experiment. 104.
Arbeit des linken Ventrikels 131.
Arbeitsphysiologie 49.
Arterielle Sättigung bei Muskelarbeit 138.
Arterielles Blut, Nichtsättigung 59.
— Sauerstoffspannung 57.
Atemlosigkeit 93.
— Mechanismen der 97.
Atemnot 185.
Atemzentrum, Erregbarkeit des 99.
— in großen Höhen 97.
Atmosphäre 184.
Atmosphärische Bedingungen 194.
— Umgebung 198.
Atmung, beschleunigte 13, 14.
— Cheyne-Stokessche 18, 19, 185.
— mühevolle 185.

Barcroft, Atmungsfunktion I. 14

Sachverzeichnis.

Atmung, Theorie der 179.
— und Akklimatisation 182.
— unregelmäßige 19.
— Veränderungen in der 185.
Auriculo-Ventricularknoten 104.
Ausdauer 198.
Ausdauerprüfung 189, 190.
Ausnutzungskoeffizient 200.

Ballonaufstiege 158.
— im Jahre (1875) 196.
Barcroft-Haldanescher Apparat 151.
Barometerdruck, Wirkung auf die roten Blutkörperchen 156.
Bauchschmerzen 18.
Beanspruchung, die, des Herzens 131 ff.
Bergkrankheit 1 ff., 22, 74, 171.
— Symptome des Hirns 182.
— Ursachen der 89.
Bergwerkstädte 24.
Bewegung, unwillkürliche 163.
Bewohner, die, großer Höhen 34 ff.
Bicarbonate 174.
Blässe der Fingernägel 187.
Blaue Gesichtsfarbe 187.
Blut. Alkalität 92.
— gemischtes venöses 61, 68.
— gesamte Sauerstoffkapazität 144.
— Hämoglobinwert 101.
— Lebensdauer 154.
— niedrige CO_2-Spannung 93.
— P_H des reduzierten 101.
— prozentuale Sauerstoffsättigung 101.
— Pufferung 99.
— Pufferwert 97, 98.
— Reaktion des 92; in großen Höhen 95; bei niedrigem Sauerstoffdruck 96; Veränderungen in der 96.
— steriles 151.
— von Europäern auf den Anden 196.
— Wasserentziehung 145, 146, 174.
— Wasserstoffionenkonzentration 88.

Blut. Zufügung von Blutkörperchen zum 146.
Blutbildung 152.
Blutdruck in großen Höhen 131, 132, 181.
Bluthusten 185.
Blutkonzentration 145.
— Einfluß des Sauerstoffes 145.
— Mechanismen der 145.
Blutkörperchen, rote
— Chloride in 100.
— in der Milzpulpa 149.
— Konzentration 145.
— Reaktion der 100, 101.
— Vermehrung der 24.
— Vorratskammer der 148, 149.
— Zufügung zum Blut 146, 175.
Blutströmungsgeschwindigkeit 162.
Blutung, Hirn- 185.
Blutvolumen 144.
— Höhenfaktor 175.
— Temperaturfaktor 175.
— Veränderungen des 147, 148.
Brompton-Chest-Hospital, Stahlkammer des 129, 160.
Bronchitiden 185.
Brustkorb, faßförmiger 45.
Brustkorbmasse 40—46.
— Analyse von Dr. Redfield 45.
— — von Sir Arthur Keith 44.

Callao 19, 29.
Cañadas 4, 25, 26, 27.
Capanna Margherita 7, 22, 27, 31, 89.
Capillarbett 65.
Capillardissoziationskurve 119, 176.
Capillardruck in Geweben 180.
Capillaren, chronischer Sauerstoffmangel 163.
— der Lunge 179.
— Durchlässigkeit der 145.
— im Muskel 86, 87.
— mittlere O_2-Spannung in den 177.
— Oberfläche 62.
Carlos-Fernandez, Besteigung d. 38.

Sachverzeichnis. 211

Casapalca 15, 29, 30, 111.
Cerroaner 33.
Cerro de Pasco 7, 16, 17, 20, 28, 29, 33, 47, 48, 58, 65, 72, 73, 98, 112, 126, 132, 134, 135, 165, 169.
— Klima von 33.
— Vorzüge von 29, 30, 32, 33.
Cerro de Pasco-Kupfer-Co. 21, 31.
Cerro-Expedition, Bericht der 177.
Cheyne-Stokessche Atmung 18, 19, 185.
Chimborazo 10.
Chloride 100.
— in Blutkörperchen 100.
— Wanderung der 100.
Chloroformnarkose 104.
Cholo 34 ff.
— Knochen der 156.
— körperliche Ausdauer der 37.
— körperliche Merkmale der 38 ff.
Cholokinder 48.
Chosica 29, 32, 113.
Chronische Anoxämie 157.
CO-Konzentration im Blut 149.
— Wirkung auf die Milz 149.
CO_2-Dissoziationskurve des Blutes in großen und niedrigen Höhen 97.
CO_2-Druck, partieller 60.
CO_2-Gehalt, Veränderung im 98.
CO_2-Spannung in der Alveolarluft 183.
Col d'Olen 23, 24, 27, 74.
— Blutbildung in 152.
Coloradoquellen, Versuche an den 144.
Conjunctivitis 198.
Coronargefäße 123.
Cyanose 14 ff., 18, 19, 158.
— bei Muskelarbeit in Cerro 138.

Diffusion 63.
— Sauerstoffaustausch 200.
— von O_2 und CO 49, 50.
— von Sauerstoff 61.
Diffusionsgesetz 200.
Diffusionskapazität 200.

Diffusionskoeffizienten 62, 64, 65, 66, 200.
— Bestimmung der 67, 68, 69.
— der Bergwerksingenieure 66.
— hohe 66.
— von Harrop 69.
— von Harrop und Rogers 65, 66.
Diffusionstheorie 70 ff., 138, 179.
Dissoziationskurve 60.
— Änderung der 180.
— intra vitam 68.
— Veränderung in der 178.
— von Binger 102.
— von Christiansen, Douglas und Haldane 68.
Divisionsprobe 193.
Dreifache Extrapolation, Methode der 121, 127.
Druck, atmosphärischer 23.
— im rechten Ventrikel 63.
— intraventricularer 63, 64.
— mittlerer pulmonaler 64.
Durchlässigkeit der Capillaren 145.
Durst 192.
Dyspepsie 51.
Dyspnoe 99.
— bei Herzstörungen 94.
— in großen Höhen 96.

Eisenbahn, Zentral-, von Peru 6, 30.
Elektrocardiogramm 107, 108, 109.
Embolie der Lungengefäße 63.
Energie, Nachlassen der 19.
Entzündung der Atemwege 185.
Epithelzellen der Lunge 53.
Erbrechen 6, 14 ff., 18, 19, 192.
— Auftreten von 74.
Erregbarkeit des Atemzentrums 172.
Erstickung 104, 108.
Espigone 25.
Europäer, Blutzahl der, auf den Anden 188.
Everest 34, 102.
— -Expedition (1922) 129; (1924) 115, 132.
— physiologische Schwierigkeiten

14*

bei der Besteigung 184; ohne Sauerstoff 198.
Expektorieren 195.
Experimente in der Respirationskammer 4, 55, 95, 97.
Exspiratorische Kraft 186.
Extremitäten, kalte 14 et 18, 19.

Fähigkeiten, die geistigen 157ff.,
— Nachlassen der 162, 163.
Faktoren, klimatische 27.
Farbe des Blutes 55.
— der Fingernägel 47.
Farbindex 144.
Farbton der Haut 47.
Fett in den Knochen 155.
Feuchtigkeit 9.
— der Luft 195.
Ficksche Methode 117.
Fingernägel 47.
— Blässe der 186.
Fleisch, Abneigung gegen 191.
Flieger 197.
Französische Armee 117.
Frostbeulen 197.
Frösteln 18, 19.
Fujiyama 3.
Füße, kalte 16, 19.

Gasangriff, erster deutscher 51.
Gasdiffusion 180.
Gaskriegsorganisation, englische 105.
Gastro-intestinal-Erscheinungen 191.
Gastro-intestinal-Symptome 18,19.
Gasvergiftung 51.
— durch Lungenreizgase 145.
— bei Katzen und Ziegen 73.
Gedächtnisprobe 164.
Gedächtnisschwäche 192.
Gefäßbett 64.
Gefäßerweiterung der Lunge 63, 64, 65.
Gehörsveränderungen 191.
Geisteszustand 158.
Geistige Ermüdung 169.

Geistige Mattigkeit 192.
— Müdigkeit 19.
Geistige Fähigkeiten, 19, 157ff., 161.
— Proben auf die 164.
— Wirkung der Höhe auf 167, 169, 192.
Geistiges Unvermögen 167.
General Electric Companie 40.
Geruchsveränderung 191.
Gesamtventilation, gesteigerte 172.
Geschmacksveränderung 191.
Gesichtsfarbe 46ff.,
— blaue 187.
— bläuliche 47.
Gewebe, Sauerstoffdruck im 177.
Gewichtsverlust 197.
Glaskasten, Versuche im 140, 141.
Glasrespirationskammer 5.
Gleichgewicht 70.
— im Alveolus 180.
Gletscher, Rongbuk- 194.
Gletschermüdigkeit 10, 194.
Gollarisquisga 33, 35.
Grace Linie 32.
Graphische Integration 200.
Gressoney 24.
Guajera 26.

„Haltet ihn auf 320" 161.
Hämoglobin, Affinität zum CO 49, 50.
— Affinität zum Sauerstoff 92,100.
— Kapazität des Blutes in verschiedenen Höhen 145.
— Produktion 175.
— Prozentgehalt an 144.
— Sauerstoffgehalt 57.
Hämoglobingehalt 140.
Hämoglobinmenge, Anstieg der 174.
— durchschnittliche Zunahme175.
— Veränderung in der 148.
— Wirkung auf die Sauerstoffspannung im venösen Blut 177.
Hämoglobinwert des Blutes 101, 156.
— im Körper 147.
Haut 129.

Sachverzeichnis.

Haut, Anhäufung von Blutkörperchen in der 146, 147.
— Pflaumenfarbe der 17.
— Stauung in der 147.
Hautgefäße, Blutströmung in den 128.
— Methode von Stewart 128.
— Tonus der 130.
Heiserkeit 185.
Hepatisation der Lunge 73.
Herz, die Beanspruchung des 131 ff., Bestimmung der Beanspruchung 131.
— Erstickung 109.
— in Akklimatisation 182.
— Minutenvolumen 134.
— Sauerstoffverbrauch 133.
— Schlagvolumen 121, 127; Bestimmung des 132.
— Stoffwechsel 133.
— Wirkung der Anoxämie 136. 137.
— Wirkung der Erstickung 103.
— Wirkung des Sauerstoffmangels 103, 136, 137.
— Untersuchungen von Starling 134.
Herzarbeit 131, 132; in Cerro 132.
Herzdilatation 136, 137.
Herzgegend, Schmerzen in der 18, 19.
Herzklopfen 14, 18, 19.
Herzkraft, Nachlassen der 124.
Herzpunktion 63, 118.
Herzschatten von Meakins 134, 135.
Herzstörungen 94.
Herzunregelmäßigkeiten 187.
Herzwirksamkeit in großen Höhen 134.
Himalaya 9, 28.
— -Expedition 167.
Hirn, Blutversorgung zum 183.
Hirnblutung 185.
Hitzegefühl 18.
Höhe, kritische 112.
— und Müdigkeit, Vergleich der Wirkungen 170.

Höhe, Wirkung auf das Herz 187; auf den Puls 187; auf die proz. Sättigung des Blutes 57; auf die Zirkulation 187.
Höhen, Akklimatisation in großen 196.
— von Peru, Profilzeichnung 30.
— Zahl der Blutkörperchen in großen 188.
Höhenklima 26.
Höhenstation 27.
Hörstörungen 19.
Hörvermögen, beeinträchtigtes 18.
Humbert, Grand-Hotel 24.
Huancayo 35.

Individuelle Verschiedenheiten 195.
Initiative, Mangel an 160.
Ischämische Anoxämie 159.
Integration, graphische 200.
Intraventricularer Druck 63, 64.

Jodkalium 156.
Johannesburg 24.
Junge Blutkörperchen im Blut 150, 152, 153.

Kalte Extremitäten 187.
Kapillaren siehe Capillaren.
Karminmethode 60.
Kirgise, Blutzahl des 188.
Klima von Teneriffa 24, 27.
Klinik 140.
Knochenhöhlen, Größe der 156.
Knochenmark 150.
— Pigment im 148.
Kohlenoxyd 49.
— Diffusion von 49, 50.
Kohlenoxydmethode zur Messung der Hämoglobinmenge 147.
Kohlenoxydvergiftung, Opfer der 159.
— Wirkung auf das Z. N. S. 146.
Kohlensäure in Akklimatisation 178.
— in der Alveolarluft 8.
Kohlensäurespannung in der Alveolarluft 91.

Kohlensäurespannung, partielle, im Blut 90.
Königin Margherita von Italien 22.
Kopfschmerzen 14ff., 18, 19, 191.
Körperliche Anstrengung 19; Müdigkeit 19; Verschlechterung 197.
Korrelationskoefficienten 202.
Krankenhausbehandlung 21.
Krater 25.
Kraterrand 26.
Kritische Höhe 112.
Kurzatmigkeit 18, 19, 185.
Kutane Bezirke 146.

Laboratorium, bewegliches 32, 33.
Las Cañadas 24, 26.
Launenhaftigkeit 20.
Leeds and Northrup Companie 40.
Leistungsfähigkeit der Lunge 50.
Lima 29, 32, 65, 112.
Linker Ventrikel, Arbeit des 131.
Luftverdünnung 171.
Lunge Gefäßerweiterung 63, 64.
— Leistungsfähigkeit der 50.
— Permeabilität der 12.
Lungen, kranke 142.
— Ventilation in großen Höhen 172.
Lungencapillaren 60, 179.
Lungenentzündung 158.
Lungenepithel 61.
Lungenödem 145, 146.
Lungenreizgase, Vergiftung durch 145, 158.

Magen-Darmstörungen 14ff.
Margherita-Hütte 22.
Mattigkeit 16, 18, 19, 195.
— geistige 192.
Matucana 32, 114, 165.
Mechanismus der Akklimatisation 171.
Medulla oblongata 11.
Medulla, vasomotorische Versorgung 183.
— Zentren der 93.

Meereshöhe 20, 24.
Milchsäure, Ausscheidung i. Urin 75.
— Prozentgehalt im Blut 77.
— vermehrte Bildung in großen Höhen 76, 77, 80.
Milz 147.
— als Hämoglobinspeicher 175, 204.
— Kohlenoxydversuche 149.
— Wirkung des Sauerstoffmangels auf die 149.
Milzkontraktion 149.
Milzpulpa 148.
Minutenvolumen 63, 116, 121, 124 129.
— bei paroxysmaler Tachycardie 129.
— Methode der dreifachen Extrapolation 127.
— Methode von Davies und Meakins 127.
Monte Rosa 7, 22, 23, 74.
— Expedition (1911) 96.
Morococha 29, 30, 33, 42.
Müdigkeit 5, 18, 19, 157, 170.
— geistige 19.
— körperliche 19.
Multiplikationsprobe 164, 193.
Muskel, asphyktisch 80.
— ausgeschnittener 85.
— Capillaren 86, 87.
— Ermüdung 85.
— Frosch 85; Versuche von Fletscher 78.
— Nerv-Muskelpräparat 82, 85; im Vergleich mit dem ganzen Körper 82.
— O_2-Verbrauch bei vermindertem Sauerstoffdruck 86, 87.
— Säugetier- 80.
Muskelarbeit 74ff, 83.
— Wirkung auf das Herz 138; auf die arterielle Sättigung 138.
Muskelkraft, Wirkung der Höhe auf die 189.
Muskelschwäche der Flieger 189.
Muskulärer Mechanismus 99.

Sachverzeichnis. 215

Nachlassen der Energie 19.
Nachwirkungen der Höhe 197.
Nerv-Muskel-Präparat 80.
— Vergleich mit dem ganzen Körper 84.
Nichtsättigung des arteriellen Blutes 59.
Niere 174.
— Arbeit der 182.
Nord-Col 195.

Oedem der Lunge 125, 145, 146.
— infolge Sauerstoffmangel 116.
Oedem des Z. N. S. 146.
Ohnmacht 196.
Operation, abdominale 89.
Organism and Environment 53, 61.
Orientierung 166.
Oroya 14, 15, 16, 21, 29, 30, 32, 33, 47, 160.
Orthopnoe 19.
Örtlichkeit und Bergkrankheit 9.
Oxford, Experimente in 144.
Oxydierbare Stoffe 177.

P-R-Intervall 103.
Pallor 18.
Pamir-Plateau 139.
Panamakanal 9, 147.
Paroxysmale Tachycardie 122, 129.
Partielle Korrelationskoeffizienten 202, 204.
Patellarreflexe 193.
Permeabilität der Lunge 12, 73.
Perniziöse Anämie 154, 155.
Peru 103.
— Barometerdruck in 9.
— Übersichtskarte von 29.
— Zentraleisenbahn von 6, 30.
Pflaumenfarbe der Haut 17, 48.
Phenylhydrazin 151.
Phosgen 106, 123, 158.
Phosgenvergiftung 123, 124, 126, 146.
Physiologie in großen Höhen, Aufsatz von Schneider 128.

Pigment, des Knochenmarks 148.
— schwarzes 191.
Pik von Teneriffa 2, 4, 8, 24, 26, 27.
Pikes' Peak 6, 24, 28, 29, 32.
— Expedition (1911) 143.
Pioneer Pik 10.
Pisa 24.
Plasma, Chloride im 100.
— Durchtreten von 145.
Plateau 26.
Pneumonie 52, 59.
Polyzythämie 145.
Polyzythämiker 47, 48.
Portillio 25, 26.
Porton 63.
Proben, auf die geistigen Fähigkeiten 164.
— Divisions- 193.
— Multiplikations- 193.
Prozentuale Sättigung des arteriellen Blutes 201.
— des gemischten venösen Blutes 201.
Psychologisches Moment 65.
Puerto Orotava 24.
Pufferung des Blutes 97, 98.
Pufferwert des Blutes 99.
Pulmonale Dyspepsie 51.
Puls, der 103 ff.
— „im Ruhezustand",
— in Akklimatisation 182.
— in großen Höhen 103.
— intermittierender 187.
— nach Muskelarbeit 113, 114.
— während der Ausdauerprüfung 190.
— Wirkung der Anoxämie 105.
— Wirkung des Sauerstoffmangels 104.
Pulsaufzeichnungen 111.
Pulsbeschleunigung 129.
Pulsieren der Arterien 18, 19.
Pulsverlangsamung 114.
Pulszahl 115, 127, 128, 129.
Punktion, arterielle 52.
Punta Dufour 22.
Punta Gniffetti 22, 23.

Radergometer 138.
Radialarterie, Punktion der 120.
Reduzierende Eigenschaft des Blutes 152.
— Methode zur Bestimmung 151.
Reflex, eingearbeiteter 162.
Reizhusten 185.
Respirationsapparat 117.
Respirationskammer 5.
— Experimente in der 55, 95, 97.
Respiratorische Krise 105.
Retikulierte Zellen 153.
Rippen, Stellung der 43, 44.
Rippenabschnitt, dorsaler 43ff.
Rockefeller Institut 52.
Rongbuk-Gletscher 194.
Rongshar-Tal 198.
Röntgenapparat 40.
Röntgenaufnahme des Brustkorbes 40, 41, von Barcroft 40.
— des Herzens 134, 135.
Röntgenschatten des Herzens 134, 135.
Rote Blutkörperchen, Wirkung der Höhe auf die Zahl 139, 141.
— — Zahl und Eigenschaften der 138ff.
Rote Blutkörperchenzahl in großen Höhen 188, 189.

Sand, Steigen auf 3.
Santa-Cruz 24.
Sarikoli, Blutzahl des 188.
Sättigung des Blutes 57.
Sauerstoff im arteriellen Blut 118.
— im venösen Blut 118, 119.
— proz. Sättigung 57.
Sauerstoffaufnahme des Herzens 132.
Sauerstoffausnutzung 70, 124.
Sauerstoffdarreichung 145.
Sauerstoffdiffusion 50.
Sauerstoffdissoziationskurve 198.
Sauerstoffdruck der Alveolarluft 8, 57.
— im Gewebe 177.

Sauerstoffdruck in Capillaren 177.
— in der Vene 179.
— in Lungencapillaren 179.
Sauerstoffeinatmung 195.
— bei Pneumonie 52.
Sauerstoffkapazität des Blutes 140.
Sauerstoffkonzentration im Plasma 77.
— in Capillaren 174.
Sauerstoffmangel 28.
— akuter 6, 157, 158.
— chronischer 157, 158, 171.
— in Beziehung zur Müdigkeit 157, 170.
— in Lungencapillaren 180.
— und Schlaflosigkeit 171.
— Wirkung auf das Herz 104.
— Wirkung auf die Selbstbeherrschung 169.
Sauerstoffsättigung 60.
— bei Muskeltätigkeit 72, 73.
Sauerstoffschuld 80ff.
— im ganzen Körper 83, 84, 85.
Sauerstoffsekretion 50, 51.
Sauerstoffspannung 59, 60.
— im arteriellen Blut 57, 59.
Sauerstofftransport zum Hirn 159.
Sauerstoffverbrauch, des Herzens 132.
— des Nerv-Muskelpräparats 80, 82, 83.
— pro Minute 8, 117, 121.
Sauerstoffversorgung des Herzens 123.
Säurezunahme im Blute 99.
Säureproduktion durch Muskelarbeit in großen Höhen 94.
Schlaf 18, 193.
Schlaflosigkeit 14ff., 18, 19, 170, 193.
— und Sauerstoffmangel 171.
Schlagvolumen 126, 127, 129.
— Bestimmung 132.
Schlucken 195.
Schmerzen 18, 19, 191.
— abdominale, Bauch- 18, 19.
— in der Herzgegend 18, 19.

Sachverzeichnis.

Schnee, Müdigkeit beim Steigen auf 10.
Schneeblindheit 197.
Schneebrille 198.
Schneegrenze 23, 30.
Schwindel 14 ff., 19, 187.
Schwitzen 192, 194.
Sehstörungen 18, 19.
Sekretionstheorie 49, 50 ff.
— Umformung der 60.
Selbstbeherrschung, Wirkung des Sauerstoffmangels auf die 169.
Seroche 13, 14, 15, 20, 21.
Seufzen 18, 19.
Sherpaträger 195.
Sinusarythmien 19.
Sinus-auricularknoten 104.
Soldaten, Methode für Tauglichkeitsuntersuchungen 113.
Sonnenstrahlen, Wirkung der 156.
Sonnenstrahlung 26.
Spanische Regierung 24.
Spannungsunterschied zwischen Alveolarluft und Capillarblut 62.
Spezifische Diffusionskapazität 200.
Spezifische durchströmende Hämoglobinmenge 200.
Sphygmomanometer 188.
Stauung in den Hautgefäßen 130.
Steriles Blut 151.
Stickstoff, Wirkung auf das Herz 136, 137.
Stickoxydverbindungen 156.
Stimulus, respiratorischer 204.
Stimmung, reizbare 20.
Stoffwechsel des Blutes 150, 153; des Herzens 133.
Stoffwechselgröße 200.
Strömungsgeschwindigkeit des Blutes 116.
Sympathicuseinfluß 110.
Symptome, Atmungs- 18, 19.
— cardiale 18, 19.
— der Anoxämie 158.
— gastro-intestinale 18, 19.
— periphere Kreislauf- 18, 19.

T-Zacke, Übertreibung der 106.
Tachycardie, Minutenvolumen bei paroxysmaler 122.
Tamborague 111.
Tanz in großen Höhen 33, 37, 38.
Temperaturfaktor 175.
Teneriffa 24, 25, 27.
— Expedition nach 90.
Tetanisierung 80.
Tetanus 80, 81.
Theodoliten 168.
Tibet, Eingeborene 46.
— Marsch durch 187.
Tibetanisches Hochplateau, Blutkörperchenzahl 139, 188.
Ticlio 6, 30.
Tonus der Hautgefäße 130.
Training 198.
Träume 170.
— beklemmende 194.
— schlechte 18.
Tremor, feinschlägiger 193.
Trockene Luft, Einatmen von 185.
Trommelschlägelfinger 38.
Trunkenheit 157.
— „Wie in den letzten Stadien der ..." 162.

Übelkeit 7, 14 ff., 18, 19, 192.
Überleitungszeit, Verlangsamung der 104, 109.
Uhrenprobe 165.
Ulcerationen im Rachen 185.
Ungeselligkeit 192.
Unreife Zellen im Blut 148.
Urin, Alkaliausscheidung im 94.
Urinabsonderung 192.

Vaguseinfluß 110.
Vagusherzrhythmus 110.
Vagusreizung 106, 111.
Vanadium-Mine 30.
Vegetation 26.
Ventilation ungleiche, der Lungen 12.
— vermehrte 175.
Ventrikel, linker, Arbeit 131, 132.

Ventrikel, Ausdehnung des, in der Diastole 134.
Veränderungen in der Atmung 185.
Verdauungsstörung 28, 191.
Verdrießlichkeit 192.
Verlust der Stimme 185; des Gewichts 197.
Verschiedenheiten, individuelle 195.
Verstimmung 19.
Versuche an den Quellen des Colorado 144.
— im Glaskasten 140, 141.
— in der Glaskammer 168.
— in der Stahlkammer 160.
— in der Respirationskammer 55, 95, 97.
— in Luftkammern 196.
— in Oxford 144.
Verteilung der Funktionen 199.

Wasserregulierender Mechanismus des Körpers 146.
Wasserstoffionenkonzentration des Blutes 88 ff., 188.
— CO_2-Methode 95, 96.
— Dale-Evans Methode 95, 96.
— elektrometrische 95.
— im Plasma des Blutes 94.
Wind, Wirkung auf die Atmung 185.
Wirksamkeit des Herzens 134.
Wundschock 89.

Zentralasien, Hochplateau von 188.
Zentraleisenbahn von Peru 6, 29, 30, 56, 111.
Ziegen, Versuche an 63, 64, 73.
Zirkulation, Veränderungen in der 187.

MIX
Papier aus verantwortungsvollen Quellen
Paper from responsible sources
FSC® C105338

If you have any concerns about our products,
you can contact us on
ProductSafety@springernature.com

In case Publisher is established outside the EU,
the EU authorized representative is:
**Springer Nature Customer Service Center GmbH
Europaplatz 3, 69115 Heidelberg, Germany**

Printed by Libri Plureos GmbH
in Hamburg, Germany